杂交水稻优化算法及其在机器学习优化中的应用

叶志伟　王明威　周　雯　著

科学出版社
北　京

内 容 简 介

自然计算，通常是一类具有自适应、自组织、自学习能力的模型与算法，能够解决传统计算方法难以解决的各种复杂问题，是计算机科学与人工智能领域中重要的研究内容之一。遗传算法等经典自然计算方法从诞生至今已经各自演变成相对独立的人工智能研究领域，半个多世纪以来不断得到改进，衍生出众多新方法，并且在不同的科学和工程领域得到了成功的应用。

杂种优势是遗传基础不同的两个亲本杂交产生的杂种在某些性状上优于其亲本的生物学现象。根据杂种优势的原理，通过育种手段的改进和创新，可以使产品获得显著增长。受杂交优势理论和著名三系法杂交水稻育种技术的启发，著者团队提出了一种新型的自然计算方法——杂交水稻优化算法，并将其用于部分经典机器学习算法优化问题求解，以获得性能更为优良的算法。

本书可作为计算机科学与技术相关专业研究生及高年级本科生的教材，也可作为相关科研人员的参考书。

图书在版编目（CIP）数据

杂交水稻优化算法及其在机器学习优化中的应用/叶志伟，王明威，周雯著. —北京：科学出版社，2024.3

ISBN 978-7-03-078168-0

Ⅰ. ①杂…　Ⅱ. ①叶…②王…③周…　Ⅲ. ①杂交-水稻栽培-最优化算法-研究　Ⅳ. ①S511

中国国家版本馆 CIP 数据核字（2024）第 053652 号

责任编辑：杨　昕　戴　薇 / 责任校对：王万红
责任印制：吕春珉 / 封面设计：东方人华平面设计部

科 学 出 版 社 出版
北京东黄城根北街 16 号
邮政编码：100717
http://www.sciencep.com

北京九州迅驰传媒文化有限公司 印刷
科学出版社发行　各地新华书店经销
*
2024 年 3 月第　一　版　开本：B5（720×1000）
2024 年 3 月第一次印刷　印张：12 1/2
字数：249 000

定价：125.00 元

（如有印装质量问题，我社负责调换〈九州迅驰〉）
销售部电话 010-62136230　编辑部电话 010-62138978-2032

前　言

机器学习是人工智能的核心领域之一，当前机器学习的发展已成为新一轮人工智能热潮的主要推动力，受到业界的高度关注。机器学习算法受模型和参数的影响，因此建立理想机器学习模型面临各种问题。机器学习训练过程中经常涉及的优化问题，往往具有不可导、不连续、大量局部极值、多目标等性质，对优化方法提出了挑战。近年来，智能优化算法在工程应用和机器学习优化训练中越来越受欢迎，因为它们具有依赖相对简单的概念并且易于实现、不需要梯度信息、可绕过局部最优、可用于涵盖不同学科的广泛问题等优势。

杂交水稻优化算法是在著名三系法杂交水稻育种机制和杂种优势的启发下，由著者团队提出的一种新型智能优化算法，该算法具有优化能力强、收敛速度快等优点。本书尝试探索杂交水稻优化算法在各种机器学习算法优化中的应用，为机器学习模型高效优化提供新的思路。

本书围绕杂交水稻优化算法及其在典型机器学习算法优化中的应用展开，内容包括杂交水稻优化算法基本原理、基于种群划分改进的杂交水稻优化算法、基于非支配排序的多目标杂交水稻优化算法、基于改进杂交水稻优化算法的聚类方法、基于多目标杂交水稻优化算法的聚类方法、基于杂交水稻优化算法的特征权重优化、杂交水稻优化算法混合蚁群优化的特征选择、基于杂交水稻优化算法的纹理特征描述、基于杂交水稻优化算法优化支持向量机的图像分类、基于改进杂交水稻优化算法的胶囊网络优化等。

参加本书相关专题研究工作的有叶志伟、王明威、周雯，感谢湖北工业大学工业大数据与人工智能一级学术团队马烈、杨娟、张旭、金灿、舒哲、闫春艳、李瑞成、刘诗芹、袁建裕、张闻其、夏小鱼、秦泽青、兰武洋、李睿涵、罗俊、马帆等为本书所做的贡献。刘伟、宗欣露、严灵毓、苏军、蔡婷、徐川等参加了本书的校对工作。

本书是国家自然科学基金（项目批准号：62376089、41901296、61772180）、湖北省重点研发计划（项目编号：2023BEB024）、西宁市“引才聚才 555 计划”（智慧城市大数据分析与决策支持团队）等研究工作的成果汇编。此外，本书撰写过程中参考了国内外相关研究成果，在此谨表示诚挚的谢意！最后，衷心感谢湖北工业大学对著者的帮助和支持！

由于著者水平有限，书中不妥之处在所难免，敬请读者批评指正。

著 者
2023 年 12 月于武汉
湖北工业大学计算机学院
湖北工业大学大数据与人工智能产业学院
湖北省中小企业工业大数据工程技术研究中心

目　　录

第 1 章　智能优化算法与机器学习

2016 年，阿尔法围棋（AlphaGo）在围棋人机大战中战胜人类、无人驾驶汽车在高速公路行驶等标志性事件，引发了全球对人工智能的高度关注和巨大投入。基于数据驱动的机器学习技术路线引发了新一轮的发展高潮，并使感知智能率先达到商用化门槛，成为人工智能产业化的突破。通常，机器学习（machine learning，ML）不会要求一个问题被 100%求解，而是把问题转换为最优化的问题，用不同的算法优化问题，从而得到尽量好的结果。因而，机器学习模型必须经过优化才能发挥最佳效果。常见的最优化方法有随机梯度下降法、牛顿法和拟牛顿法、共轭梯度法等。其中，随机梯度下降法容易陷入局部最优，牛顿法计算比较复杂。近年来，基于随机概率搜索的智能优化算法因具有不需要梯度信息、可绕过局部最优解等优势，在各类科学研究和大规模工程应用中受到广泛关注。近年来，新提出的智能优化算法超过 50 种，在特征选择、软件测试、神经网络结构搜索、图像多阈值分割等问题上得到了成功应用。2016 年，受杂种优势理论和三系法杂交水稻育种技术的启发，著者团队提出了一种称为杂交水稻优化（hybrid rice optimization，HRO）算法的新型智能优化算法，该算法具有优化能力强、收敛速度快等特点。本书尝试探索杂交水稻优化算法在机器学习模型优化中的应用，为机器学习模型高效优化提供新的思路和实践。

1.1　研 究 背 景

机器学习是人工智能发展到一定阶段的产物，是一种实现人工智能的方法，其发展经历了“推理期”“知识期”“学习期”三个阶段。当前，人工智能已经进入“学习期”，主要包括符号主义和连接主义两类学习。符号主义是一种基于逻辑推理的智能模拟方法，主张用公理和逻辑体系搭建一套人工智能系统。该类学习方法具有表达能力强、假设空间大等特点，然而在解决大规模复杂问题时，难以进行有效学习。连接主义出现的时间较符号主义更早，其发展受限于算力，经历几度兴衰。进入 21 世纪后，随着计算机硬件技术的提升，特别是图形处理单元（graphics processing unit，GPU）的发展，深度学习逐渐成为人工智能的焦点。深度学习本质上就是多层连接，层间和层内均以连接方式实现特征表征。根据解决问题所属领域不同，机器学习通常可分为监督学习（supervised learning）、无监督学习（unsupervised learning）和强化学习（reinforcement learning）三种学习方式。

在监督学习中，基于带标签的训练数据建立训练模型，常用方法包括人工神经网络、支持向量机（support vector machine，SVM）、极限学习机、贝叶斯网络等。非监督学习根据不带标签的样本数据建立模型，依据样本特征的相似度或者距离，将其归并到若干“类”或者“簇”中，常用的算法包括 k 均值聚类（k-means）、均值偏移（mean-shift）、高斯混合模型聚类等。强化学习在与环境的交互过程中通过学习策略以达成回报最大化，常用于机器控制、调度优化、游戏等场景。机器学习算法性能常受参数影响。例如，神经网络权重参数、支持向量机的惩罚系数和核参数的选取直接影响模型的正确率和泛化能力；在非监督学习中，聚类中心的选取对算法的收敛性和正确率具有很大影响。总的来看，各种机器学习模型需要经过优化才能发挥理想性能[1]。

当前云计算、大数据等技术正在全面影响和推动社会从信息化向智能化飞速发展。海量大数据的智能分析是人类向智能化发展过程中需要解决的关键问题。如何从凌乱和复杂的大数据中挖掘出人类感兴趣的知识，迫切需要更深刻的智能优化计算理论与技术[2]的支持，寻找各种适合问题需求的智能优化算法是人工智能领域的重要研究方向之一。

智能优化算法是指通过计算机软件编程模拟自然界、生物界乃至人类自身的长期演化、生殖繁衍、竞争、适应、自然选择中不断进化的机制与机理，从而实现对复杂优化问题求解的一大类算法的统称。目前，有关智能优化算法还没有完全统一的分类标准，从不同的角度会有不同的分类方法，如自然计算（nature computation）、仿生计算、进化计算、智能优化算法及计算智能等。文献[3]将上述算法统称为智能优化算法，因为这些算法都凸显了智能性的特点，是当前研究的热点领域之一。

同样，在科学研究、工程设计、软件测试、经济管理等领域存在着大量需要优化求解的复杂问题。传统的优化算法需要给出问题的精确数学模型。然而，有些问题变量维数大、阶次高，有些问题目标函数多、约束条件复杂，精确的数学模型难以建立，即使建立了复杂的数学模型也难以求解。通过模拟不同自然现象，涌现了许多智能优化算法。进化算法模拟自然界的进化现象，种群不具有交互性。种群由第一代随机产生再进化，直至达到终止条件。经典的进化算法包括遗传算法（genetic algorithm，GA）和差分进化（differential evolution，DE）算法。在实际问题中，这些算法还存在着不足。例如，受选择策略的影响，DE 算法在反复迭代后个体间的差异度逐渐变小，导致群体容易较早收敛[4]

不同于进化算法，在群智能系统中，每个个体都有简单的行为，而群体是一组通过改变自己的信息来进行互相交流的个体，这些个体通过合作解决分布式难题。群体具有较强的智能，有能力处理复杂度高的问题。经典的群智能优化算法有粒子群优化（particle swarm optimization，PSO）算法、蚁群优化（ant colony optimization，ACO）算法等；新兴的群智能优化算法有烟花算法（fireworks algorithm，FWA）、鸽群优化算法（pigeon optimization algorithm，POA）、灰狼优化（grey wolf optimization，GWO）算法、萤火虫算法（firefly algorithm，FA）、布谷鸟搜索（cuckoo search，CS）算法和水波优化（water wave optimization，WWO）算法等。最近，一些学者提出了一些新的群智能优化算法，如樽海鞘群算法（salp swarm algorithm，SSA），鲸鱼优化算法（whale optimization algorithm，WOA）。这些算法已经大量成功应用于任务调度、最优路径规划、滤波器设计等领域[5-7]。

目前，大部分智能优化算法受生物学启发，通过从群体智能中吸取灵感而设计的群智能算法是最受欢迎的最优化算法。在机器学习领域，群智能优化算法得到了广泛应用，如将蚁群优化算法用于模式识别、布谷鸟搜索算法用于高光谱遥感图像的端元提取、鲸鱼优化算法用于训练汽轮机热耗率的模型，上述算法的性能在相关实验中均得到了验证。

特征提取是图像分类问题的关键步骤，需要将低级的像素值转换为高级的图像特征。然而，因为图像之间的尺度差异，以及旋转、照明和背景因素的影响，从图像中提取有效的特征很有挑战性。文献[8]提出了一种基于改进遗传规划的特征自动学习方法，并对不同的图像进行分类，结果表明，该方法具有较好的分类效果性能，效果优于大多数基准测试方法。针对纹理图像分类中的最优调和（Tuned）模板的训练问题，郑肇葆教授和著者应用多种进化算法训练 Tuned 模板，并得到了较好的纹理图像分类效果。

然而，没有任何一种智能优化算法可以完全替代其他算法解决全部问题。在自然界中，许多自适应优化现象不断地启示人们：生物和自然生态系统可以通过自身的进化来解决高复杂性的优化问题。根据生物学上的杂种优势理论，杂种优势是自然界中常见的现象。20 世纪 70 年代中期，中国育种工作者首创杂交水稻为杂种优势开辟了新的应用领域。世界著名农业科学家袁隆平驳斥了自交作物不存在杂种优势的传统假设，并成功实现了三系杂交水稻制种技术。

三系杂交水稻中，雄性不育系（male sterile line，A）是指稻株外部形态与普通水稻没有多大差别，但雄性器官发育不正常，花粉败育，不能自交结实；雌性器官发育正常，能接受外来花粉而受精结实。这种雄性不育能稳定遗传的水稻品系称为雄性不育系（简称不育系）。雄性不育保持系（maintainer line，B）（简称保持系）是指作为父本与不育系杂交时能使子代保持雄性不育特性的品系。雄性不育恢复系（restorer line，R）（简称恢复系）是指一些正常可育的品种花粉授给不育系后，结实正常，而且新产生的杂种一代育性恢复正常，能自交结实，并具有较强的优势。这种能够恢复不育系雄性繁育能力的品种称为雄性不育恢复系。

受杂交水稻育种机理的启发，杂交水稻优化算法被提出[9]。与其他算法相比，杂交水稻优化算法稳定性好、寻优能力强、计算复杂度低、计算速度快，适用于多种优化问题的处理。

1.2 国内外研究现状

如上所述，建立理想机器学习模型需要克服各种困难，如聚类分析算法中聚类中心和超参数选择，k 近邻、支持向量机的参数优化、分类器权重优化等，上述问题通常可以表述为组合优化任务，采用智能优化算法对机器学习算法模型进行优化，可以避免将问题复杂化，取得较好的学习性能。

1.2.1 智能优化算法在聚类分析中的应用

国内外学者利用智能优化算法进行聚类的研究工作一直处于高速发展阶段，最早的经典优化算法 PSO 和 GA 也是最早被应用于进化聚类的。Bezdek 等[10]认为无监督聚类算法也是优化同类对象在同类中的位置，他们利用遗传算法进行优化，提出了遗传聚类方法，并以虹膜数据为例验证了该方法的聚类性能优于 k-means 算法。利用 PSO 算法寻优代替 k-means 算法中的初始聚类中心的选择，有学者提出了粒子群聚类方法。文献[11]提出了一种以引力搜索算法解决分区聚类问题的方法。文献[12]运用人工蜂群算法通过优化最小化目标函数（数据实例至其聚类中心的欧氏距离之和）找到集群的中心，在公共数据集上的实验证明了其多元数据聚类的性能较好。到目前为止，大部分基于优化算法的聚类方法都是以最小化聚类解决方案的平方误差，利用外部人工干预信息得到的正确率为主要的目标函数。Abdalla 等[13]提出了一种基于鲸鱼优化算法的聚类方法，并将其应用于肝脏核磁共振图像分割，通过分析该方法对 70 张磁共振成像（magnetic resonance imaging，MRI）图像分割结果的结构相似度和信噪比等五个指标数据，证实了基于鲸鱼优化算法的聚类方法的优良图像分割性能。

上述介绍的各种混合聚类算法都属于单目标优化问题，不能满足更加复杂条件下的数据聚类要求，多目标聚类（multi-objective clustering，MOC）逐渐成为研究热点。文献[14]提出了一种交互式遗传算法的多目标聚类方法，该方法可以与决策者交互并自适应地学习其输入数据，通过在微阵列基因表达数据聚类中的应用实验结果表明该方法具有不错的多目标聚类性能。文献[15]中将多目标协同优化算法应用于电力系统数据处理，并通过深度学习聚类模型对相关数据进行仿真实验，结果证实了多目标优化相关聚类模型在电力系统数据密集型问题中的优良性能。文献[16]提出了一种基于多目标离散粒子群优化算法的动态网络社区检测方法，通过真实和人工动态网络数据的实验结果分析，证实了该多目标聚类方法相较于传统聚类方法的聚类具有更优的性能。文献[17]提出了一种结合谱聚类和基于多目标量子粒子群优化算法的聚类方法来检测复杂网络中的重叠群落结构，最后通过实验数据证实了该方法具有较高的社区检测正确率，以及较好的覆盖效果。文献[18]将一种基于蚁群优化算法的多目标聚类方法用于空间聚类问题，该方法同时考虑解决方案评估、数据集缩减和领域构建等方面，并将其应用于数据压缩领域，展示了该方法的优异多目标聚类性能。秦亮等[19]针对多目标免疫克隆算法中难以确定克隆规模的问题，提出了基于免疫克隆算法的聚类方法，通过在加州大学欧文分校（University of California，Irvine，UCI）公共数据集和人工数据集上进行实验，取得的结果展示了多目标免疫克隆算法较好的聚类性能。张梦璇[20]将多目标进化模糊聚类方法用于图像分割领域，均衡考虑图像细节和噪声抑制两个因素，最终结果是从计算所得的非劣解中进行集成和取样操作而获取的，实验结果表明该多目标聚类方法能够在抑制一定噪声的前提下获得更加优良的图像分割结果。林勤等[21]提出了一种基于多目标人工蜂群的聚类方法并用于基因表达数据的分析，平衡在挖掘基因表达数据时均方残差和尺寸等相互冲突的目标之间的关系，实验结果表明该方法在挖掘基因数据的生物意义上具有优良的收敛性。

然而，多目标优化理论发展仍不够成熟，多目标聚类方法具有更好的前景，也将是相关学者今后的研究重点。

1.2.2　智能优化算法在常用分类器参数优化中的应用

SVM 建立在统计学习的理论基础之上，具有理论的完备性，然而在应用上仍然存在模型参数难以设置的问题。参数优化是 SVM 研究中的一个重要问题，不同的参数设置会直接影响 SVM 模型的分类预测精度和泛化能力。常用的传统 SVM 参数优化方法有实验法、网格法、随机梯度下降法等。但是这些算法已经难以满足人们的需求，存在各种各样的问题。遗传算法、蚁群优化算法、粒子群优化算法、人工鱼群算法、人工蜂群算法、萤火虫算法、蝙蝠算法等均在 SVM 参数优化问题上得到成功应用[22]。

Zhang 等[23]提出了一种 ACO 算法用于优化 SVM 参数并且应用于旋转机械的智能故障诊断当中。田海雷等[24]提出了一种基于改进人工鱼群算法，对 SVM 参数进行优化，在对人工鱼群算法进行深入分析的基础上，对人工鱼群算法进行了改进，改进后的人工鱼自适应地获取视野和步长，从而有效地改善算法的性能，实验结果表明该算法获得了更高的预测精度。刘铭等[25]提出了一种基于交叉变异人工蜂群算法的 SVM 参数优化方法，并将其应用于入侵检测。实验表明，此算法克服了局部最优值的缺陷，使检测器获得了更高的检测率、较低的误报率，所以入侵检测系统在防御网络入侵方面表现得更好。Tharwat 等[26]提出了一种基于蝙蝠算法的 SVM 参数优化方法，并与粒子群优化算法和遗传算法进行比较，实验结果表明，该模型能够找到 SVM 的最优参数组合，避免了局部最优问题。针对带钢表面缺陷图像分类问题，特征提取和分类是两个核心环节，这两部分共同影响最终分类结果，文献[27]利用局部二值模式（local binary pattern，LBP）进行特征提取，提出了一种主成分蝗虫算法，用于搜索 SVM 最佳参数。

总的来看，大多数学者都是对某一种群智能算法进行改进用于 SVM 参数优化，虽然取得了一些实质性的进展，但是还存在各种各样的问题。例如，解决了寻优精度不高的问题，但是又出现了寻优速度缓慢等问题。群智能算法优化 SVM 参数的研究成果当中，使用混合智能优化算法来优化 SVM 参数的成果较少。

极限学习机（extreme learning machine，ELM）是一类基于前馈神经网络（feedforward neural network，FNN）构建的机器学习系统或方法，适用于监督学习和非监督学习问题。它的基本原理是反转神经网络隐含层的输出矩阵，使训练速度得到很大的提升，已经得到了广泛应用。虽然极限学习机速度快且泛化性能好，当运用 ELM 解决实际问题时，输入权重和隐含层神经元阈值决定了预测结果的精度，合适的输入权重和阈值能够有效提高预测精度，但是 ELM 随机产生输入权重和隐含层神经元阈值的方式容易导致预测结果发散。针对这一现象，许多研究人员进行了相关研究。其中，经典的思路为利用智能优化算法寻优产生 ELM 输入权重和隐含层神经元阈值，将求解 ELM 输入权重和隐含层神经元阈值转化为最优解问题。

Li 等[28]提出了一种基于改进哈里斯鹰算法优化的正则化极限学习机的织物抗皱评价模型，实验结果表明该方法具有较好的性能。Yu 等[29]提出了一种基于改进蝴蝶优化算法的极限学习机，首先引入樽海鞘群算法提高蝴蝶优化算法的优化性能，进而获取最优的极限学习机的参数，并将配置最优参数的极限学习机用于故障诊断，实验结果表明提出的方法具有良好的分类性能和较高的稳定性。Li 等[30]提出采用增强乌鸦搜索算法优化极限学习机模型对短期风电负荷进行预测，取得了较好的效果。

总的来看，基于智能优化算法改进的 ELM 在分类和预测中性能较基本的 ELM 有较好的提升，然而由于参数优化的复杂性，现有智能优化算法也很难保证得到最优的参数，利用新兴智能优化算法对 ELM 参数进行优化仍然值得进一步研究。

1.2.3 智能优化算法在特征权重优化中的应用

目前，机器学习分类算法已被广泛应用于各个领域，发挥着重要的作用。但是，实际数据往往是复杂的、非理想的。实际数据存在不确定性、含噪、丢失等情况，这对分类算法的计算结果是有影响的。因此，如何减轻这些非理想数据对结果的影响，是一个非常关键的问题。为了解决这个问题，策略之一就是数据加权，常见的加权包括样本加权、类型加权及特征加权，其中特征加权的应用最为广泛。

例如，魏孝章和豆增发[31]先计算特征的信息增益，按照信息增益对应的特征权重系数大小将特征分为关键特征、次要特征及无关特征，进而将特征权重系数代入 k-最近邻（k-nearest neighbor，KNN）的距离公式中得出结果，得到了更为精准的分类。贝叶斯算法作为经典机器学习算法之一，其加权研究得到了广泛关注，如有研究工作基于贝叶斯算法对集成模型的权重进行动态调整，并成功地应用于港口货物吞吐量的预测上。有学者提出利用信息增益对朴素贝叶斯（naive Bayes，NB）模型进行加权，并成功用于消防检测；另外，还有研究者通过粗糙集、局部优化算法、信息熵、条件熵、增益率法、爬山法、相关系数对 NB 算法进行加权。

文献[32]将 PSO 算法用于改进 NB 分类算法和优化神经网络的权值和阈值，并成功用于土壤有机质含量光谱的估计和预测中。有学者将改进 CS 算法用于优化神经网络的初始权重和参数，实验表明电力预测结果中短期负荷预测、短期风速预测和短期电价预测的误差均降低。文献[33]利用 DE 算法优化最小二乘支持向量机（least squares support vector machine，LSSVM）的参数和权重为子模型，将子模型采用改进的模糊 C 均值聚类（fuzzy C-means，FCM），建立综合焦炭比的多级预测模型预测碳效率。文献[34]利用蜻蜓算法搜索反向传播（back propagation，BP）神经网络中的权重和阈值全局最优解，与标准的 BP 神经网络和 PSO 算法的优化结果相比，基于蜻蜓算法的 BP 神经网络模型能够有效地对燃气轮机的故障进行检测，提高检测率，减小训练误差。

1.2.4　智能优化算法在特征选择中的应用

随着大数据时代的到来，数据量剧增，数据维度不断升高，在故障诊断、文本分类、语音分析、超光谱图像分类等领域，特征选择得到广泛的研究。常见的特征选择方法大致分为三类：过滤式、封装式、嵌入式。其中，封装式特征选择方法直接针对给定分类器进行优化，性能通常比过滤式要好，但是计算开销大很多，特别是对于高维数据，传统的分支定界法、顺序前进法、顺序后退法难以处理。与传统方法相比，基于种群的智能优化算法不需要问题领域先验知识，就能并行搜索多个解。基于这些优点，智能优化算法在特征选择上获得良好的效果[35]，其在特征选择上的应用研究始于 20 世纪 90 年代。自 2007 年以来，随着许多领域的特征数量逐渐增多，智能优化算法以其强大的全局搜索能力而受到研究人员的重点关注。特征选择有两个主要目标：最大化分类正确率和最小化特征子集的数量。为了便于求解，一些基于智能优化算法的特征选择方法通过设计一种综合考虑特征个数和分类性能的目标函数，将特征选择作为单目标优化问题来考虑，也有一些方法将特征选择按照多目标优化处理。下面对智能优化算法在特征选择上的研究工作进行简要介绍。

遗传算法是最早提出的智能优化算法，Siedlecki 和 Sklansky[36]于 1989 年提出采用遗传算法解决特征选择问题，Neshatian 和 Zhang[37]提出一种基于遗传规划的封装式特征选择方法，采用改进的贝叶斯算法进行分类，遗传算法和遗传规划应用于特征选择问题已有 30 余年的历史，并在数百个特征问题上显示出了较好的性能。然而，对于大数据成千上万维的特征问题，基本遗传算法的效果尚不理想。2020 年，张鑫和李占山[38]提出了自然进化策略的特征选择方法，引入了合作协同进化和分布式种群进化策略来增加算法的探索能力，在处理高维数据时表现出较好的性能。

群集智能算法是人们受自然规律的启发，模仿某些规律而设计的求解优化问题的一类算法，基于群集智能算法求解特征选择问题受到了国内外研究者的广泛关注。目前围绕 PSO 算法进行特征选择的研究成果丰硕，如 Xue 等[39]在 PSO 算法搜索过程中设计了新的初始化策略，模拟典型的前向和反向特征选择方法，结果表明，新的初始化策略显著提高了 PSO 算法特征选择的性能；杨峻山等[40]针对生物组学数据高维小样本分类误差较大的问题，提出了一种带约束小生境二进制粒子群优化的集成特征选择方法。2019 年，Tran 等[41]提出了一种基于变长 PSO 算法的高维特征选择方法，它能很好地处理高维特征选择问题，计算时间大幅度减少；2021 年，Song 等[42]提出了一种基于互信息和骨架 PSO 算法的特征选择方法，设计了两种新的局部搜索算子，性能良好。总的来看，对于高维特征选择问题，围绕 PSO 算法的各种改进应用研究一直是研究热点。

蚁群优化算法具有非常强的鲁棒性，在特征选择问题上也得到了广泛应用，如基于分形维和蚁群优化算法的特征选择方法，基于粗糙集和蚁群优化的特征选择方法，Ghosh 等[43]提出了一种基于蚁群优化算法和包过滤的特征选择方法，在面部情绪识别和微阵列数据集上取得了较好的效果。总的来看，基于过滤和粗糙集的蚁群优化特征选择方法研究较多，对于高维特征选择，算法性能需要继续完善。

自 2008 年以来，DE 算法开始被应用于解决特征选择问题，大部分工作主要集中在改进 DE 算法的搜索策略和表示方法。Ghosh 等[44]提出采用自适应 DE 算法用于生成特征子集。随后，Khushaba 等[45]将每个个体作为一个浮点数向量，并预先定义向量的长度，提出一种新的编码方案，但对于特征数量较多的高维问题，还面临一些困难。Tawhid 和 Ibrahim[46]提出一种基于鲸鱼优化算法的特征选择方法，方波等[47]提出了一种基于粗糙集和果蝇优化算法的特征选择方法，Mohamed 和 Aboul[48]提出了基于杜鹃搜索和粗糙集的特征选择方法，Too 和 Mirjalili[49]提出了一种超学习二进制蜻蜓算法用于特征选择，并将该方法应用于新型冠状病毒肺炎（COVID-19）疾病数据集，结果表明，该方法在提高分类精度和减少特征选择数量方面具有优越性。

总的来看，智能优化算法在特征选择问题上取得了较好的表现，然而单一的智能优化算法面对高维复杂问题时，易陷入局部最优解、收敛速度慢、勘探和开采的搜索机制难以平衡；再者，种群的多样性、大规模优化问题困难性依然存在。这些问题的解决能够为更广范围地使用智能优化算法铺垫道路，从自然界中获取新启发，对解决特征选择优化问题仍然具有现实意义。

1.2.5 智能优化算法在机器学习超参数优化中的应用

模型优化是机器学习算法实现中最困难的挑战之一，机器学习算法中的参数可以划分为模型参数和模型超参数[50]。其中，模型参数可以通过自我学习确定，模型超参数往往需要人工预先配置，模型的超参数对模型的性能起着重要的作用。例如，在卷积神经网络模型中，在模型开始训练之前，就应该指定网络层数、卷积核大小、卷积核滑动步长、池化类型、激活函数类型、优化器、全连接层神经元个数等一系列超参数[51]。模型参数是指各神经元相连接的权重和偏置等参数，它们的最佳取值往往在模型的训练过程中不断更新、修正而确定。目前主流的机器学习算法中所涉及的超参数众多，少则十几个，多则成千上万，模型的性能很大程度上依赖这些超参数的取值，如何在众多的超参数中选定一个合适的组合已经成为机器学习领域内的一个发展难题，因此关于超参数优化问题的研究也已经成为当前的研究热点。

超参数优化经历了一个长期而缓慢的发展过程。早期的超参数优化方法多为数值优化方法，主要包括随机梯度下降法、牛顿法、拟牛顿法、共轭梯度法及拉格朗日法。这一类方法的优化过程可以概括为先选取一个初始值，然后按照某种策略产生下一个采样点，如此反复迭代该过程并构造相关数列，直至出现梯度为零的点。上述方法实现简单，但优化性能通常受制于目标函数类型及函数约束条件等因素，并且当决策变量个数较多时，上述方法性能往往较差。随着深度学习的兴起，机器学习领域内也涌现出了其他新兴的超参数优化方法，如文献[52]提出基于改进粒子群优化算法对循环神经网络的超参数优化方法，所提方法在短时交通流预测应用上取得了较为理想的预测精度。文献[53]使用基于量子遗传算法的超参数优化方法在多种机器学习算法上进行参数调优，实验结果表明量子遗传算法在解决超参数问题上具有可行性和有效性。文献[54]提出了基于鲸鱼优化算法的生成对抗神经网络超参数优化方法，该方法在新型冠状病毒肺炎 CT 扫描图分类应用上性能优越，为病情自动化诊断提供可能。文献[55]利用遗传算法、粒子群优化算法、差分进化算法及贝叶斯优化四种超参数优化方法优化一种基于随机森林的预测模型，实验结果表明优化后的模型在预测隧道掘进机的掘进速度上取得了较好的预测效果。

此外，一些新兴的智能优化算法在机器学习超参数优化中得到了部分应用。例如，有研究者利用灰狼优化算法优化长短期记忆网络的超参数，由该算法所确立的网络结构在语言建模分类任务中展现了良好的性能。基于萤火虫算法的深度递归神经网络超参数优化方法在天气预测应用上取得了理想的预测结果。禁忌遗传算法在卷积神经网络超参数优化中得到成功应用，实验结果表明禁忌遗传算法具有计算速度快和适应性强等优点。新近提出的蝠鲼觅食算法也被用于优化卷积神经网络的超参数，实验结果表明所提方法不仅能够取得较高的正确率，所消耗的计算资源也更少。

综上所述，智能优化算法在优化机器学习超参数问题上能够取得令人欣喜的结果，然而由于超参数寻优计算量巨大，很多算法容易陷入局部最优解，基于最新的智能优化算法的机器学习模型超参数优化仍然是一个值得关注的热点研究问题。

参考文献

[1] 沈焱萍，郑康锋，伍淳华，等. 智能启发算法在机器学习中的应用研究综述[J]. 通信学报，2019，40(12)：124-137.

[2] 李建中，李英姝. 大数据计算的复杂性理论与算法研究进展[J]. 中国科学：信息科学，2016(9): 1255-1275.

[3] 李士勇，李研，林永茂. 智能优化算法与涌现计算[M]. 北京：清华大学出版社，2019.

[4] Das S, Mullick S S, Suganthan P N. Recent advances in differential evolution: an updated survey [J]. Swarm and Evolutionary Computation, 2016, 27: 1-30.

[5] Zheng Y J, Du Y C, Ling H F, et al. Evolutionary collaborative human-UAV search for escaped criminals[J]. IEEE Transactions on Evolutionary Computation, 2020, 24(2): 217-231.

[6] Zhou Z H, Yu Y, Qian C. Evolutionary learning: advances in theories and algorithms[M].Berlin: Springer, 2019.

[7] 焦李成，尚荣华，刘芳，等. 认知计算与多目标优化[M]. 北京：科学出版社，2019.

[8] Bi Y, Xue B, Zhang M J. Genetic programming with image-related operators and a flexible program structure for feature learning in image classification[J]. IEEE Transactions on Evolutionary Computation, 2021, 25(1): 87-101.

[9] Ye Z W, Ma L, Chen H W. A hybrid rice optimization algorithm[C]//2016 11th International Conference on Computer Science & Education (ICCSE), Nagoya, 2016: 169-174.

[10] Bezdek J C, Boggavarapu S, Hall L O, et al. Genetic algorithm guided clustering[C]//Proceedings of the First IEEE Conference on Evolutionary Computation. IEEE World Congress on Computational Intelligence, Orlando, 1994: 34-39.

[11] Qian K, Li W, Qian W Y. Hybrid gravitational search algorithm based on fuzzy logic[J]. IEEE Access, 2017, 5: 24520-24532.

[12] Xiang W L, Meng X L, Li Y Z, et al. An improved artificial bee colony algorithm based on the gravity model[J]. Information Sciences, 2018, 429: 49-71.

[13] Abdalla M, Aboul Ella H, Mohamed H, et al. Liver segmentation in MRI images based on whale optimization algorithm[J]. Multimedia Tools and Applications, 2017, 76(23): 24931-24954.

[14] Mukhopadhyay A, Maulik U, Bandyopadhyay S. An interactive approach to multiobjective clustering of gene expression patterns[J]. IEEE Transactions on Bio-Medical Engineering, 2013, 60(1): 35-41.

[15] 叶承晋. 计算智能在电力系统多目标优化中的应用研究[D]. 杭州：浙江大学，2015.

[16] 李赫，印莹，李源，等. 基于多目标演化聚类的大规模动态网络社区检测[J]. 计算机研究与发展，2019，56(2): 281-292.

[17] Li Y Y, Wang Y, Chen J, et al. Overlapping community detection through an improved multi-objective quantum-behaved particle swarm optimization[J]. Journal of Heuristics, 2015, 21(4): 549-575.

[18] İnkaya T, Kayalgil S, Özdemirel N E. Ant colony optimization based clustering methodology[J]. Applied Soft Computing, 2015, 28: 301-311.

[19] 秦亮，张文广，史贤俊，等. 基于免疫克隆算法的多目标聚类方法[J]. 信息与控制，2013，42(1): 8-12.

[20] 张梦璇. 基于多目标进化模糊聚类的图像分割方法研究[D]. 西安：西安电子科技大学，2017.

[21] 林勤，薛云，林斯达，等. 多目标人工蜂群双聚类算法在基因表达数据中的应用研究[J]. 华南师范大学学报(自然科学版)，2016，48(2):116-123.

[22] 李素，袁志高，王聪，等. 群智能算法优化支持向量机参数综述[J]. 智能系统学报，2018，13(1)：70-84.

[23] Zhang X L, Chen W, Wang B J, et al. Intelligent fault diagnosis of rotating machinery using support vector machine with ant colony algorithm for synchronous feature selection and parameter optimization[J]. Neurocomputing, 2015, 167(1): 260-279.

[24] 田海雷，李洪儒，许葆华. 基于改进人工鱼群算法的支持向量机预测[J]. 计算机工程，2013，39(4): 222-225.

[25] 刘铭，黄凡玲，傅彦铭，等. 改进的人工蜂群优化支持向量机算法在入侵检测中的应用[J]. 计算机应用与软件，2017，34(1): 230-235，246.

[26] Tharwat A, Hassanien A E, Elnaghi B E. A BA-based algorithm for parameter optimization of support vector machine[J]. Pattern recognition letters, 2017, 93(1): 13-22.

[27] 张洪博. 基于群智能优化算法的带钢表面缺陷图像处理方法研究[D]. 长春：长春工业大学，2021.

[28] Li J Q, Shi W M, Yang D H. Fabric wrinkle evaluation model with regularized extreme learning machine based on improved Harris Hawks optimization[J]. Journal of the Textile Institute, 2022, 11(3): 199-211.

[29] Yu H L, Yuan K, Li W S, et al. Improved butterfly optimizer-configured extreme learning machine for fault diagnosis[J]. Complexity, 2021(5): 6315010.

[30] Li L L, Liu Z F, Tseng M L, et al. Using enhanced crow search algorithm optimization-extreme learning machine model to forecast short-term wind power[J]. Expert Systems with Applications, 2021, 184: 115579.

[31] 魏孝章，豆增发. 一种基于信息增益的 K-NN 改进算法[J]. 计算机工程与应用，2006，43(19):188-191.

[32] 邹慧敏，李西灿，尚璇，等. 粒子群优化神经网络的土壤有机质高光谱估测[J]. 测绘科学，2019，44(5)：146-150,170.

[33] Hu J, Wu M, Chen X, et al. A multi-level prediction model of carbon efficiency based on differential evolution algorithm for iron ore sintering process[J]. IEEE Transactions on Industrial Electronics, 2018, 65(11): 8778-8787.

[34] 张霄，钱玉良，邱正，等. 基于蜻蜓算法优化 BP 神经网络的燃气轮机故障诊断[J]. 热能动力工程，2019，34(3)：26-32.

[35] Nguyen B, Xue B, Zhang M J. A survey on swarm intelligence approaches to feature selection in data mining [J]. Swarm and Evolutionary Computation, 2020, 54: 100663.

[36] Siedlecki W, Sklansky J. A note on genetic algorithms for large-scale feature selection[J]. Pattern Recognition Letters, 1989, 10(5): 335-347.

[37] Neshatian K, Zhang M J. Dimensionality reduction in face detection: a genetic programming approach[J]. 2009 24th International Conference on Image and Vision Computing. New Zealand, 2009: 391-396.

[38] 张鑫，李占山. 自然进化策略的特征选择算法研究[J]. 软件学报，2020，31(12)：3733-3752.

[39] Xue B, Zhang M, Browne W N. Particle swarm optimisation for feature selection in classification: Novel initialisation and updating mechanisms[J]. Applied Soft Computing, 2014, 18:261-276.

[40] 杨峻山，周家锐，朱泽轩，等. 带约束小生境二进制粒子群优化的生物组学数据集成特征选择[J]. 信号处理，2016，32(7): 757-763.

[41] Tran, B, Xue B, Zhang M J. Variable-length particle swarm optimization for feature selection on high-dimensional classification[J]. IEEE Transactions on Evolutionary Computation, 2019, 23(3): 473-486.

[42] Song X F, Zhang Y, Gong D W, et al. Feature selection using bare-bones particle swarm optimization with mutual information[J]. Pattern Recognition: The Journal of the Pattern Recognition Society, 2021, 12: 107804.

[43] Ghosh M, Guha R, Sarkar R, et al. A wrapper-filter feature selection technique based on ant colony optimization[J]. Neural Computing and Applications, 2019,32(12): 7839-7857.

[44] Ghosh A, Datta A, Ghosh S . Self-adaptive differential evolution for feature selection in hyperspectral image data[J]. Applied Soft Computing, 2013, 13(4): 1969-1977.

[45] Khushaba R N, Al-Ani A, Al-Jumaily A. Feature subset selection using differential evolution and a statistical repair mechanism[J]. Expert Systems with Applications, 2011, 38(9): 11515-11526.

[46] Tawhid M A, Ibrahim A M. Feature selection based on rough set approach, wrapper approach, and binary whale optimization algorithm[J]. International Journal of Machine Learning & Cybernetics, 2020, 11(3): 573-602.

[47] 方波，陈红梅，王生武. 基于粗糙集和果蝇优化算法的特征选择方法[J]. 计算机科学，2019，46(7)：157-164.

[48] Mohamed Abd El Aziz, Aboul Ella Hassanien. Modified cuckoo search algorithm with rough sets for feature selection[J]. Neural Computing & Applications, 2018, 29(4): 925-934.

[49] Too J W, Mirjalili S. A hyper learning binary dragonfly algorithm for feature selection: a COVID-19 case study[J]. Knowledge-Based Systems, 2021, 12(5):106553.

[50] 吴佳，陈森朋，陈修云，等. 基于强化学习的模型选择和超参数优化[J]. 电子科技大学学报，2020，49(2)：255-261.

[51] 刘永利，朱亚孟，晁浩. 多策略 MRFO 算法的卷积神经网络超参数优化[J]. 北京邮电大学学报，2021，44(6)：83-88.

[52] 程志杰. 基于粒子群优化算法和循环神经网络的短时交通流预测[D]. 重庆：重庆邮电大学，2021.

[53] 吴浩楠，高宏. 基于量子遗传的超参数自动调优算法的设计与实现[J]. 智能计算机与应用，2021，11(1)：170-175.

[54] Goel T, Murugan R, Mirjalili S, et al. Automatic screening of COVID-19 using an optimized generative adversarial network[J]. Cognitive computation, 2021, 32: 1-16.

[55] 仉文岗，唐理斌，陈福勇，等. 基于 4 种超参数优化算法及随机森林模型预测 TBM 掘进速度[J]. 应用基础与工程科学学报，2021，29(5)：1186-1200.

第2章　杂交水稻优化算法概述

智能优化算法是一类具有全局优化性能、通用性强且适合并行处理的随机搜索算法，被广泛应用于各类最优问题求解。近年来该领域受到广泛关注，受各种自然或社会现象启发，出现了很多性能良好的智能优化算法。受杂种优势理论和三系法杂交水稻育种技术的启发，2016 年著者研究团队提出了杂交水稻优化算法，在图像阈值分割、0-1 背包问题求解等优化中取得了较好的效果。

2.1　研 究 动 机

虽然智能优化算法在科学计算、工程设计、机器学习等领域得到了很好的应用，但是仍然存在全局搜索能力较差、容易过早收敛等问题。图 2-1 展示了一维函数凸优化中的局部最优解（local optima）和全局最优解（global optima）。其中，纵坐标表示函数值，横坐标表示变量值。智能优化算法在解决问题时通常会陷入局部最优解。

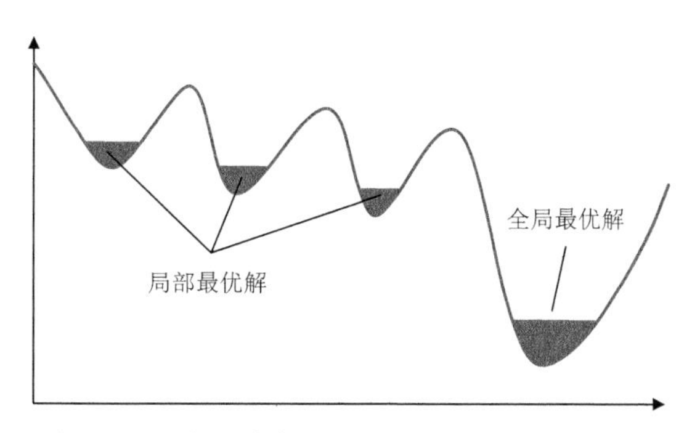

图 2-1　凸优化中的局部最优解和全局最优解

陷入局部最优解通常是解集（种群）的多样性不足导致的[1]，在智能优化算法搜索的过程中，整个种群往往趋于向表现最好的个体学习，导致个体与个体之间差异过小，最后无法跳出局部最优解。如果在迭代的早期种群中出现了超级个体，则有可能导致所有个体都向其学习，个体间的差异性迅速减少，最终出现过早收敛的现象。

如何维持种群的多样性是提升智能优化算法在各类最优化问题上表现的关键。基于扩大种群多样性、进而改善群体进化效果的思路，著者团队从我国特有的杂交水稻获得启发，提出一种新的智能优化算法。我国是世界上第一个成功地利用水稻杂种优势培育出杂交水稻的国家[2]。杂交水稻不仅大幅提高了水稻产量，而且丰富了水稻遗传育种和高产栽培的理论与实践，其中起到关键性作用的便是杂种优势。通过模拟杂交水稻育种机制，充分发挥杂种优势，从而维持优化过程中种群的多样性。

2.2 杂种优势与杂交水稻优化算法

杂种优势是生物界普遍存在的一种现象[3]，是指两个遗传组成不同的亲本杂交产生的杂种一代（F1），在生长势、生活力、抗逆性、产量、品质等方面优于其双亲的现象。

由于杂交水稻的培育主要是在基因层面进行设计的，遗传算法模拟了自然界中染色体的交叉和碱基对的突变，这为研究在基因层面模拟杂交水稻的育种机制提供了很好的基础。遗传算法是最早提出的元启发式算法，是一种基于生物界自然选择和遗传机制构建的随机搜索算法，最早由美国的霍兰德（Holland）提出。遗传算法来源于达尔文的进化论、魏茨曼的物种选择学说和孟德尔的群体遗传学说，模拟自然界生物繁育过程中的染色体交叉和基因变异等现象，具有全局优化性、梯度信息不依赖性、简单易施性等特点，在诸多领域有着广泛的应用。遗传算法通过 0、1 组成基因片段并形成染色体，如图 2-2 所示。

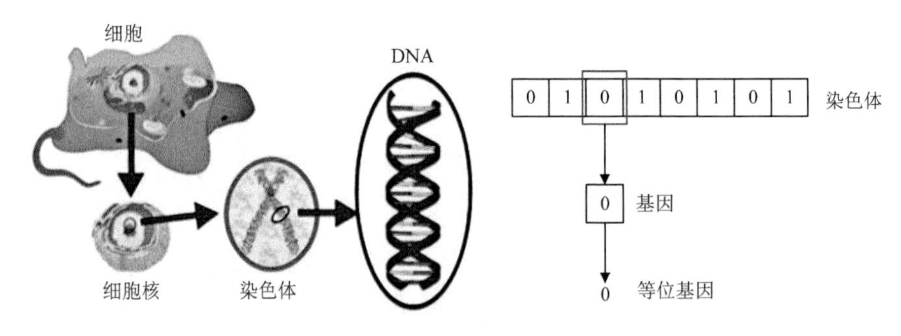

图 2-2 遗传算法对基因的模拟

图中，DNA 为脱氧核糖核酸（deoxyribo nucleic acid）的英文简写。遗传算法的核心是在给定的问题解空间上进行搜索，按照一定概率使不同个体的染色体交叉，基因产生变异，选择合适的子代，用新产生的子代替代部分表现较差的原有个体，然后重复上述过程不断迭代，算法停止的条件是迭代到了一定的次数或遗传个体达到要求的适应度值。遗传算法伪代码如下所示。其中，pop、p_c、p_b、f、M、g 参数分别为初始种群、交叉概率、变异概率、适应度值、种群规模和迭代次数，do 表示“执行”，while 表示“当……时”。

```
输入：初始化参数 pop、p_c、p_b、f、M、g
1. 计算所有个体在所给函数上的适应度
2. do
3.       do (按照选择策略选择两个亲本)
4.           随机产生(0,1)的随机数 m
5.           if ( m< p_c )，两个亲本染色体交叉产生新个体
6.           随机产生(0,1)的随机数 n
7.           if ( n< p_b )，个体基因发生变异
8.           将新产生的个体加入新种群 new_pop 中
9.       while (new_pop 中个体数量小于 M)
10.      用 new_pop 替换原有的 pop
11. while (迭代次数未达到 g 并且遗传个体适应度未达到 f)
```

基于遗传算法的进化搜索机制，本章研究如何通过模拟杂交水稻的育种机制来设计新的智能优化算法，从而更好地将新算法应用于机器学习模型优化。

2.3　杂交水稻优化算法基本原理

本节主要讨论模拟三系法杂交水稻育种技术设计的杂交水稻优化算法，其原理和思路介绍如下。

2.3.1　三系法杂交水稻简介

袁隆平因其“杂交水稻之父”的美誉而蜚声全球，他的科技成果——“杂交水稻”的应用和普遍推广为我国解决数亿人口的温饱问题做出了重大贡献，同时，使世界上一些贫穷地区摆脱了饥饿，为保障全球粮食安全做出了卓越贡献。杂交水稻的成功，吸引了大批有才华的学者投入杂交水稻的研究中。自 1964 年以来，杂交水稻研究在袁隆平的主持下经历了一个“从三系、二系到超级稻”的完美历程，基本实现了“袁隆平思路”的整体科研设计方略，并一步一步向更高的目标攀登[4]。

袁隆平在科研实践的基础上，在不到两年的时间内就完成了研究范式的转换，彻底抛弃了“米丘林-李森科学说”，转而以基因遗传学（有性杂交的理论基础）为指导开辟新的研究领域[5]。

所谓三系配套是指利用少量的“雄性不育植株”培育出一个可以扩展到任意大的雄性不育系；然后寻找和培育出一种能使雄性不育系水稻世世代代 100%保持雄性不育特性的常规水稻——保持系；最后找到一种被命名为恢复系的常规水稻与不育系杂交，使不育系全面恢复其雄性可育性和自交结实功能，从而获得可

供大田生产的 F1 代种子。这样，就可以每年拿一部分不育系和保持系杂交，延续不育系后代；用另一部分不育系与恢复系杂交，以制备大田生产所需的恢复了雄性活力、可以自交结实的种子，使农业生产者在不必采取任何复杂技术措施的情况下，就能应用这些具有较大增产优势的杂交种子进行大田生产[6]。三系法杂交水稻在生产上的应用关系如图 2-3 所示，育种操作如图 2-4 所示。

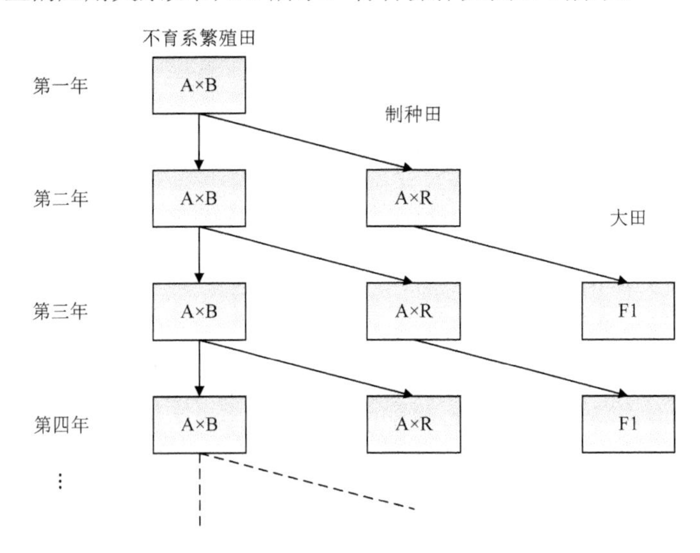

图 2-3 三系法杂交水稻在生产上的应用关系

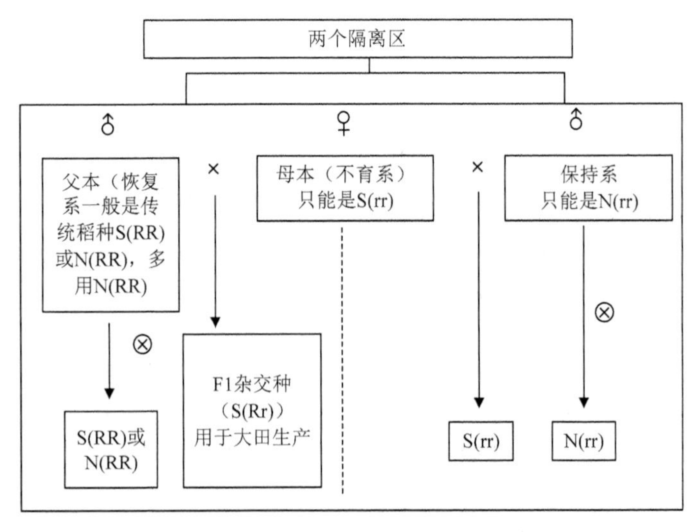

图 2-4 三系法杂交水稻的育种操作

水稻核基因 R 表示可育，r 为不育；细胞质基因 N 为可育，S 为不育。图 2-4 中，S(RR)和 N(RR)表示恢复系的基因型，S(rr)表示不育系的基因型，N(rr) 表示保持系的基因型。

1966 年 2 月 28 日，袁隆平的第一篇论文《水稻的雄性不育性》发表在当时权威的科学刊物之一——《科学通报》第 17 卷第 4 期上。这篇奠基性论文的发表证明了袁隆平培育杂交水稻的理论设想是科学的、切实可行的。1972 年 3 月，杂交水稻被列为全国重点科研项目。1973 年 10 月，袁隆平在苏州召开的水稻科研会议上，发表了《利用“野败”选育三系的进展》论文，正式宣告我国现行杂交水稻“三系”配套成功。“三系”配套成功并不表示就是三系法杂交稻的成功，要进行大面积推广还必须解决“优势关”和“制种关”。由他育成的“南优 2 号”表现出明显的优势，在安江农业学校试种，中稻亩产 1256 斤（1 亩≈666.67m^2，1 斤=0.5kg），作双季晚稻示范栽培二十多亩，亩产 1022 斤。随后杂交早稻“威优 35”问世，其强劲杂交高产优势终结了“杂交水稻有没有优势”的争论。

三系法杂交水稻成功之后，袁隆平提出了由“三系法品种间杂交”必然过渡到优势更强的“两系法亚种间杂交”，然后实现“一系法远缘杂交”的完美思路。简单地理解“两系法”就是在原来的不育系、保持系和恢复系三系中省去一系，同样能达到应用杂种优势的目的。1995 年，两系法杂交水稻获得大面积生产应用，到 2000 年全国累计推广面积已达 333 万公顷，平均产量比三系法杂交水稻增产 5%～10%，续写了“东方魔稻”的新篇章。

2.3.2　杂交水稻优化算法设计基本思路

杂种优势是生物界的普遍现象，利用杂种优势来提高农作物的产量和品质是现代农业科学的主要成就之一[7-9]。选用两个在遗传上有一定差异，但优良性状又能互补的水稻品种进行杂交，生产具有杂种优势的第一代杂交种，这就是杂交水稻。

受杂交水稻的育种方式启发而提出的杂交水稻优化算法是一种新的启发式智能优化算法。根据杂交水稻育种方法的不同，杂交水稻优化算法也有不同的实现方式，本节重点讨论基于三系法杂交水稻设计的智能优化算法。三系法杂交水稻，即使用三种不同特点的水稻品种杂交进行育种。

“三系法”育种包括如下环节：①保持系种子自交繁殖，供下一年使用；②不育系种子杂交繁殖，供下一年使用；③杂交水稻种子生产，如此年年循环；④恢复系种子自交繁殖，供下一年使用。

与其他进化算法相同，杂交水稻优化算法用水稻的基因来表示待优化问题的解，用适应度函数的值来衡量该水稻基因的优劣，根据其基因的优劣将水稻分为不育系、保持系和恢复系。如图 2-5 所示，选取群体中基因较差一部分的个体作为不育系，它们自交不结实，即无法自行产生下一代。将群体中较优的那部分个体选取为保持系，它们可以自交（图 2-5 中的过程①），用它们与不育系杂交可以产生不育系的子代（图 2-5 中的过程②）。群体中的其余个体作为恢复系，恢复系与保持系相同，能够自交结实（图 2-5 中的过程④），与不育系杂交可以得到杂交水稻（图 2-5 中的过程③）。

三系法杂交水稻优化算法模拟了杂交水稻育种过程中“三系”的育种过程，即图 2-5 中的①、②、④过程。其中主要有两种育种行为，即杂交与自交，以此来产生后代。

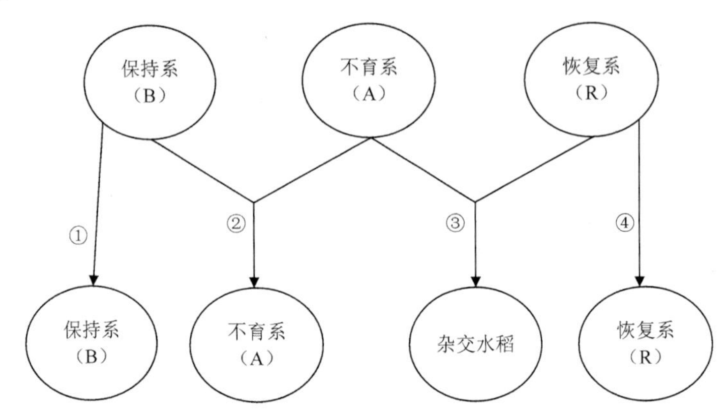

图 2-5　三系法杂交水稻三系间的关系

2.3.3　三系法杂交水稻优化算法的实现步骤

三系法杂交水稻优化算法实现的基本步骤如下。

（1）初始化水稻种群。所有的个体在解空间内随机初始化，根据计算出的适应度值来判定每个个体的优劣。

初始化时确定以下参数：水稻种群数目 N；最大育种次数 max it；最大自交次数 max time。

每个个体的基因的维度为 D。X_i^t 表示第 t 次育种时群体中第 i 个个体的基因，$X_i^t=(x_i^1,\ x_i^2,\cdots,\ x_i^{D-1},\ x_i^D)$。$f(X_i^t)$ 表示第 t 次育种时群体中第 i 个个体的适应度函数且所求值为 $f(x)$ 的最大值。

初始时刻，在解空间内随机生成 N 个解 $X_1^0,X_2^0,\cdots,X_{N-1}^0,X_N^0$，具体生成方式表示如下：

$$x_i^j=\min x^j+\text{rand}(0,1)(\max x^j-\min x^j) \tag{2-1}$$

式中，$j\in\{1,2,\cdots,D-1,D\}$；$\max x^j$、$\min x^j$ 分别表示搜索空间第 j 维分量的最大值与最小值。分别计算种群中各个个体的适应度函数值。

（2）根据步骤（1）中所得的适应度值将种群从优到劣进行排序，并将种群划分为不育系、保持系和恢复系，如图 2-6 所示。取排在 1 到 N/3 的个体（数量为 a）为保持系，取排在 N/3+1 到 2N/3 的个体（数量为 N−2a）为恢复系，取排在 2N/3+1 到 N 的个体（数量为 a）为不育系。记录当前种群的最优解。

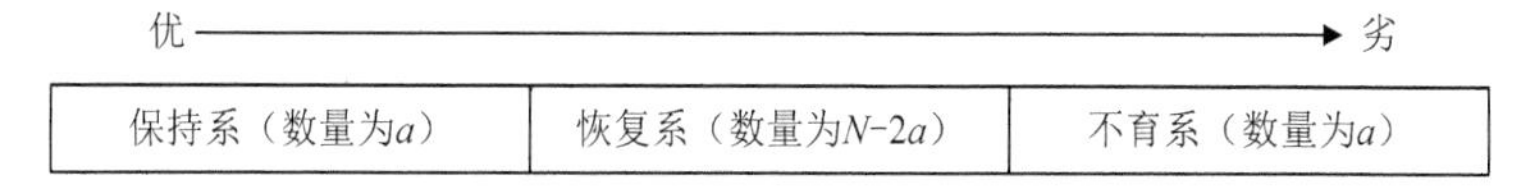

图 2-6　三系杂交水稻优化算法三系分布

（3）杂交过程。对于每一次育种，杂交过程进行的次数与不育系的个体数量相同。每一次杂交，都将从不育系和保持系中各选取一个个体作为父本、母本，可以随机选取，也可以按一一对应的方式选取。杂交的方式是将父本与母本对应位置的基因按照随机权重相加进行重组而得到一个拥有新的基因的个体。计算新个体的适应度，并以贪心法为准则将其与其父本、母本中的不育系个体进行比较，将适应度较优的个体保留至下一代。

选取下列杂交方式之一作为整个算法的杂交方式。

① 随机杂交，表示如下：

$$\text{new}\_x_k^j = \frac{r_1 \cdot x_{\text{A}a}^j + r_2 \cdot x_{\text{B}b}^j}{r_1 + r_2} \tag{2-2}$$

式中，$\text{new}\_x_k^j$ 表示该轮育种过程中第 k 次杂交产生的新个体的第 j 维基因；r_1、r_2 为 $[-1,1]$ 中的随机数，且 $r_1 + r_2 \neq 0$；a、b 随机取自 $\{1,2,\cdots,N_{\text{A}}\}$，$N_{\text{A}}$ 表示不育种群数目；$X_{\text{A}a}$ 表示不育系中的第 a 个个体，$x_{\text{A}a}$ 表示该个体的某个基因；$X_{\text{B}b}$ 表示保持系中的第 b 个个体，$x_{\text{B}b}$ 表示该个体的某个基因。产生的新个体的基因的每一维都由不育系和保持系中的随机个体以随机比例杂交得到。

② 对应杂交，表示如下：

$$\text{new}\_x_k^j = \frac{r_1 \cdot x_{\text{A}a}^j + r_2 \cdot x_{\text{B}b}^j}{r_1 + r_2} \tag{2-3}$$

式中，$a = b = k$。产生的新个体的基因的每一维都由不育系的第 k 个个体与保持系中的第 k 个个体以随机比例杂交得到。

杂交后对新产生的个体进行贪心法选择，具体操作设计如下。

若 $f(\text{new}\_X_k) > f(X_{\text{B}k})$，则 new_X_k 取代 $X_{\text{B}k}$ 保留至下一代。

若 $f(\text{new}\_X_k) \leqslant f(X_{\text{B}k})$，则 $X_{\text{B}k}$ 保留至下一代。

（4）自交过程。育种过程中，自交进行的次数与恢复系的个体数量相同。每一次自交，参与自交的恢复系个体各个位置上的基因都会向着当前最优解靠近一个随机量。计算新的个体的适应度并根据贪心法与自交之前的恢复系个体相比，选择较优的保存到下一代。若保存到下一代的个体为自交之前的个体，那么该个体的自交次数将加 1。如果保存到下一代的个体为自交产生的新个体，若新个体优于当前最优个体，则将其自交次数设置为 0，否则保持其自交次数不变。若某个恢复系个体的自交次数达到了限制次数 max time，那么在下一轮育种过程中它将不参与自交过程，取而代之的是重置过程，采用式（2-4）进行自交：

$$\text{new\_}X_k = X_{Sk} + \text{rand}(0,1)(X_{\text{best}} - X_{Sr}) \tag{2-4}$$

式中，$\text{new\_}X_k$ 表示该轮育种过程中第 k 次自交产生的新个体；X_{Sk} 表示恢复系中的第 S 个水稻个体；X_{best} 表示当前所找到的最优个体；X_{Sr} 为恢复系中的第 Sr 个水稻个体，其中 Sr 是随机取值于 $\{1,2,\cdots,N-2N_{\text{A}}\}$。

同样自交后对新产生的个体进行贪心法选择。

若 $f(\text{new\_}X_k) > f(X_{Sk})$，则将 $\text{new\_}X_k$ 取代 X_{Sk} 保留至下一代，其自交次数保持不变；若 $f(\text{new\_}X_k) \leqslant f(X_{Sk})$，则 X_{Sk} 保留至下一代，其自交次数加 1，即 $\text{time}_{Sk} = \text{time}_{Sk} + 1$。

若 $f(\text{new\_}X_k) > f(X_{\text{best}})$，则将 $\text{new\_}X_k$ 取代当前的最优个体的记录，并将其自交次数设为 0，$\text{time}_{Sk} = 0$。如果 $\text{time}_{Sk} \geqslant \max \text{time}$，则在下一代育种操作时，该个体不进行自交过程，而是进行重置操作。

（5）重置过程。重置过程实际上是自交过程的一个子过程，用来处理达到自交次数上限的恢复系个体。重置过程将在解空间内随机生成一组基因，并将这组基因加到参与重置的个体的基因上，同时其自交次数将被设置为 0。具体公式如下：

$$\text{new\_}x_k^j = x_{Sk}^j + \min x^j + \text{rand}(0,1)(\max x^j - \min x^j) \tag{2-5}$$

（6）记录当前所得到的最优个体的基因，若未达到最大育种次数 max it 或小于优化误差则跳转至步骤（2），否则将当前最优个体的基因作为结果输出。

2.4 实验仿真与分析

为了测试 HRO 算法的性能，实验使用了 CEC2015 函数集。CEC2015 函数集含有 15 个测试函数，其中包括 2 种单峰函数、7 种简单多模函数、3 种混合函数及 3 种复合函数，详细的函数定义见文献[10]。为了测试 HRO 算法的性能，HRO 算法将对比典型和新颖的智能优化算法，包括 DE、FA、GA、PSO、CS、GWO、SCA、SSA、WOA 及 WWO。这些优化算法中的参数设置如表 2-1～表 2-11 所示。

表 2-1　差分进化（DE）算法中的参数设置

参数	解释说明	取值
P_c	交叉概率	0.3
A	变异概率	0.5
r	随机数	[0,1]

表 2-2　萤火虫算法（FA）中的参数设置

参数	解释说明	取值
α	扰动系数	0.2
β	最大引力	1
γ	光强吸收系数	1
r_d	随机数	[0,1]

表 2-3　遗传算法（GA）中的参数设置

参数	解释说明	取值
P_c	交叉概率	0.8
P_m	变异概率	0.05

表 2-4　粒子群优化（PSO）算法中的参数设置

参数	解释说明	取值
C_1	加速常数	2
C_2	加速常数	2
w	惯性系数	1
r_d	随机数	[0,1]

表 2-5　布谷鸟搜索（CS）算法中的参数设置

参数	解释说明	取值
P_a	窝主发现外来蛋的概率	0.3
a	步长	1

表 2-6　灰狼优化（GWO）算法中的参数设置

参数	解释说明	取值
c_1	随机数	[0,1]
c_2	随机数	[0,1]

表 2-7　正弦余弦算法（SCA）中的参数设置

参数	解释说明	取值
r_3	随机数	（0,2）
r_4	随机数	（0,1）
a	惯性常数	2

表 2-8　樽海鞘群算法（SSA）中的参数设置

参数	解释说明	取值
c_2	随机数	[0,1]
c_3	随机数	[0,1]

表 2-9 鲸鱼优化算法（WOA）中的参数设置

参数	解释说明	取值
b	对数螺旋常数	0.2
l	随机数	[-1,1]
r	随机向量	[0,1]

表 2-10 水波优化（WWO）算法中的参数设置

参数	解释说明	取值
h	最大波高	12
α	波长缩减系数	1.0026
β	碎浪系数	0.25
l	波长	0.5

表 2-11 杂交水稻优化（HRO）算法中的参数设置

参数	解释说明	取值
max time	最大自交次数	60

实验分为两组：第一组中，函数的维度 D 设置为 10，种群数目 N 取 90，迭代 3000 次；第二组中，函数的维度 D 设置为 30，种群数目 N 取 90，迭代 10000 次。同时，为了公平比较，每个算法重复实验 30 次。本章的实验运行环境为 Windows 10 操作系统，处理器为 Intel 3.2GHz，8GB 内存，编程语言为 Java，运行的最大线程数为 5。表 2.12～表 2.15 分别为这 11 种优化算法在函数维度为 10、种群数目为 90、迭代次数为 3000 条件下的实验结果；表 2.16～表 2.19 分别为这 11 种优化算法在函数维度为 30，种群数目为 90，迭代次数为 10000 条件下的实验结果。表 2.12～表 2.19 中“最优值”为函数优化结果的最小值，“最差值”即函数优化结果的最大值，“平均值”为 30 次重复实验结果的平均值，“时间”为每个算法运行的平均时间。表中黑体数字表示每一列中取得的最优值。

表 2-12 求解单峰函数的最小值结果（函数维度=10，种群数目=90，迭代次数=3000）

函数	算法	平均值	最优值	最差值	标准差	时间/ms
f_1	CS	9695.204	180.1466	26929.43	8278.203	1180
	DE	5.98E+08	1.75E+08	1.03E+09	1.93E+08	544
	FA	7040.433	429.3932	21861.24	5172.817	1716
	GA	1647916	151434.7	1.72E+07	3316323	629
	GWO	2568079	1113.963	3.41E+07	7399042	529
	PSO	455538.3	132414.1	766232.2	129796.5	535
	SCA	2.70E+08	1.21E+08	4.72E+08	9.50E+07	542

续表

函数	算法	平均值	最优值	最差值	标准差	时间/ms
f_1	SSA	7987.265	188.4359	26210.53	8089.051	553
	WOA	981319	111.2661	4642176	1541491	563
	WWO	1246807	2254.413	3858443	1190354	597
	HRO	**107.8352**	**100.0115**	179.7683	**17.49093**	**389**
f_2	CS	4857.036	1520.1	8161.143	1436.235	1020
	DE	8102.051	4730.071	13287.3	2065.936	164
	FA	13974.22	3711.122	34892.81	6496.018	2452
	GA	16043.84	4730.95	28134.8	6631.204	142
	GWO	4818.929	449.0702	10804.68	2889.148	377
	PSO	223.4511	206.9366	316.0149	25.19737	190
	SCA	3902.186	1478.088	6827.314	1409.586	353
	SSA	209.354	201.0977	236.5562	8.024937	175
	WOA	5423.275	243.15	21121.15	4223.696	230
	WWO	18451.42	3346.81	38566.48	8390.914	181
	HRO	**200**	**200**	200	**3.40E-11**	**115**

表 2-13　求解简单多模函数的最小值结果（函数维度=10，种群数目=90，迭代次数=3000）

函数	算法	平均值	最优值	最差值	标准差	时间/ms
f_3	CS	302.4341	300.0484	305.7365	1.833554	79913
	DE	306.7244	305.6149	307.7924	**0.528759**	47355
	FA	**300.6779**	**300**	302.0586	0.779595	47616
	GA	305.029	302.5452	307.8536	1.380143	48175
	GWO	302.0879	300.0479	305.9345	1.632127	46329
	PSO	306.7534	303.0604	309.7938	1.604586	47588
	SCA	306.5187	303.667	309.1314	1.212565	47045
	SSA	303.9253	300.5242	307.3736	1.943432	47054
	WOA	305.3221	302.9668	309.3133	1.379945	48494
	WWO	303.9365	300.5951	306.3447	1.538728	51419
	HRO	301.5462	**300**	303.8384	1.27632	**32238**
f_4	CS	492.7386	403.5399	573.0776	53.24747	1673
	DE	1053.43	856.3198	1385.057	146.4859	572
	FA	876.4396	413.5974	1214.729	212.278	1541
	GA	401.5009	400.3872	403.6344	0.789763	492
	GWO	681.9726	410.3109	1689.087	260.3906	762

续表

函数	算法	平均值	最优值	最差值	标准差	时间/ms
f_4	PSO	1007.849	535.5517	1473.896	253.2	579
	SCA	1327.523	888.8879	1733.402	188.736	762
	SSA	1028.736	537.4888	1569.06	277.2001	571
	WOA	767.6135	450.1741	1501.262	244.8973	664
	WWO	1269.337	581.0505	1849.797	283.0196	**192**
	HRO	**400.2532**	**400**	400.5621	**0.114347**	383
f_5	CS	500.9034	500.5325	501.1264	0.155911	35600
	DE	501.0986	500.6748	501.3185	0.147706	20836
	FA	**500.0182**	**500**	500.0634	**0.017186**	21078
	GA	501.0422	500.3719	501.3588	0.220126	21085
	GWO	500.9597	500.6196	501.2931	0.154989	20392
	PSO	500.6936	500.4102	500.9931	0.136741	20985
	SCA	500.9518	500.7032	501.3005	0.140292	20712
	SSA	500.2679	500.0552	500.6343	0.150291	20722
	WOA	500.3309	500.0826	500.7084	0.167704	21168
	WWO	500.3653	500.0704	500.8768	0.231534	22869
	HRO	500.8788	500.3782	501.224	0.231186	**14209**
f_6	CS	600.1575	600.0983	600.2161	0.02959	1005
	DE	601.135	600.5168	601.734	0.240269	159
	FA	600.0737	**600.0108**	600.2074	0.039848	1272
	GA	600.4733	600.2612	600.7071	0.10658	**102**
	GWO	600.1234	600.0499	600.2431	0.040095	391
	PSO	600.2217	600.1252	600.4337	0.062317	202
	SCA	600.5998	600.4062	600.8038	0.096119	380
	SSA	600.2788	600.1341	600.6302	0.118019	185
	WOA	600.2105	600.0506	600.3712	0.084457	239
	WWO	600.4736	600.2604	600.8602	0.128542	164
	HRO	**600.0683**	600.0259	600.1202	**0.021565**	119
f_7	CS	700.1499	700.0749	700.2354	0.04336	1057
	DE	705.7768	703.2206	708.6633	1.230635	185
	FA	700.2982	700.1952	700.4229	0.07487	1740
	GA	700.4791	700.1664	701.0251	0.268121	**142**
	GWO	700.1302	700.0423	700.7632	0.165068	399
	PSO	700.2382	700.0948	700.3568	0.07918	215
	SCA	700.9417	700.2918	702.6313	0.552017	406

续表

函数	算法	平均值	最优值	最差值	标准差	时间/ms
f_7	SSA	700.2118	700.1149	700.331	0.065398	213
	WOA	700.2497	700.0393	701.0646	0.255704	287
	WWO	700.444	700.0898	701.2706	0.252568	198
	HRO	**700.0745**	**700.0305**	700.1395	**0.022465**	**142**
f_8	CS	801.7686	801.0304	802.5266	0.3326	1173
	DE	815.5771	806.4051	833.298	5.643515	234
	FA	801.0092	800.3718	802.1093	0.394876	1257
	GA	803.9714	802.4548	805.3963	0.770475	167
	GWO	801.6173	800.5668	802.8139	0.601893	453
	PSO	801.9939	801.2051	802.9286	0.463858	266
	SCA	807.7238	804.8039	813.9345	1.815757	446
	SSA	801.1989	800.5247	802.29	0.452895	253
	WOA	801.8141	800.4997	803.8139	0.823117	324
	WWO	801.8245	800.5237	804.4018	0.930561	171
	HRO	**800.675**	**800.2732**	801.7805	**0.288659**	**159**
f_9	CS	902.8706	902.4373	903.2393	**0.202467**	1128
	DE	903.1908	902.7917	903.558	0.204143	230
	FA	903.2993	902.1814	903.8922	0.369522	1424
	GA	903.2329	902.7204	903.6976	0.234678	162
	GWO	902.2161	901.2353	903.1017	0.493373	430
	PSO	902.9883	902.1559	903.4952	0.355061	259
	SCA	902.9806	902.3571	903.4597	0.302717	443
	SSA	902.2648	901.1807	903.235	0.445378	245
	WOA	903.0811	902.2875	903.9468	0.343367	315
	WWO	903.2485	902.5487	903.7371	0.32955	175
	HRO	**902.0906**	**901.1787**	903.0279	0.498493	**156**

表 2-14　求解混合函数的最小值结果（函数维度=10，种群数目=90，迭代次数=3000）

函数	算法	平均值	最优值	最差值	标准差	时间/ms
f_{10}	CS	9097.551	3928.568	15800.39	3384.469	1435
	DE	20540.52	4164.528	45830.69	11587.23	409
	FA	13730.69	1589.942	65307.52	15361.02	2443
	GA	38282.64	2523.091	280080.6	71627.94	361
	GWO	2539.224	1506.677	8838.242	1312.885	615
	PSO	2520.657	1230.748	6325.028	1087.286	422

续表

函数	算法	平均值	最优值	最差值	标准差	时间/ms
f_{10}	SCA	14341	3053.894	30937.9	7844.82	602
	SSA	3549.614	1151.564	18541.08	3253.431	424
	WOA	4018.349	1653.648	13336.74	2566.699	488
	WWO	12038.58	2467.625	81619.46	14652.57	388
	HRO	**1204.717**	**1023.529**	1438.326	**108.4759**	**286**
f_{11}	CS	1102.9	1101.62	1104.584	0.743221	16628
	DE	1105.575	1103.779	1106.589	0.654654	9687
	FA	1103.96	1101.812	1106.794	1.262337	9627
	GA	1105.311	1103.055	1109.608	1.523943	9786
	GWO	1102.591	1101.059	1107.428	1.394036	9474
	PSO	1106.251	1101.769	1111.308	2.284399	9740
	SCA	1104.508	1102.185	1106.812	0.909818	9643
	SSA	1103.646	1101.464	1107.362	1.383796	9645
	WOA	1104.528	1101.8	1109.925	2.110831	9849
	WWO	1103.884	1101.567	1110.524	1.809106	10549
	HRO	**1101.593**	**1100.113**	1103.059	**0.648519**	**6617**
f_{12}	CS	1241.775	1227.978	1259.703	7.446823	3960
	DE	1274.845	1245.943	1325.872	18.49699	2445
	FA	1341.973	1222.369	1498.357	70.04249	2944
	GA	1278.282	1228.49	1381.658	52.78522	2412
	GWO	1276.157	1222.509	1383.261	61.85274	2330
	PSO	1351.212	1214.138	1468.258	61.75661	2406
	SCA	1250.791	1238.244	1278.443	9.943284	2382
	SSA	1231.523	1220.91	1254.531	9.451888	2396
	WOA	1309.565	1225.797	1426.139	70.75942	2407
	WWO	1305.031	1222.356	1417.601	65.35563	2629
	HRO	**1221.586**	**1201.871**	1225.051	**3.858492**	**1630**

表 2-15　求解复合函数的最小值结果（函数维度=10，种群数目=90，迭代次数=3000）

函数	算法	平均值	最优值	最差值	标准差	时间/ms
f_{13}	CS	**1615.304**	**1614.938**	1615.65	0.349477	6662
	DE	1629.892	1620.614	1642.651	5.085022	4062
	FA	1616.11	1614.943	1617.796	0.984827	4305
	GA	1616.801	1615.217	1618.154	0.730697	4035
	GWO	1615.986	1614.939	1620.727	1.337524	3889

续表

函数	算法	平均值	最优值	最差值	标准差	时间/ms
f_{13}	PSO	1615.309	1614.942	1615.657	0.349074	4009
	SCA	1619.608	1617.257	1624.054	1.801991	3966
	SSA	1615.555	**1614.938**	1615.65	**0.242189**	3984
	WOA	1616.034	**1614.938**	1627.343	2.162912	4086
	WWO	1616.772	1615.007	1623.774	1.799372	4355
	HRO	1615.342	**1614.938**	1615.65	0.353049	**2743**
f_{14}	CS	1595.533	1585.49	1602.984	5.046447	3583
	DE	1599.208	1591.539	1603.386	**2.572065**	2149
	FA	1591.514	1585.816	1604.55	4.100966	2375
	GA	1597.788	1589.1	1608.289	4.571104	2128
	GWO	1593.517	1584.336	1604.936	4.726903	2053
	PSO	1598.34	1588.851	1607.446	5.140086	2109
	SCA	1603.776	1595.732	1610.469	4.649128	2092
	SSA	1595.444	1585.402	1607.181	5.578551	2107
	WOA	1600.061	1582.398	1609.097	5.903138	2177
	WWO	1603.961	1592.802	1608.909	2.93944	2302
	HRO	**1589.852**	**1580.538**	1604.545	6.688227	**1446**
f_{15}	CS	1504.897	1502.966	1508.05	**1.185848**	85722
	DE	1632.122	1550.901	1753.395	50.84358	50949
	FA	1762.369	1503.195	1902.284	159.9658	50644
	GA	1761.48	1510.135	1978.305	185.479	51419
	GWO	1694.72	1501.256	1904.462	192.4493	49922
	PSO	1742.435	1501.516	1943.75	196.5999	51068
	SCA	1533.233	1512.635	1903.944	68.99484	50468
	SSA	**1503.851**	1502.216	1507.045	1.195862	50525
	WOA	1547.6	1502.535	1901.703	117.9315	52025
	WWO	1784.174	1508.139	1906.489	178.7757	55129
	HRO	1633.131	**1500.084**	1900.29	188.011	**34600**

表 2-16　求解单峰函数的最小值结果（函数维度=30，种群数目=90，迭代次数=10000）

函数	算法	平均值	最优值	最差值	标准差	时间/ms
f_1	CS	33121.36	500.6913	830516.9	148129.2	12987
	DE	4.83E+09	3.72E+09	6.16E+09	6.12E+08	5372
	FA	**2589.323**	**100.4391**	9192.909	**2699.465**	8820
	GA	3531780	1038057	1.89E+07	3826060	5433

续表

函数	算法	平均值	最优值	最差值	标准差	时间/ms
f_1	GWO	4.20E+08	2905440	2.09E+09	4.54E+08	6155
	PSO	1.47E+07	7904692	3.75E+07	8203924	5397
	SCA	7.69E+09	4.85E+09	1.12E+10	1.49E+09	5609
	SSA	4572.205	1178.222	14032.46	3075.631	5489
	WOA	4.76E+07	8268.876	7.29E+08	1.36E+08	5708
	WWO	146320.9	104.3458	3369655	609334.5	6071
	HRO	2899.051	100.5679	10038.13	2986.643	**3761**
f_2	CS	26407.03	17817.14	34206.99	3781.984	10791
	DE	32424.76	24706.81	39329.76	3729.697	1751
	FA	57728.05	32407.23	80215.49	11360.47	11308
	GA	43377.65	18655.39	64148.03	12288.17	**1003**
	GWO	20021.23	5136.572	36601.13	6982.224	3798
	PSO	240.5451	232.3039	255.8635	5.340401	2084
	SCA	24059.71	15832.93	29249.33	3249.421	3909
	SSA	201.0011	**200.046**	202.7789	0.77575	1827
	WOA	18633.92	7310.233	33266.13	5278.436	2648
	WWO	57589.87	34326.7	90952	15746.85	1949
	HRO	**200.5321**	200.2213	201.4195	**0.222593**	1266

表 2-17 求解简单多模函数的最小值结果（函数维度=30，种群数目=90，迭代次数=10000）

函数	算法	平均值	最优值	最差值	标准差	时间/ms
f_3	CS	328.2156	319.9187	330.4148	2.117584	800149
	DE	327.7565	324.98	329.9519	**1.231238**	470718
	FA	**306.5304**	**301.4881**	311.5049	2.609862	470642
	GA	325.841	318.5623	332.9873	3.275582	482616
	GWO	312.4244	307.2434	317.5438	2.555498	467440
	PSO	326.8691	320.5041	333.9236	3.216451	473619
	SCA	333.322	329.2926	338.9277	2.558652	466706
	SSA	321.0593	315.2415	327.8179	3.436091	466938
	WOA	329.2724	318.7961	336.6896	3.953393	482921
	WWO	322.2931	316.6618	329.8931	3.381357	512310
	HRO	317.7573	308.874	325.8954	3.750753	**320357**
f_4	CS	1027.594	700.403	1871.187	246.2527	16891
	DE	2700.408	2227.188	3236.93	220.4139	5417
	FA	2896.812	1490.447	4284.734	674.3825	6980
	GA	**403.5537**	**401.8963**	407.5014	**1.106014**	4495

续表

函数	算法	平均值	最优值	最差值	标准差	时间/ms
f_4	GWO	2334.352	1208.769	4563.935	646.521	7293
	PSO	3751.6	2729.883	5142.1	614.0539	5584
	SCA	5951.337	5401.862	7025.281	402.9642	7397
	SSA	3301.933	2053.522	4707.613	686.0907	5360
	WOA	3393.394	2052.066	5146.514	651.5263	6284
	WWO	4300.268	2304.731	6082.624	739.9169	**1698**
	HRO	433.2425	410.6362	546.3441	30.19842	3692
f_5	CS	502.1416	501.4896	502.6064	0.275483	352032
	DE	502.1767	501.7988	502.5212	0.188902	207109
	FA	**500.0217**	**500.0038**	500.0714	**0.014297**	206759
	GA	502.0095	501.2551	502.8953	0.405734	211553
	GWO	502.2177	501.6881	502.7169	0.215451	201624
	PSO	500.7571	500.5606	501.0353	0.095219	208004
	SCA	502.221	501.5694	502.6791	0.23672	205285
	SSA	500.7172	500.3075	501.3919	0.259468	205685
	WOA	501.0053	500.2091	501.5448	0.329268	211732
	WWO	500.5481	500.092	501.075	0.235945	226949
	HRO	501.4801	500.806	502.1655	0.370705	**140958**
f_6	CS	600.4277	600.3136	600.5109	**0.046446**	10919
	DE	600.8751	600.6763	601.0202	0.097526	1857
	FA	600.2482	600.1548	600.411	0.061123	4018
	GA	600.6091	600.4398	600.7552	0.082734	**1077**
	GWO	**600.2306**	**600.1544**	600.4275	0.053677	3954
	PSO	600.3787	600.2027	600.562	0.086202	2165
	SCA	601.7749	601.1241	602.5225	0.419411	3940
	SSA	600.6533	600.3756	600.9475	0.137313	1901
	WOA	600.4455	600.2274	600.6612	0.089618	2664
	WWO	600.6313	600.2848	600.967	0.154327	1945
	HRO	600.3	600.2088	600.3924	0.049336	1320
f_7	CS	700.376	700.2209	700.7771	0.119125	10891
	DE	709.354	704.402	712.6391	1.847106	1851
	FA	700.3577	700.2256	700.97	0.135545	4925
	GA	700.5497	700.295	701.0645	0.286394	**1136**
	GWO	700.3082	700.1544	700.7933	0.208577	4025
	PSO	700.3303	700.215	700.553	0.072939	2234

续表

函数	算法	平均值	最优值	最差值	标准差	时间/ms
f_7	SCA	719.73	715.033	727.7733	3.160026	3966
	SSA	700.3544	700.2075	700.6969	0.146796	1942
	WOA	700.4028	700.2082	701.1362	0.263213	2752
	WWO	700.5679	700.1966	701.247	0.388291	2006
	HRO	**700.1872**	**700.137**	700.2592	**0.032363**	1326
f_8	CS	817.0673	813.7494	818.9346	1.105466	12328
	DE	2250.116	1029.414	4400.564	687.612	2551
	FA	**803.6694**	**802.2418**	805.6084	**0.818226**	5208
	GA	837.4379	817.5127	862.414	10.59154	**1779**
	GWO	837.7749	804.0471	1038.01	55.80747	4683
	PSO	814.5897	810.0855	819.1645	1.775714	3003
	SCA	11254.19	3610.806	24301.01	5680.014	4722
	SSA	807.5224	803.6435	813.7318	2.289006	2588
	WOA	838.9425	808.1888	962.3882	27.35296	3502
	WWO	814.7637	805.3297	829.5072	5.687716	2037
	HRO	808.2816	803.8886	813.3634	2.612958	1838
f_9	CS	912.9751	912.6134	913.2564	**0.14523**	12311
	DE	912.6871	912.1956	912.9669	0.200073	2632
	FA	912.6747	910.9403	913.7298	0.596605	5092
	GA	912.9491	912.2666	913.2173	0.188198	**1872**
	GWO	**910.9851**	909.6433	912.5145	0.590861	4651
	PSO	912.2913	911.4105	913.0378	0.420037	2951
	SCA	912.9171	912.3621	913.3166	0.238121	4758
	SSA	911.3452	910.106	912.556	0.55481	2695
	WOA	912.6003	911.8826	913.4158	0.336934	3451
	WWO	912.9849	911.9563	913.5948	0.357959	2134
	HRO	911.9493	**909.2043**	912.8844	0.661012	1937

表 2-18 求解混合函数的最小值结果（函数维度=30，种群数目=90，迭代次数=10000）

函数	算法	平均值	最优值	最差值	标准差	时间/ms
f_{10}	CS	2910391	430086.2	4446758	1003210	15819
	DE	2457946	1320890	3826761	557211.7	4636
	FA	643556	141978.3	1452124	368291	11555
	GA	1675861	324100.7	4037488	904141.6	3914
	GWO	284015.4	27516.23	858099.4	198293.7	6588

续表

函数	算法	平均值	最优值	最差值	标准差	时间/ms
f_{10}	PSO	113677	32539.68	243019.5	57149.58	4901
	SCA	4996234	1491790	9360629	2026452	6689
	SSA	48570.34	3971.406	194504.6	42993.39	4632
	WOA	330341.3	27336.91	663853.2	190004.7	5532
	WWO	1397928	350691.9	3090750	802489.4	3522
	HRO	**3175.717**	**1893.119**	4465.914	**547.0829**	**3238**
f_{11}	CS	1126.283	1119.683	1145.356	7.636253	161649
	DE	1136.264	1128.122	1142.891	3.300012	95476
	FA	**1116.134**	1113.273	1119.858	**1.722273**	95858
	GA	1133.832	1118.434	1200.965	25.49562	96864
	GWO	1117.738	**1111.521**	1122.861	2.563935	92713
	PSO	1120.022	1114.241	1123.37	2.008001	95973
	SCA	1157.717	1141.711	1191.591	12.86145	94940
	SSA	1119.255	1114.674	1123.472	2.378247	95044
	WOA	1133.065	1117.209	1238.004	27.30095	98193
	WWO	1123.218	1117.245	1192.985	13.11	103980
	HRO	1118.175	1113.597	1124.033	2.242229	**65165**
f_{12}	CS	1987.941	1739.836	2228.962	118.8921	37304
	DE	1669.862	1428.975	1876.322	**88.48666**	22259
	FA	1533.057	**1240.422**	1843.721	163.2392	23327
	GA	1641.284	1359.039	2024.213	181.6669	22579
	GWO	1431.757	1250.272	1851.984	147.128	21547
	PSO	1726.977	1261.08	2248.999	232.5396	22331
	SCA	2094.88	1653.207	2507.864	219.4074	22108
	SSA	1624.692	1262.071	2141.483	192.9566	22233
	WOA	1645.201	1361.617	1967.694	155.5044	23020
	WWO	1798.83	1375.63	2189.246	183.2153	24432
	HRO	**1423.541**	1252.247	1768.014	140.3391	**15209**

表 2-19　求解复合函数的最小值结果（函数维度=30，种群数目=90，迭代次数=10000）

函数	算法	平均值	最优值	最差值	标准差	时间/ms
f_{13}	CS	1627.642	1627.642	1627.642	6.82E+13	84866
	DE	1696.319	1674.182	1709.631	8.627608	50232
	FA	1653.172	1631.944	1683.714	12.51975	49321

续表

函数	算法	平均值	最优值	最差值	标准差	时间/ms
f_{13}	GA	1628.734	1628.091	1630.692	0.530307	50782
	GWO	1671.547	1638.228	1724.241	16.69065	48734
	PSO	1629.19	1627.82	1636.381	2.521802	50314
	SCA	1779.169	1726.875	1867.399	26.72372	49876
	SSA	1638.781	1627.688	1661.535	10.3348	49903
	WOA	1648.575	1628.013	1683.48	14.17718	51612
	WWO	1673.242	1643.015	1698.074	14.20186	55283
	HRO	**1627.642**	**1627.642**	1627.642	**9.04E-13**	**34268**
f_{14}	CS	1631.027	1614.801	1639.837	6.649778	47513
	DE	1648.217	1639.878	1655.389	3.994434	27590
	FA	1619.395	1610.209	1629.485	4.001984	28993
	GA	1645.561	1619.886	1704.107	20.40996	27892
	GWO	1624.808	1613.029	1647.312	7.977818	26840
	PSO	1665.231	1606.639	1732.523	24.75231	27635
	SCA	1658.757	1639.579	1698.036	15.06155	27471
	SSA	1618.436	1608.843	1654.576	9.104309	27498
	WOA	1639.374	1615.462	1671.43	16.74748	28935
	WWO	1628.185	1614.58	1646.9	7.914458	29810
	HRO	**1609.125**	**1604.685**	1620.008	**3.817865**	**18847**
f_{15}	CS	2249.018	1948.628	2517.581	161.1919	877602
	DE	2079.055	1966.827	2240.662	**54.79995**	516405
	FA	**1905.723**	**1807.118**	2064.91	73.84125	514997
	GA	2524.908	2360.119	2703.301	89.77463	528962
	GWO	2093.874	1852.927	2225.537	71.13467	500725
	PSO	2449.568	1903.151	2754.159	242.0078	518659
	SCA	2644.128	2533.553	2781.062	63.25576	513047
	SSA	2350.916	1901.899	2564.293	142.7433	511816
	WOA	2560.017	2419.984	2766.228	104.735	532526
	WWO	2333.858	2149.423	2592.734	108.0085	572321
	HRO	2209.141	2033.758	2440.357	89.63378	**351662**

从不同函数类型的角度可以看出，第一组实验中，11 个优化算法在对单峰函数求最小值时，所得结果的表现差异较大，HRO 算法具有较大的优势，特别是在函数 f_2 上能稳定地找到最优解。在对简单多模函数求最小值时，11 个优化算法在函数 f_3、f_5、f_6、f_7、f_8 和 f_9 上总是能接近最优解，差异相对较小，但在函数 f_4 的表

现上差距较明显。在对混合函数求最小值时，这些优化算法在函数 f_{10} 上的表现差异较大，在 f_{11} 和 f_{12} 上基本能接近最优解。在对复合函数求解最小值时，从 30 次实验结果可以看出，11 个算法都很难找到实际最优解，并且表现差距不大。

第二组实验中，提高函数的维度将增大寻优的难度，因此这里适当地提高了迭代次数。但从实验结果看，这 11 种优化算法找到的最优解整体上没有第一组实验结果好。在对单峰函数求最小值的结果中，算法间的结果差异较大，表现最好的算法也不能稳定地接近最优值。在对简单多模函数求最小值的结果中，对比第一组实验，函数 f_8 出现了部分优化算法的波动明显，函数 f_3 和 f_9 的结果差于第一组实验。在对混合函数求最小值的结果中，从整体上看，各个算法对 f_{11} 的求解结果较好，f_{10} 的求解结果波动较大。在对复合函数求最小值的结果中，对 f_{15} 的求解结果相对较差。为了更清楚地对比各个算法之间的差距，表 2-20 和表 2-21 统计了两组实验的 15 个函数中每个优化算法在所有优化算法中表现最好的个数。

表 2-20　11 个算法在第一组实验中表现最好的个数统计

算法	平均值	最优值	标准差	时间/ms
HRO	11	13	9	13
CS	1	1	2	0
DE	0	0	2	0
FA	2	3	1	0
GA	0	0	0	2
GWO	0	0	0	0
PSO	0	0	0	0
SCA	0	0	0	0
SSA	1	1	1	0
WOA	0	1	0	0
WWO	0	0	0	1

在第一组实验中，可以看出 HRO 算法在 11 个算法中对 15 个函数求最小值的过程中取得平均值的最好结果 11 次，最优值的最好结果 13 次，标准差的最好结果 9 次，时间的最好结果 13 次。CS 算法取得平均值的最好结果 1 次，最优值的最好结果 1 次，标准差的最好结果 2 次。DE 算法取得标准差的最好结果 2 次。FA 取得平均值的最好结果 2 次，最优值的最好结果 3 次，标准差的最好结果 1 次。GA 取得时间的最好结果 2 次。SSA 取得平均值、最优值和标准差的最好结果各 1 次。WOA 取得最优值结果 1 次。WWO 算法取得时间的最好结果 1 次。整体看，HRO 算法相比其他 10 个算法具有明显的优势。具体看 HRO 算法没有得到最好结果的几个函数，在函数 f_3 中，平均值的最好结果为 300.6779，HRO 算法取得的结果为 301.5462，在 11 个算法中排名第 2；在函数 f_6 中，最优值的最好结果

为 600.0108，HRO 算法取得的结果为 600.0259，在 11 种算法中排名第 2。另外，还有函数 f_{13} 和 f_{15}，HRO 算法虽然未取得 4 个指标全部的最好结果，但是在部分指标中仍占据优势。例如，在 f_{13} 中，HRO 算法在平均值与标准差上排名第 3 与第 4，但在最优值及时间上占据第 1。在 f_{15} 中，HRO 算法在平均值和标准差上排名中等，但在最优值和时间上取得了最好成绩。

表 2-21　11 个算法在第二组实验中表现最好的个数统计

算法	平均值	最优值	标准差	时间/ms
HRO	6	5	5	9
CS	0	0	2	0
DE	0	0	3	0
FA	6	6	4	0
GA	1	1	1	5
GWO	2	2	0	0
PSO	0	0	0	0
SCA	0	0	0	0
SSA	0	1	0	0
WOA	0	0	0	0
WWO	0	0	0	1

在第二组实验中，HRO 算法取得平均值、最优值、标准差和时间的最好结果分别为 6 次、5 次、5 次和 9 次，整体看表现较好。排名第 2 的是 FA，FA 取得平均值、最优值、标准差和时间的最好结果分别为 6 次、6 次、4 次和 0 次。在这组实验中，FA 的寻优能力与 HRO 算法相差不大，但是需要耗费大量的时间且表现并不稳定。从时间上看，FA 在这 15 个函数上 30 次实验所耗费的时间分别为 8820 ms、11308 ms、470642 ms、6980 ms、206759 ms、4018 ms、4925 ms、5208 ms、5092 ms、11555 ms、95858 ms、23327 ms、49321 ms、28993 ms、514997 ms，而 HRO 算法相同条件下所耗费的时间为 3761 ms、1266 ms、320357 ms、3692 ms、140958 ms、1320 ms、1326 ms、1838 ms、1937 ms、3238 ms、65165 ms、15209 ms、34268 ms、18847 ms、351662 ms。通过对比可以看出，HRO 算法在时间上存在明显的优势。例如，求解函数 f_2 的最小值，HRO 算法的速度是 FA 的近 10 倍，且寻优结果较好；求解函数 f_{15}，HRO 算法耗费的时间比 FA 少 160000 ms 左右。在 FA 表现较好的函数 f_1、f_3、f_5、f_8、f_{11} 和 f_{15} 中，HRO 算法对比剩余的 10 种优化算法，表现相对优异，与 FA 差距不大，基本上能接近最优解。在其余几种优化算法中，DE 算法和 CS 算法具有较好的稳定性，GA 具有一定的时间优势，但较易陷入局部最优，在寻优能力上有待改善。

通过两组实验对比，HRO 算法在第二组实验上的优势较第一组变弱。但是从整体表现看，HRO 算法在函数优化问题上具有较大的优势。特别是在效率方面，在两组实验的运行时间上，HRO 算法表现得都很好，在大部分函数中都能取得较好的结果。

2.5 本章小结

本章主要介绍了杂交水稻优化算法，以及现有的一些经典的和较新的智能优化算法。为了评价 HRO 算法的性能，利用测试函数集 CEC2015 对其进行实验。实验结果表明，与 CS、DE、FA、GA、GWO、PSO、SCA、SSA、WOA 和 WWO 算法相比，HRO 算法在函数优化问题上具有较大的优势。通过设计的两组实验对比可以看出，HRO 算法在低维函数优化中表现出明显的优势，且在时间上表现较好。相比之下，HRO 算法的总体性能具有很强的竞争力，特别是在一些时间要求较高的优化问题上有较好的应用潜力。

参考文献

[1] Meng Z, Li G, Wang X, et al. A comparative study of metaheuristic algorithms for reliability-based design optimization problems[J]. Archives of Computational Methods in Engineering, 2021, 28(3): 1853-1869.

[2] 朱英国. 杂交水稻研究 50 年[J]. 科学通报，2016，61(35)：3740-3747.

[3] Labroo M R, Studer A J, Rutkoski J E. Heterosis and hybrid crop breeding: a multidisciplinary review[J]. Frontiers in Genetics, 2021, 12: 1-19.

[4] 袁隆平. 两系法杂交水稻研究的进展[J]. 中国农业科学，1990，23(3)：1-6.

[5] 袁隆平，李继明. 两系法杂交水稻研究 Ⅰ. 1991—1995 年研究概况[J]. 湖南农业科学，1995，6：4-5.

[6] 尹华奇，袁隆平. 高产优质杂交早稻育种的实践和思考[J]. 湖南农业科学，1998，4：10-23.

[7] 张国栋，邹丹丹，单贞，等. 远缘杂交在水稻遗传育种中的应用[J]. 中国稻米，2020，26(1)：28-33.

[8] Huang X H, Yang S H, Gong J Y, et al. Genomic architecture of heterosis for yield traits in rice[J]. Nature, 2016, 537(7622):629-633.

[9] 许晨璐，孙晓梅，张守攻. 基因差异表达与杂种优势形成机制探讨[J]. 遗传，2013，35(6)：714-726.

[10] 王东风，孟丽. 粒子群优化算法的性能分析和参数选择[J]. 自动化学报，2016，42(10)：1552-1561.

第3章　基于种群划分改进的杂交水稻优化算法

基本杂交水稻优化算法根据适应度值对种群进行系别划分，采用的是贪心法。对于低维优化问题，上述划分方法简单高效，能够快速搜索问题最优解。然而对于高维优化问题，基于贪心法的划分方式导致算法容易陷入局部最优解，因此本章拟改进基本杂交水稻优化算法的种群划分方式，以增加种群多用性，提升算法处理高维优化问题的寻优性能。

3.1　改进杂交水稻优化算法的基本思路

基本杂交水稻优化算法灵感来源于早期的杂交水稻育种机制。单一的遗传基因在农作物大规模推广中持续隔代保留，传统的杂交育种方式会给农业生产带来潜在的巨大风险，一旦发生物种病变或者环境突变，农作物单一性状形成的物种脆弱性甚至会导致粮食危机。籼稻和粳稻为杂交水稻的两种不亲和的亚种，虽然其杂交优势比较明显，但是天然的亚种杂交会导致结实率低，且某些生物性状不稳定。新时代下的基因技术和仪器水平的提升，以及广亲和基因的发现，使得具备优良性状籼粳杂交亚种成为可能，传统恢复系与保持系的关系也得到进一步的发展和变革。自21世纪初以来，原浙江省宁波市农业科学院和中国水稻研究所等科研单位利用广亲和基因的特征完成了不育系粳稻和中间型籼粳的结合育种，选育出了“春优58”“春优84”等典型的籼粳亚种间杂交稻[1]。粳不灿恢亚种间杂交稻与杂交粳稻、杂交籼稻生成优势对比如图3-1所示。

（a）春优2号杂交粳稻、春优58粳不籼恢亚种间杂交稻

（b）春优2号杂交粳稻、春优58粳不籼恢亚种间杂交稻、中9A/6037杂交籼稻

图3-1　粳不籼恢亚种间杂交稻与杂交粳稻、杂交籼稻生长优势对比

杂交水稻育种相关技术资料显示杂交水稻育种中关键角色是不育系，本章暂列以下四种利用相关技术培育优良不育系的方法。

方法 1：隐藏在花药及花粉种子中的特定触发功能将激发细胞毒素基因表达，如果阻断细胞毒素基因表达则可以形成恢复系。其分子机制如图 3-2 所示。

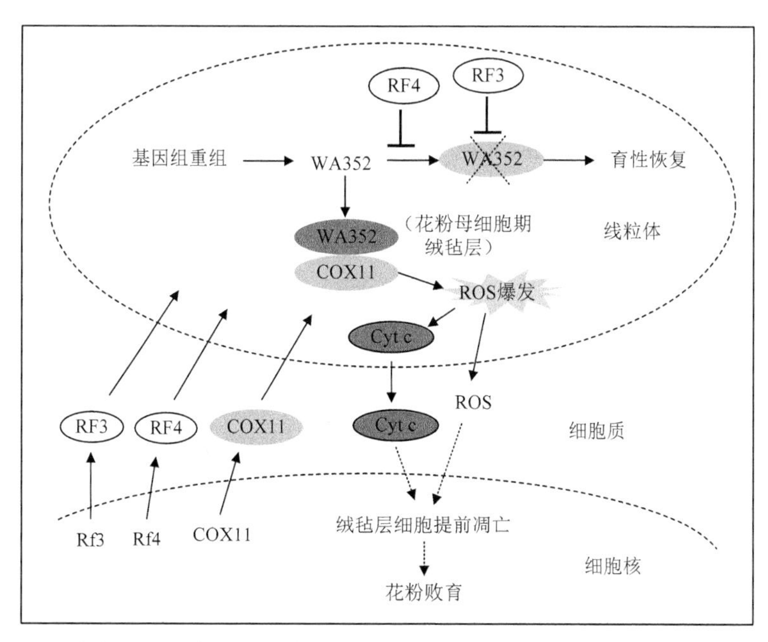

图 3-2　野败型细胞质雄性不育与恢复性的分子机制示意图[2]

图 3-2 中，Rf3 和 Rf4 表示恢复基因，COX11 表示线粒体细胞色素 c 氧化酶亚基，Cyt c 表示细胞色素，WA352 基因起源于普通野生稻线粒体基因组的复杂重组事件，WA352 蛋白在花粉母细胞期的绒毡层积累并与 COX11 互作，诱发活性氧（reactive oxygen species，ROS）爆发和细胞色素 c 释放到细胞质，导致花药绒毡层细胞提前凋亡和花粉败育。恢复系 RF4 和 RF3 从 mRNA 水平或蛋白水平，以不同的机制抑制不育基因 WA352 表达而恢复育性。

方法 2：借助诱导型启动子驱动核不育基因，形成人工育性可控系。

方法 3：通过孢子体-无菌突变体的筛选，生殖能力相关的野生型基因的克隆，花粉无生殖能力基因和荧光蛋白基因的转基因转换，获得一种特殊的杂种个体，该类型的种子可以获得杂种种子生产的使用。

方法 4：基因编辑技术可以将现有优良三系保持系和其他品种中的光温敏不育的野生型基因（如 TMS5、CSA）定点清除，培育出新一代光温敏不育系[3]。

袁隆平在 1986 年提出了杂交水稻的育种战略——从三系法向两系法，再过渡到一系法，即由品种间杂种优势利用到亚种间优势利用，再到水稻与其他物种间的远缘杂种优势利用，程序由繁到简，效率越来越高。

此外，随着社会和经济的发展，农村壮年劳动力逐渐减少，制种的人工成本逐渐增加，因而机械化制种对降低成本有着重要的作用。通过现代生物技术，创制智能型雌性不育系（可作为雄性不育系的恢复系），改变传统杂交育种模式可以实现安全和机械化制种，其原理如图 3-3 所示。其核心都是利用核雄性不育突变体（nuclear male sterile mutant，以下用 msms 表述）或核雌性不育突变体（nuclear female sterile mutant，以下用 fsfs 表述）作为受体，转入一个含有雄性不育（male sterility, MS）或雌性不育（fmale sterility, FS）功能型基因、特异雄配子致死（gamete killer，GK）基因和红色荧光蛋白（red fluorescent protein，RFP）基因的转基因元件（MS-GK-RFP^t 或 FS-GK-RFP^t），形成转基因保持系（msms/MS-GK-RFP^t-或 fsfs/FS-GK-RFP^t-）。在其分离后代中，MS 或 FS 可以回补孢子体核不育表型，GK 能杀死含有转基因元件的雄配子，RFP 能作为选择标记筛选出带转基因的保持系用于智能不育系的繁种。不带转基因的雄性不育系或雌性不育恢复系则用于杂交制种。图 3-3 中虚线指示的基因型个体是致死的，理论上不出现。

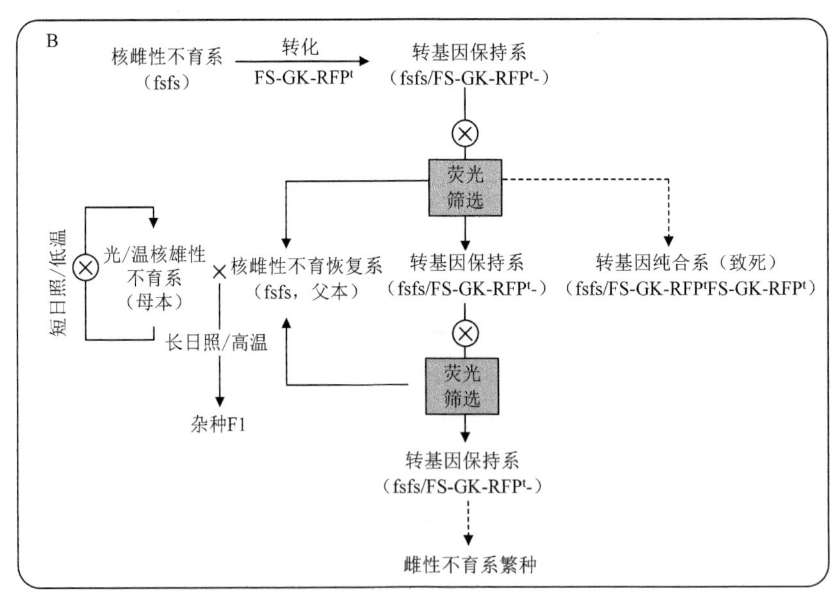

图 3-3 智能型核雄/雌性不育系的育性调控和制种原理图[3]

除使用杂交水稻人工育种技术外，作为保持系和恢复系的水稻自身也能通过自交进行结实，通过相关基因技术可以实现雌性不育系稻种，不再局限于原杂交水稻中的不育系仅为雄性。

综上所述，在基本杂交水稻优化算法中，设计的模型过于简单化和理想化，杂交水稻的种系划分并非一成不变和相互隔绝的。保持系天然就具备自交结实的特点，并且在三系杂交水稻中，恢复系和不育系的结合是重点研究方向。但基因编辑等技术存在潜在的生物基因变异危机，因此通过基因技术培育特殊不育系的研究仍须保持谨慎和警惕性。在基本杂交水稻优化算法中，保持系并没有自交操作，恢复系与不育系也无杂交行为。本章将改造种系划分的设计，避免基本杂交水稻优化算法采用的贪心法，以期达到符合上述复杂多变的三系关系情况。在基本杂交水稻优化算法中，根据适应度值大小排序的前三分之一的个体分配至保持系，排序在尾部的三分之一个体分配至不育系，其余为恢复系。然而，自交和杂交的操作中，保持系始终作为保留较好个体的不变群体，恢复系则仅在本系内自交，这些操作都属于近亲杂交行为，对种群的多样性具有一定压制，极有可能一轮操作执行完后三系个体的子种群无差异地变化，即表明其陷入局部最优的概率将增大。种群的多样性一般代表算法寻优时的全局搜索能力，在保证算法有效收敛性的前提下，适当搅动种群中的个体可能达到跳出由贪心法导致的局部最优的困局的目标。例如，李湛等[4]比较了遗传算法的选择策略，并应用于反应堆换料优化问题，结果表明指数排序法的寻优能力最强。张琛和詹志辉[5]研究结果显示锦标赛选择策略比轮盘赌选择策略具有更好的通用性。因此，本章设计一种基于随机概率划分种系的方法，将适应度值较优的个体大概率地分配至保持系，但仍有机会分配至恢复系；同理，将适应度值较差的个体大概率地分配至不育系，但仍有机会分配至恢复系。综上所述，该种系划分方法可以用如下公式抽象描述：

$$\text{judge}(x)=\begin{cases}\dfrac{\text{rank}(x)}{N}\leqslant\dfrac{1}{3}，\text{按照概率划分为保持系}\\ \dfrac{1}{3}<\dfrac{\text{rank}(x)}{N}\leqslant\dfrac{2}{3}，\text{按照概率划分为恢复系}\\ \dfrac{\text{rank}(x)}{N}>\dfrac{2}{3}，\text{按照概率划分为不育系}\end{cases}\tag{3-1}$$

式中，judge(x)表示将个体 x 划分为某个系别；N 为杂交水稻优化算法中的种群数目；rank(x)表示种群中各水稻个体适应度值的排序大小，其取值范围为 1 到 N。通过此类种系划分方法，保持系的自花授粉会因原本被分配至保持系的部分个体被分配至恢复系而得以实现；同理，不育系与恢复系的杂交会因原本被分配至不育系的部分个体被分配至恢复系而得以实现，由于这些结合方式在杂交水稻上并非主要组成部分，上述改进在一定程度上模拟了生物育种新技术的特征。从智能优化算法的基本理论角度分析，在执行目标函数值最小化的迭代过程中收敛性和种群多样性具有矛盾性，收敛代表更新的停滞不前，多样性则以跳出潜在的局部最优为目的。兼顾全局搜索和局部搜索的性能是一项较复杂的工作，在极端情况下，基本杂交水稻优化算法可能退化至与贪心法相当的寻优水平，上述改进将缓解其在解空间中种群个体的多样性减少带来的易陷入局部最优的压力，使其寻优性能能够进一步提升。分析本次改进的原理后，式（3-1）的具体实现方法如下。

由$\frac{\text{rank}(x)}{N}$可知，排序越靠前的水稻个体其对应的该值越小；相反，排序越靠后的水稻个体其对应的该值越大。理论上随机函数 rand( )可以均匀且随机产生 0 至 1 之间的小数，那么可以得出如下结论：排序越靠前的水稻个体其对应的$\frac{\text{rank}(x)}{N}$值小于 Rand( )产生的值是大概率事件；相反，排序越靠后的水稻个体其对应的$\frac{\text{rank}(x)}{N}$值大于 Rand( )产生的值是大概率事件。综上所述，可以类似 rand( )的函数来控制水稻个体进入保持系、恢复系和不育系的概率。

此外，在基本杂交水稻优化算法中，恢复系个体自交导致基因重组设计可能还缺乏更多的可变性，自交算子中梯度下降式的搜索步长由随机函数产生的参数控制，无法表现出更佳的综合寻优性能。参照带权重的粒子群算法，本章提出基因重组控制因子的概念，以期达到更完善的重组性能。从原理上分析，当杂交水稻优化算法进入迭代寻优初期时，种群中个体成为最终解的可能性仍偏低，种群多样性不宜衰减过多，但在杂交水稻优化算法进入迭代寻优末期，即将达到循环终止条件时，种群中个体成为本次寻优最终解的可能性很高，大幅度的梯度下降式搜索不但极有可能成为无效工作，甚至影响本算法的最终收敛。因此，在优化算法迭代初期使用大步长的广搜索，在接近迭代尾声时使用小步长的微搜索，将更加完善杂交水稻优化算法的寻优理论体系。对于该改进原理，常用的控制手段为控制参数随迭代次数的增加而减小，将以当前迭代次数的线性变化控制方式重新组织恢复系中的杂交操作算子，其详细表达式如下：

$$c = c_{\max} - \frac{\text{Iter}_{\text{current}}(c_{\max} - c_{\min})}{\text{Iter}_{\max}} \tag{3-2}$$

$$X_{\text{new}(i)} = c \cdot \text{rand} \cdot (X_{\text{best}} - X_{r(j)}) + X_{r(i)} \tag{3-3}$$

式中，c 为控制参数；$X_{\text{new}(i)}$ 为新个体；$\text{Iter}_{\text{current}}$ 为当前迭代次数；$\text{Iter}_{\max}$ 为初始化算法时设定的最大迭代次数；$c_{\max}$ 为控制因子的最大值；$c_{\min}$ 为控制因子的最小值；$X_{r(j)}$ 为第 r 代恢复系中第 j 个个体；X_{best} 为当前全局最优个体，$X_{r(i)}$ 为恢复系中的随机个体。改进后的杂交水稻优化（improved HRO，IHRO）算法流程图如图 3-4 所示。

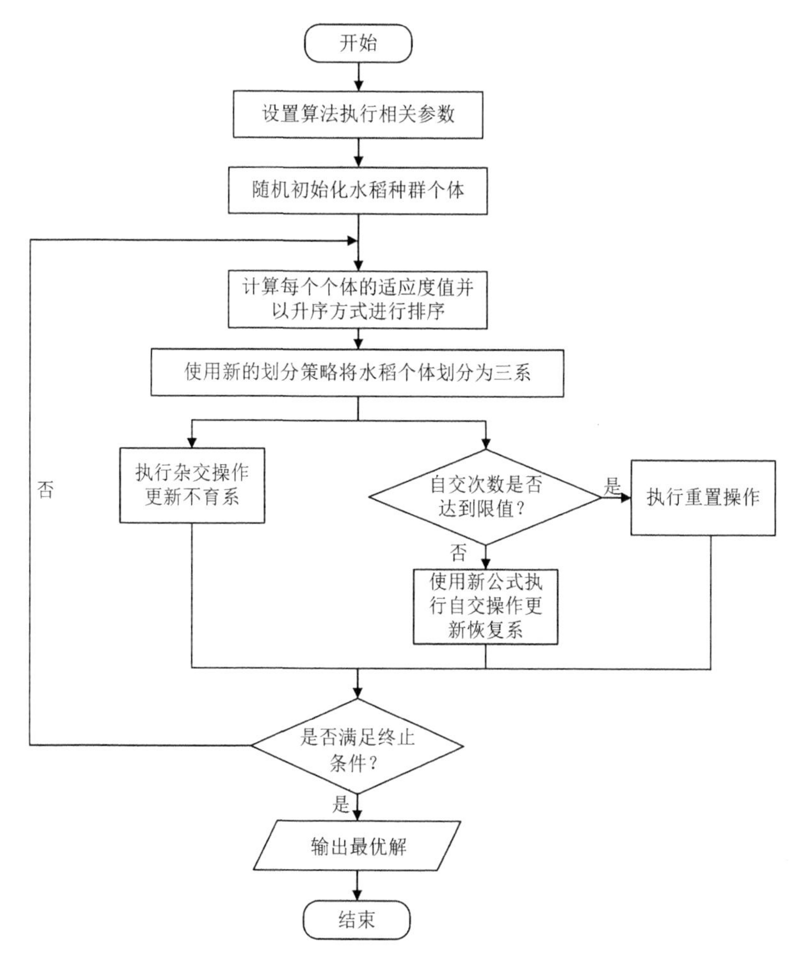

图 3-4　改进后的杂交水稻优化算法流程图

3.2　改进杂交水稻优化算法的基准测试及分析

本节使用测试函数测试上述基础算法的性能，测试函数均为求取极小值的函数。实验平台为 Intel Core i5-4700 2.8GHz 主频 CPU，12GB 运行内存，装载 Windows 10、64 位操作系统的台式机，编程工具为 MATLAB 2016a。为了验证杂交水稻优化算法性能上的改进，将其与基本杂交水稻优化（HRO）算法、遗传算法（GA）[6]、粒子群优化（PSO）算法[7]、灰狼优化（GWO）算法[8]、水波优化（WWO）算法[9]、鲸鱼优化算法（WOA）[10]等进行对比，这其中包括经典的优化算法和较新的优化算法。

3.2.1 测试函数及其说明

本节使用的是 CEC2015 函数集中的 15 个标准测试函数进行优化实验，重复独立进行 20 次实验。每个测试函数对算法测试 20 次以避免随机数对算法结果的影响，并充分显示算法性能，以便于分析算法的特性。第 2 章已经验证了杂交水稻优化（HRO）算法在 CEC2015 低维函数中的优势，本节研究相对较高的维度，即 50 维，用于对比其他 6 个算法的种群数目统一设置为 90，90 便于杂交水稻分三系时做除法运算，最大迭代次数为 5000。优化算法参数设置简要说明如表 3-1 所示。

表 3-1 优化算法参数设置简要说明

算法	相关参数说明及其设置值
粒子群（PSO）算法	学习因子 $C=2$，惯性权重 w 取值范围为 0.2～0.9
遗传算法（GA）	交叉概率 $P_c=0.8$，变异概率 $P_m=0.1$
灰狼优化（GWO）算法	随机数 c_1 和 c_2 的取值范围都为 0～1
水波优化（WWO）算法	最大波高 $h=12$，波长缩减系数为 1.0026，碎浪系数为 0.25
鲸鱼优化算法（WOA）	对数螺旋常数为 0.2，随机数 l 取值范围为-1～1
杂交水稻优化（HRO）算法	最大自交次数为 30
改进杂交水稻优化（IHRO）算法	最大自交次数为 30，权重系数变化范围为 0～2

3.2.2 实验仿真与分析

实验所得结果统计如表 3-2～表 3-5 所示，部分可视化结果如图 3-5～图 3-8 所示（表中黑体数字表示此列最优值）。

表 3-2 单峰函数的寻优结果（函数维度=50，种群数目=90，迭代次数=5000）

函数	算法	平均值	最优值	最差值	标准差	时间/s
f_1	WWO	9.29E+08	6.08E+08	1.26E+09	1.77E+08	129.037
	PSO	5.26E+08	2.53E+08	7.20E+08	1.19E+08	32.892
	HRO	4.81E+07	2.25E+07	1.49E+08	2.85E+07	**16.729**
	GWO	5.45E+07	2.47E+07	8.68E+07	1.51E+07	39.308
	GA	2.44E+10	1.92E+10	2.77E+10	2.05E+09	291.534
	WOA	2.04E+07	6.54E+06	6.53E+07	1.36E+07	33.403
	IHRO	**5.55E+06**	**4.42E+06**	**7.18E+06**	**7.94E+05**	23.742
f_2	WWO	3.95E+10	2.23E+10	5.65E+10	8.33E+09	126.460
	PSO	1.78E+10	5.49E+09	3.41E+10	7.38E+09	28.123
	HRO	5.97E+09	2.03E+09	1.3E+10	2.96E+09	**9.449**
	GWO	1.69E+07	5.71E+06	5.10E+07	1.09E+07	36.694

续表

函数	算法	平均值	最优值	最差值	标准差	时间/s
f_2	GA	9.05E+11	8.07E+11	9.83E+11	4.92E+10	288.483
	WOA	1.82E+04	1931.329	4.12E+04	1.31E+04	27.005
	IHRO	**3604.619**	**772.3224**	**6403.577**	**1646.847**	20.847

表 3-3　简单多模函数的寻优结果（函数维度=50，种群数目=90，迭代次数=5000）

函数	算法	平均值	最优值	最差值	标准差	时间/s
f_3	WWO	321.1440	321.0094	321.2178	0.043868	127.786
	PSO	321.1428	321.0679	321.2063	0.036994	38.353
	HRO	321.1307	321.0188	321.1907	0.045444	**10.768**
	GWO	320.5552	320.1657	320.8512	0.207619	38.466
	GA	321.1427	321.0777	321.1983	0.034813	291.342
	WOA	321.0501	320.9109	321.1789	0.071202	36.838
	IHRO	**319.9999**	**319.9997**	**319.9999**	**3.71E-05**	20.514
f_4	WWO	1024.448	941.9309	1140.352	47.35177	127.680
	PSO	980.4806	912.8091	1036.104	32.47129	31.950
	HRO	599.0084	546.9599	784.6557	48.90501	**10.717**
	GWO	872.0306	747.5388	1063.425	90.24883	38.826
	GA	3476.298	3102.580	3664.756	145.2927	289.330
	WOA	**524.6680**	**479.5965**	**583.07187**	25.98956	30.685
	IHRO	799.4231	747.2384	860.6618	**24.84200**	19.851
f_5	WWO	14056.85	13065.08	14637.79	397.3728	128.624
	PSO	14115.03	13211.52	14504.43	304.6527	39.928
	HRO	5429.303	4383.640	**6312.918**	638.7204	**11.958**
	GWO	9480.110	7299.665	11538.73	1111.806	40.077
	GA	14853.57	14436.39	15277.64	**242.9426**	290.614
	WOA	**5845.198**	**4093.857**	7580.310	991.4889	38.662
	IHRO	6481.880	5420.363	8247.195	662.2238	21.153
f_6	WWO	4.69E+07	2.17E+07	6.65E+07	1.44E+07	128.322
	PSO	3.08E+07	1.66E+07	5.72E+07	8.91E+06	31.263
	HRO	2.64E+06	2.59E+05	1.14E+07	2.87E+06	**16.577**
	GWO	1.03E+07	1.02E+07	2.58E+07	6.09E+06	39.975
	GA	6.76E+09	4.07E+09	9.94E+09	1.55E+09	290.064
	WOA	1.64E+06	**1.71E+05**	4.35E+06	1.12E+06	31.653
	IHRO	**5.46E+05**	2.01E+05	**8.58E+05**	**1.59E+05**	20.892
f_7	WWO	910.4477	819.8399	1031.184	61.69878	149.518
	PSO	842.6089	789.5279	898.6404	36.07319	79.867

续表

函数	算法	平均值	最优值	最差值	标准差	时间/s
f_7	HRO	791.8853	753.6204	879.2078	32.69997	**42.140**
	GWO	787.6830	733.7044	893.2747	42.77865	61.679
	GA	25818.87	15074.95	37172.58	5731.786	310.952
	WOA	778.1415	738.2338	795.1908	12.16879	79.708
	IHRO	**717.2699**	**715.5906**	**719.4146**	**1.025286**	69.817
f_8	WWO	1.84E+07	3.60E+06	2.91E+07	6.95E+06	128.288
	PSO	1.51E+07	7.44E+06	3.36E+07	5.71E+06	32.323
	HRO	2.32E+06	4.04E+05	4.88E+06	1.47E+06	**20.616**
	GWO	4.61E+06	8.87E+05	1.11E+07	2.54E+06	39.213
	GA	1.43E+09	9.79E+08	1.82E+09	2.51E+08	289.623
	WOA	**8.27E+05**	**1.95E+05**	1.81E+06	4.51E+05	32.670
	IHRO	9.13E+05	7.59E+05	**1.13E+06**	**1.11E+05**	27.586
f_9	WWO	1121.005	1063.921	1158.089	22.43947	133.094
	PSO	1071.469	1049.111	**1107.869**	**18.24140**	43.551
	HRO	1034.447	1006.718	1301.262	64.49167	**25.574**
	GWO	1079.433	1009.303	1731.552	208.0716	44.588
	GA	3479.506	3180.097	3725.939	128.3084	298.530
	WOA	**1026.255**	**1004.968**	1212.501	63.11318	43.237
	IHRO	1068.711	1005.879	1630.172	189.7379	42.916

表 3-4 混合函数的寻优结果（函数维度=50，种群数目=90，迭代次数=5000）

函数	算法	平均值	最优值	最差值	标准差	时间/s
f_{10}	WWO	2.51E+07	1.43E+07	5.34E+07	8.91E+06	158.589
	PSO	2.41E+07	5.02E+06	3.81E+07	8.36E+06	103.433
	HRO	3.94E+06	8.18E+05	1.26E+07	3.31E+06	**52.098**
	GWO	5.25E+06	1.18E+06	9.71E+06	2.19E+06	72.018
	GA	3.64E+08	2.25E+08	4.97E+08	7.46E+07	322.234
	WOA	**4.20E+05**	**55108.31**	**1.33E+06**	351176.2	99.385
	IHRO	1.09E+06	772446.5	1.54E+06	**219003.8**	91.037
f_{11}	WWO	3264.572	3140.601	3398.717	72.68067	254.849
	PSO	2954.717	2732.406	3116.888	98.57295	305.019
	HRO	2153.264	1965.423	2325.869	103.2395	**149.011**
	GWO	3252.787	1506.235	3630.638	445.2917	179.318
	GA	16946.82	11990.80	22582.80	2963.931	417.711
	WOA	2187.372	2029.183	2418.951	116.0803	313.768
	IHRO	**1410.121**	**1407.967**	**1412.135**	**1.010856**	166.609

续表

函数	算法	平均值	最优值	最差值	标准差	时间/s
f_{12}	WWO	1346.867	1333.217	1353.752	5.457698	146.776
	PSO	1332.308	1312.779	1350.412	9.489320	72.417
	HRO	1311.133	1308.850	1315.427	1.830585	**38.426**
	GWO	1317.629	1313.688	1322.491	2.518960	58.384
	GA	1620.560	1603.393	1635.368	8.764507	308.106
	WOA	1313.362	1309.976	1315.823	1.663963	70.658
	IHRO	**1310.302**	**1308.112**	**1312.013**	**1.110512**	38.918

表 3-5　复合函数的寻优结果（函数维度=50，种群数目=90，迭代次数=5000）

函数	算法	平均值	最优值	最差值	标准差	时间/s
f_{13}	WWO	1535.537	1531.979	1539.359	2.080492	147.594
	PSO	1529.032	1525.774	1531.886	**1.870097**	75.541
	HRO	**1511.608**	**1480.492**	**1528.193**	12.57996	**39.884**
	GWO	1540.411	1533.139	1550.204	4.733189	61.304
	GA	3718.656	2527.385	5761.019	766.6173	309.386
	WOA	1520.701	1501.954	1528.323	5.866136	73.026
	IHRO	3270.546	1636.197	6035.789	1237.725	40.058
f_{14}	WWO	84482.22	72075.68	96911.34	7352.827	153.825
	PSO	72960.82	62744.01	81237.68	7022.386	88.366
	HRO	75774.34	57465.96	84817.62	8403.292	**46.504**
	GWO	76451.38	52384.87	85771.55	9778.199	68.295
	GA	3.29E+05	2.93E+05	3.70E+05	20171.81	319.253
	WOA	66823.46	53026.13	79480.21	9573.381	73.097
	IHRO	**1500.000**	**1500.000**	**1500.000**	**0**	48.826
f_{15}	WWO	26146.04	6926.635	53751.00	14715.89	367.575
	PSO	16295.18	2378.379	37731.08	10044.18	417.015
	HRO	1709.675	1636.624	1985.867	86.92408	**202.325**
	GWO	1631.674	1623.428	1647.266	5.943801	233.970
	GA	7.86E+07	4.38E+07	1.08E+08	1.70E+07	471.637
	WOA	**1600**	**1600**	**1600**	**0**	413.090
	IHO	**1600**	**1600**	**1600**	**0**	222.772

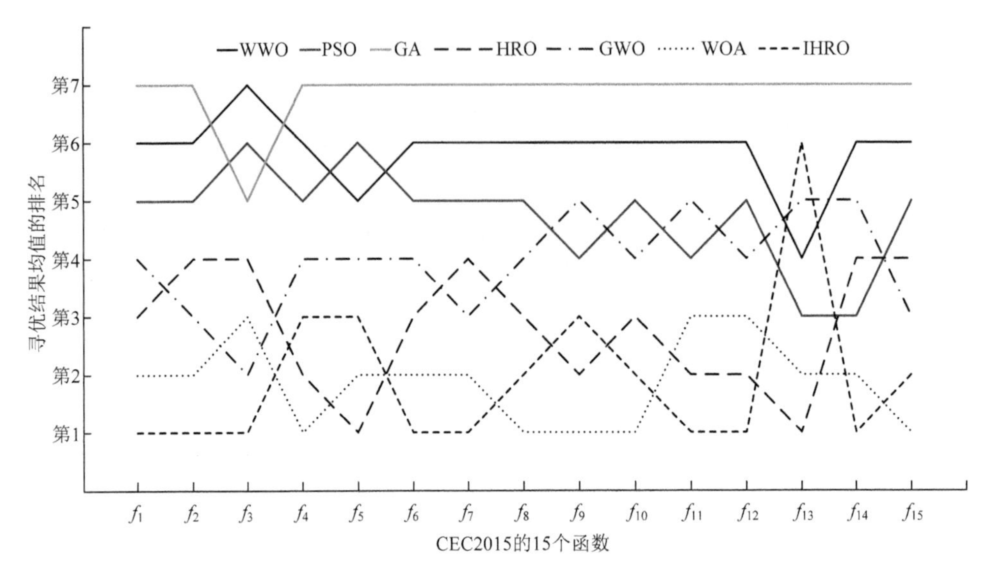

图 3-5　独立运行 20 次实验的多个算法均值结果排名图

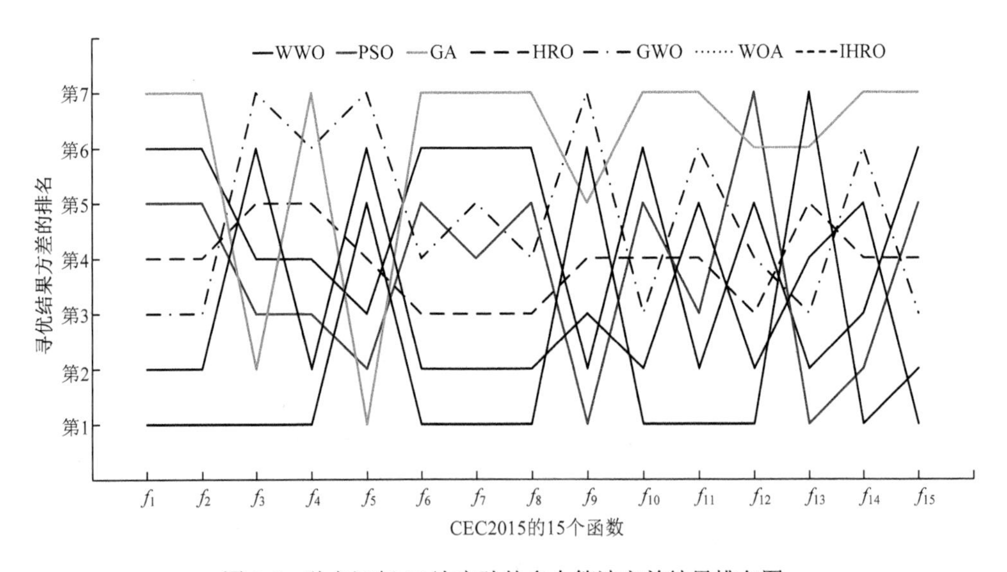

图 3-6　独立运行 20 次实验的多个算法方差结果排名图

首先分析 HRO 算法与 IHRO 算法的差别，从平均运行时间上看，毫无疑问 HRO 算法全面优于 IHRO 算法，与理论预期一致，因为其增加了划分法则，非简单的硬划分。再从函数寻优结果的均值角度考虑，观察图 3-5 可知，IHRO 算法的绝大部分位置要低于 HRO 算法，即排名优于 HRO 算法，但是也有例外，f_5 和 f_{13} 的实验结果中，HRO 算法要优于 IHRO 算法；观察图 3-7 可知，f_4、f_5、f_8 和 f_{13} 的

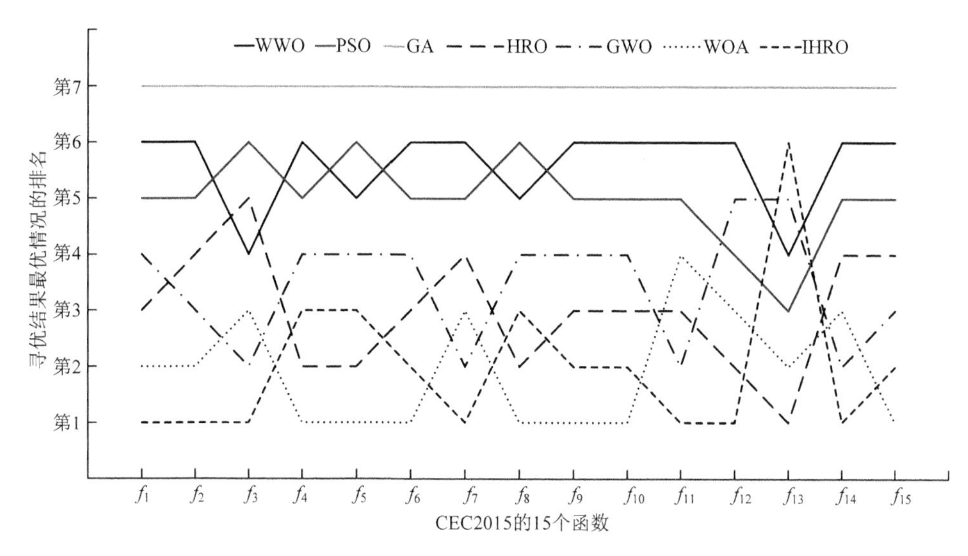

图 3-7　独立运行 20 次实验的多个算法最优情况寻优结果排名图

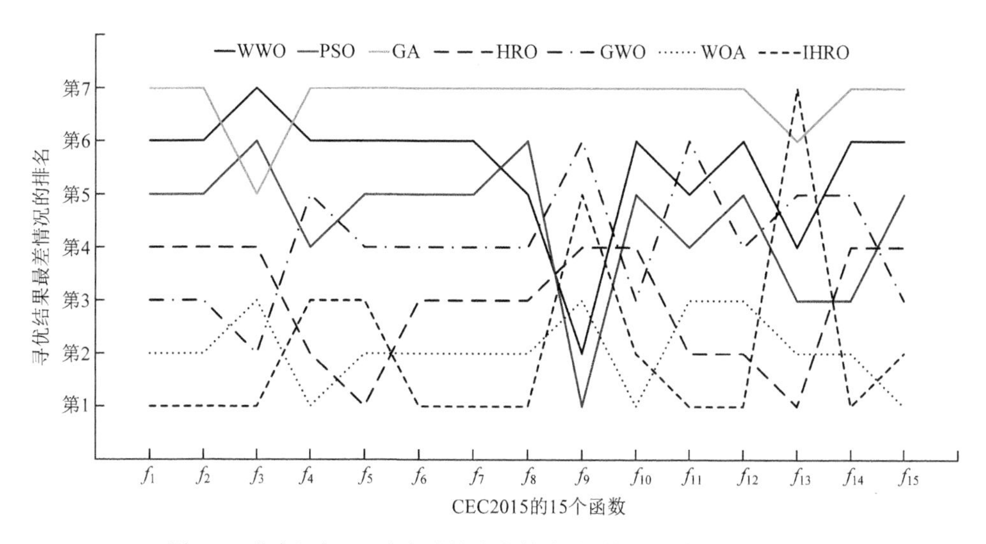

图 3-8　独立运行 20 次实验的多个算法最差情况寻优结果排名图

实验结果中，HRO 算法要优于 IHRO 算法，相较于均值情况而言，IHRO 算法处于弱势的程度增加，观察图 3-8 可知其情况与从寻优均值角度考虑是一样的。观察图 3-6 可知，IHRO 算法仅在 f_5、f_9 和 f_{13} 上不如 HRO 算法稳定。综上所述，IHRO 算法的寻优性能在整体上得到了提升，但本次改进后的 HRO 算法也并非完全适用于所有场合，总有它适合的领域，这也再一次证实了“天下没有免费的午餐”的理论。

接着分析与其他算法的差异，从平均运行时间上看，显而易见，HRO 算法及 IHRO 算法运行时间优于本实验中所比较的算法，这也完全符合理论上的 HRO 算法简单易于实现的特点，HRO 算法的运行全部快于其他用于比较的算法，而 IHRO 算法则是在 f_7 和 f_{10} 上运行不如 GWO 算法快。观察图 3-5 可知，IHRO 算法整体上处于图中较低位置，即整体上其均值情况较好，但是在 f_4、f_5、f_8、f_9、f_{10}、f_{13} 和 f_{15} 的结果上不如其他算法，15 个函数中 IHRO 算法有 8 个占优势，在不考虑 IHRO 算法的情况下，HRO 算法仅在 f_5、f_{11}、f_{12} 和 f_{13} 上优于其他算法，整体上不占优势，这也再一次证实了其寻优性能的提升。观察图 3-7 可知，实际情况与均值角度考虑的结果差不多，在其基础上新增 f_6 的寻优结果不如 WOA。观察图 3-8 可知，IHRO 算法在 f_4、f_5、f_9、f_{10}、f_{13} 和 f_{15} 的结果上不如其他算法，说明其大多数情况下能寻优到尽可能优的解。观察图 3-6 可知，IHRO 算法的稳定性整体上还是具备优势的，仅仅在 4 个函数上方差高于其他算法。综上所述，从标准数学测试函数结果可以验证对 HRO 算法的改进是有效的，其性能在某些情况下有一定程度的提升。

3.3 本章小结

本章首先通过对基本 HRO 算法的分析，发现其在迭代更新过程中容易导致种群多样性的不足，进而引入了相应的改进方法。然后，描述了改进后的杂交水稻优化算法的详细实现步骤。最后，通过标准测试函数 CEC2015 做对照组实验，与其他几种常见的优化算法进行对比，得出如下结论：在寻优性能上，改进后的杂交水稻优化算法相对于其基本版本确实有提升，与其他算法相比，改进后的杂交水稻优化算法也表现出了不错的寻优性能。

参考文献

[1] 宋昕蔚，林建荣，吴明国. 水稻籼粳亚种间杂种优势利用研究进展与展望[J]. 科学通报，2016，61(35)：3778-3786.

[2] 陈乐天，刘耀光. 水稻野败型细胞质雄性不育的发现利用与分子机理[J]. 科学通报，2016，61(35)：3804-3812.

[3] 谢勇尧，汤金涛，杨博文，等. 水稻育性调控的分子遗传研究进展[J]. 遗传，2019，41(8)：703-715.

[4] 李湛，周旭华，丁铭，等. 比值法下基于不同选择策略的遗传算法换料优化比较分析[J]. 核动力工程，2021，42(5)：23-29.

[5] 张琛，詹志辉. 遗传算法选择策略比较[J]. 计算机工程与设计，2009，30(23)：5471-5478.

[6] 马宏达，邓义斌，郭强波. 基于遗传算法的二自由度波浪能装置阵列优化[J]. 太阳能学报，2022，43(6)：264-269.

[7] 张程，邱炳林，刘佳静，等. 基于社会学习的粒子群优化算法的电力系统稳定器参数协调优化设计[J]. 电工电能新技术，2022，41(4)：24-33.

[8] 顾九春，姜天华，朱惠琦. 多目标离散灰狼优化算法求解作业车间节能调度问题[J]. 计算机集成制造系统，2021，27(8)：2295-2306.
[9] 王毅，神显豪，唐超尘，等. 基于水波优化算法的无线传感器网络覆盖研究[J]. 南京理工大学学报（自然科学版），2021，45(6)：680-686.
[10] 孙林，黄金旭，徐久成，等. 基于自适应鲸鱼优化算法和容错邻域粗糙集的特征选择算法[J]. 模式识别与人工智能，2022，35(2)：150-165.

第 4 章　基于非支配排序的多目标杂交水稻优化算法

基本的杂交水稻优化算法主要用来设计求解单目标优化问题。然而实际工作中，很多问题有多个目标需要同时优化[1-2]，需要采用多目标优化（multi-objective optimization，MOP）算法进行处理。基本杂交水稻优化算法将种群划分为三个系别，并设计不同的操作，非常适合处理多目标优化问题。本章拟对基本杂交水稻优化算法进行改进，设计一种基于非支配排序的多目标杂交水稻优化算法，从而使算法能够处理多目标优化问题。

4.1　多目标优化概述

进化算法特别适合解决多目标优化问题，因为它们同时处理一组可能的解决方案（即所谓的总体），并对其做出决策[3-4]。这使人们能够在算法的一次运行中找到帕累托（Pareto）最优解集的几个成员，而不必像传统的数学编程技术那样必须执行一系列单独的运行过程。其中，Pareto 最优解集一词定义为一组最优权衡，即所有目标均同等重要，决策制定一词定义为选择最佳折中，即基于偏好信息。Pareto 前沿面是用来表示多目标优化问题中的可行解的一种图形，它是由所有可行解构成的凸集合，并且包含了所有的帕累托最优解。进化算法不太容易受 Pareto 前沿面的形状或连续性的影响。例如，它们可以轻松地处理不连续或凹入的 Pareto 前沿面，而这些正是数学编程技术真正关心的问题。但是，数学编程技术在处理多目标优化时有一定的局限性。例如，其中许多技术容易受 Pareto 前沿锋面形状的影响，并且当 Pareto 前沿锋面呈凹形或断开连接时可能无法工作。在多目标问题中，如果目标冲突，将存在许多解决方案或一组解决方案或权衡取舍，那么人们就会找到折中的解决方案。如果没有冲突，则将存在单一解决方案。简言之，多目标优化是许多复杂工程优化问题的现实模型。在许多现实问题中，所考虑的目标彼此冲突，并且针对单个目标优化特定解决方案可能导致相对于其他目标而言不可接受的结果。

4.1.1　多目标优化问题的数学描述

一般来说，多目标优化问题由多个目标函数和一些相关的等式或不等式约束组成。从数学的角度可以将多目标优化问题转化为如下表达式：

$$\begin{cases} \min\ f_1(x_1, x_2, \cdots, x_n) \\ \quad\vdots \\ \min\ f_r(x_1, x_2, \cdots, x_n) \\ \max\ f_{r+1}(x_1, x_2, \cdots, x_n) \\ \quad\vdots \\ \max\ f_m(x_1, x_2, \cdots, x_n) \end{cases} \tag{4-1}$$

$$\text{s.t.} \begin{cases} g_i(x) \geqslant 0,\ i = 1, 2, \cdots, p \\ h_j(x) = 0,\ j = 1, 2, \cdots, q \end{cases}$$

式中，函数 $f_i(x), \{i = 1, 2, 3, \cdots, m\}$ 称为目标函数；$g_i(x)$ 和 $h_j(x)$ 称为约束函数；$x = \{x_1, x_2, \cdots, x_n\}^{\mathrm{T}}$ 是 n 维的设计变量，即待优化问题的抽象自变量的维度。$X = \{x \mid x \in R^n, g_i(x) \geqslant 0, h_j(x) \geqslant 0, i = 1, 2, \cdots, p, j = 1, 2, \cdots, q\}$ 称为上述公式的可行解空间。上述优化问题包含了 $m(m \geqslant 2)$ 个目标函数[其中 r 个为求极小值的目标函数，$(m-r)$ 个为求极大值的目标函数]和 $(p+q)$ 个约束条件（含 p 个不等式和 q 个等式的约束）。若式（4-1）的目标函数皆为求极小值，约束函数皆为不等式约束，那么可得标准化多目标优化问题求解模型，表示如下：

$$\begin{gathered} \min F(X) = \left[f_1(x), f_2(x), \cdots, f_m(x)\right]^{\mathrm{T}} \\ \text{s.t.}\quad g_i(x) \leqslant 0, i = 1, 2, \cdots, p \end{gathered} \tag{4-2}$$

设计变量 $x = \{x_1, x_2, \cdots, x_n\}^{\mathrm{T}}$ 是确定的向量，对应 n 维欧氏风格的设计变量 R^n 上的点，而相应的目标函数 $f(x)$ 和一个 m 维的欧氏目标函数 R^m 空间的点相对应，目标函数 $f(x)$ 从 n 维设计变量空间可以映射至一个 m 维的目标函数空间，表示如下：

$$f\colon\ R^n \to R^m \tag{4-3}$$

设计变量、约束函数和目标函数是求解多目标优化问题的三要素。设计变量 $x_1, x_2, \cdots, x_n$ 是实际工程设计中可手动设置的一系列向量，有可能影响工程系统的性质和性能。设计变量的差异代表着对应不一样的工程设计方案，设计变量的组合通常由向量 $x = \{x_1, x_2, \cdots, x_n\}^{\mathrm{T}}$ 表示，称其为优化问题的解。

目标函数可以被视为数学测量标准，用于评估设计系统的性能指标。在实际的工程设计中，决策者希望同时优化这些性能指标。所有的目标函数 $f_1(x), f_2(x), \cdots, f_m(x)$ 即组成了目标函数向量 $F(X)$。

4.1.2　多目标优化问题中的非支配解

多目标优化问题的解簇是由搜索空间中的所有元素组成的，这些元素使得对应的目标向量的分量不能同时被改进，这就是所谓的 Pareto 最优。标量（即单目标）优化问题的最优解的定义基于集合 R 的一般序关系。类似地，为了定义多目标优化问题的最优解，需要在 R^p 上引入一个偏序关系。关于 R^p 的二元关系是 $R^p \times R^p$ 的子集 A。 $x \in R^p$ 元素被称为与 $y \in R^p$ 当且仅当 $(x,y) \in A$ 有关。

定义一：假设 A 是二元关系 R^p 上的一个集合，可以有以下结论。

（1）自反性：如果 $(x,x) \in A$，则对于每个 x 有 $x \in R^p$。

（2）反对称性：如果 $(x,y) \in A$ 且 $(y,x) \in A$，则 $x = y$。

（3）传递性：如果 $(x,y) \in A$ 且 $(y,z) \in A$，则 $(x,z) \in A$。

（4）完整性：对于每个 $x, y \in R^p$，如果 $(x,y) \in A$ 或者 $(y,x) \in A$，则 $x \neq y$。

如果一个二元关系是自反性的、传递性的和反对称性的，则称它是 R^p 上的偏序。如果一个偏序是完整的，那么称为总偏序。偏序如果满足以下两个条件，则称为线性序：

（1）对于每个 $x, y, z \in R^p$，如果 $(x,y) \in A$，则 $(x+z, y+z) \in A$。

（2）对于每个 $x, y, z \in R^p$，如果 $(x,y) \in A$，则 $(tx, ty) \in A$，其中 $t > 0$。

这样的特性下，可以用凸优化面定义 R^p 上的偏序。

定义二：A 的子集 X 属于 R^p，那么对于任意 $x \in X$，则有 $\lambda x \in X$，$\lambda > 0$。

假设有一个凸锥集合 $C \in R^p$ 并且给出二元关系 $A_C = \{(x,y) \in R^p \times R^p : x - y \in C\}$，后面记作 $x \geqslant C_y$。如果 $0 \in C$，则这个二元关系是自反性的。如果要求 C 是指向的，那么 $C \cap (-C) = \{0\}$，则不存在 $x, y \in R^p (x \neq y)$，使得 $x \geqslant C_y$ 或者 $y \geqslant C_x$。因此关系 $\geqslant C$ 是反对称性的。当 $C = R^p$ 时，关系 $\geqslant C$ 明显具有自反性、反对称性和传递性，但是还不具有完整性。此外，对于 $x = (x_1, \cdots, x_p), y = (y_1, \cdots, y_p)$，有如下关系：$x \geqslant C_y \Leftrightarrow x_i \geqslant y_i, \ \forall i = 1, \cdots, p$，由这个凸锥集合产生的偏序称为 Pareto 序。

定义三：如果不存在另一个决策向量 $x \in R$ 使得 $f_i(x) \leqslant f_i(x^*), \ \forall i = 1, \cdots, p$，且至少存在一个目标函数使得 $f_j(x) < f_j(x^*)$，则称决策向量 x^* 是 Pareto 最优的。

所有 Pareto 最优决策向量的集合称为问题的 Pareto 最优，相应的目标向量集称为非支配解集。支配，即在所有考量层面均优于对方；非支配，即至少存在一处优势使得不被其他对象所支配。在实践中，这些术语交替使用来描述多目标优化问题的解并不罕见。Pareto 最优的概念仅仅是多目标问题实际解的第一步，它通常涉及根据一些偏好信息从非支配集中选择一个折中解。折中面的凸性取决于目标的缩放方式。非线性重新缩放目标值可以将凹面转换为凸面，反之亦然。

现实世界的许多实际应用都涉及解决多目标优化问题，其中几个相互冲突的目标必须同时优化以寻找一套可行的解决方案。一般情况下，这些问题可能很难解决，因为它们涉及不同类型的函数（非线性、不可微、不连续等）和不同类型的变量（连续、整数、二进制等）。它们还可能涉及黑箱函数，其计算成本可能很高。最初的多目标优化出现于 1985 年，它是基于向量评估的，俗称加权求和方法，多个目标函数配置系数然后进行综合评估[5]。20 世纪 90 年代，基于等级划分和分配适应度机制的多目标遗传算法（multi-objective genetic algorithm，MOGA）由丰塞卡（Fonseca）和弗莱明（Fleming）提出，基于分层非支配解排序思想的非支配排序遗传算法（non-dominated sorting genetic algorithm，NSGA）由斯里尼瓦（Srinivas）和德布（Deb）提出[6]，基于 Pareto 支配关系下竞争淘汰机制的小生境帕累托遗传算法（niche pareto genetic algorithm，NPGA）在地下水修复系统的多目标优化设计中得到了成功应用[7]。上述三种多目标优化方法的共同点是都运用了非支配排序和小生境技术。MOGA 的缺点在于受共享函数的影响大，选择的随机性过大容易导致过早收敛。NSGA 由于对非支配解进行分层排序导致计算复杂度较高。NPGA 中一般需要考虑多峰函数的峰数量等预备知识，以及假设小生境空间均匀分布，应用场景容易受限于先验信息。引进精英保留策略的快速非支配排序遗传算法 NSGA2 可以克服 NSGA 的部分缺陷[8]。强化帕累托进化算法（strength Pareto evolutionary algorithm，SPEA）也采取了保留精英个体的策略，单独设置一个外部种群用以保存已发现的非支配解，还运用了聚类方法，交叉和变异等操作增删个体，搜索效率高，但操作复杂，其时间复杂度是 $O(N^3)$，N 为种群规模[9]。其之后的改进版算法 SPEA2 引入基于近邻规则的环境选择，改善了其搜索的解集分布不均匀的问题[10]。经典的 NSGA2 多目标算法被广泛用于解决多个领域中的实际应用问题，文献[11]提出了一种基于改进 NSGA2 算法的柔性作业车间调度方法，均衡考虑加工时间、运行成本和机器负载等因素，以提升作业车间整体工作效率。文献[12]利用一种改进的 NSGA2 算法同时优化邻近空间通信网络中资源分配、载荷功率和覆盖率等多个目标因素，通过仿真实验证实了基于 NSGA2 算法的设计方法的有效性，为实际部署工作提供了参考。

除了遗传算法，近年来还有其他智能优化算法被拓展出相应的多目标优化方法，文献[13]提出了一种基于多目标 PSO 算法优化的神经网络拓扑结构方法用于多光谱卫星图像分类，其结合监督分类中谢宾尼（Xie-Beni）指数和贝塔（beta）评价指标，通过仿真实验证实了其优良的分类性能。文献[14]提出了一种多目标离散差分进化算法解决网络感知虚拟机放置问题，同时考虑了链路容量约束违反度、链路利用率和通信代价等因素，实验表明该方法可实现网络负载均衡和有效降低全网通信代价。文献[15]运用多目标免疫算法，同时考虑个性化推荐系统中的正确率和多样性，以相互制约的指标评价方式向用户推荐兼顾多样性条件下更加精准的信息。文献[16]提出了一种基于混合灰狼优化算法的多目标动态焊接调度模型，该模型同时考虑工作释放延迟、质量出错的任务和机器故障等因素，通过与 NSGA2 和基本多目标灰狼优化算法的仿真实验对比，证实了提出的方法在解决焊接调度问题上的有效性。文献[17]提出了一种基于模因进化算法的改进混合蛙跳算法（improved shuffeld frog leaping algorithm，ISFLA）的元启发式算法。对于多目标优化问题而言，多样性维护和搜索效率是算法进化的关键。该文献中通过改进拥挤距离计算方法来评价解的密度，提出了一种基于网格的聚类分析方法来划分种群和一种新的全局最优个体的选择方法来保证算法的多样性，并将其引入ISFLA中，形成多目标优化ISFLA。最后，对13个无约束多目标优化问题和多目标优化问题DTLZ基准函数进行了实验验证，结果表明该算法在处理多目标问题时具有良好的灵活性和鲁棒性。文献[18]运用多目标蝗虫优化算法同时优化移动机器人在行进路径规划时的路径长度、安全性和平滑度期望因子，通过多目标PSO算法进行对比实验，结果表明基于多目标蝗虫优化算法的路径规划方法具有更好的路径规划能力。

尽管了解目标函数的范围和各目标之间的冲突程度有助于更好地优化问题本身，但是确定一个使决策者满意的单一首选Pareto最优解决方案的任务并不容易。在大规模或计算复杂的问题中，搜索近似整个Pareto最优前沿是一项困难的工作。因此，多目标优化的相关理论有待进一步研究。

4.2 多目标杂交水稻优化算法运行流程

多目标优化理论的核心不是以自变量为评价对象寻找最优解，而是以可行解形成的解决方案为评价对象进而进行寻优。单目标优化理论中的更新迭代过程在多目标优化理论中为非核心部分，理论上大部分优化算法结合相关Pareto最优搜索方法都可用于多目标优化问题求解。本章提出的多目标杂交水稻优化（multi-objective hybrid rice optimization，MOHRO）算法是基于非支配排序的搜索方法。多目标杂交水稻优化算法可以分为以下四个阶段：初始化种群；根据相应种群划分机制对种系进行划分；更新种群产生子种群；原始种群与子种群合并后进行精英策略择优，得到新一代种群后进入下一轮迭代。多目标杂交水稻优化算法流程图如图4-1所示。

接下来将详细解释主要步骤的实施细节。

（1）初始化：该步骤中各维自变量x的初始化和其他单目标优化算法初始化相同，即根据各维度取值范围随机生成相应维度的值。此外，基于非支配排序的多目标杂交水稻优化算法对种群中的每个个体的多个目标函数$f_1(x), f_2(x), \cdots$进行计算并将其值记录在每个个体中，以二目标优化为例可作出如下解释：

假定待处理的问题设计变量为n，即自变量x为n维，给定种群大小规模为m，则初始化种群应为$R_{m\times(n+4)}$，其中这里多出的四维空间分别为$f_1(x)$、$f_2(x)$及Pareto排序等级和所在层级拥挤度。所有维度赋值结束即初始化工作完成。

（2）非支配排序：多目标杂交水稻优化算法采取的是分层级非支配排序方式，同一层级的可行解互不支配，而本层级的可行解可以支配下一层Pareto最优解集。分层的实现步骤即运用比较法将待排序的解集逐级排序。例如，x_i对于$f_1(x)$而言，进行一轮两两对比之后，即可以记录当前比较对象中优于x_i的可行解个数

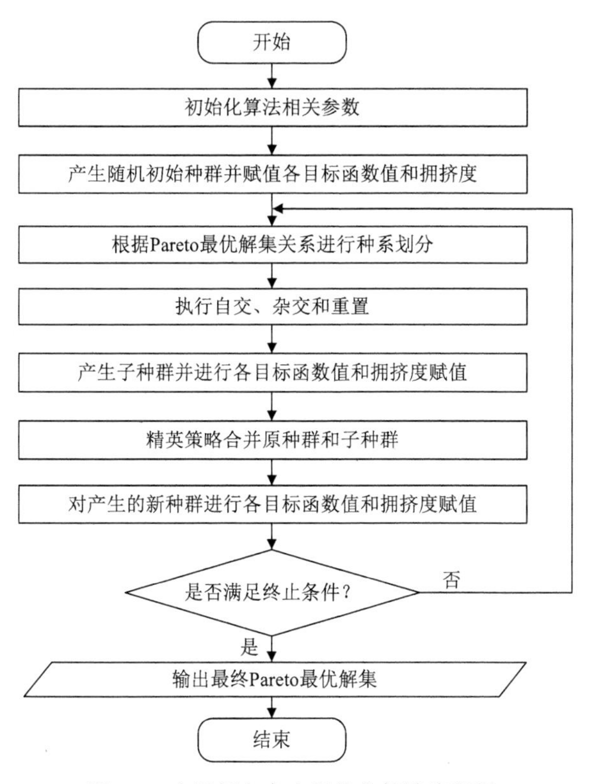

图 4-1　多目标杂交水稻优化算法流程图

G 和劣于 x_i 的可行解个数 L，若 G 为 0 且 L 不等于 0，则证明 x_i 为该层级的 Pareto 最优解。当前层级的 Pareto 最优解集确立后再对剩余的可行解进行同样的操作，循环往复直至无剩余可行解即停止非支配分层排序。等级 1 代表最优层的 Pareto 最优解集，等级数越大则其所在的层级越劣，其所支配的可行解数越少。如图 4-2 所示，依次确立的 Pareto 最优解集为 Pareto 等级 1、Pareto 等级 2 和 Pareto 等级 3。

（3）拥挤度（crowd）：Pareto 等级确立后，同层级的 Pareto 解也需要进行排序，此排序的目的不是为了分出高低，本质上同层 Pareto 可行解之间无高低之分，但仍须作出取舍，设计拥挤度是为了选择一部分可行解作为留下来的 Pareto 解，基于此目标，可行解在解空间的分布越均匀则越逼近理论上的 Pareto 最优曲面（线）。本章使用的拥挤度是根据目标函数值稀疏程度的大小来判断的，拥挤度越大，则代表越稀疏，反之代表越密集。图 4-3 中第 i 个可行解的拥挤度为虚线所绘矩形的长和宽之和，即 $f_1(x_{i+1})-f_1(x_{i-1})$ 和 $f_2(x_{i-1})-f_2(x_{i+1})$。但是由于不同目标函数值之间可能存在数量级差异，故拥挤度计算方式须进行归一化处理，表示如下：

$$\text{crowd}=\frac{f_j(x_{i+1})-f_j(x_{i-1})}{f_j\max-f_j\min} \tag{4-4}$$

式中，f_j表示第j个目标函数；$f_j\min$和$f_j\max$分别表示当前非支配层次的自变量个体在第j个目标函数上的最小值和最大值。

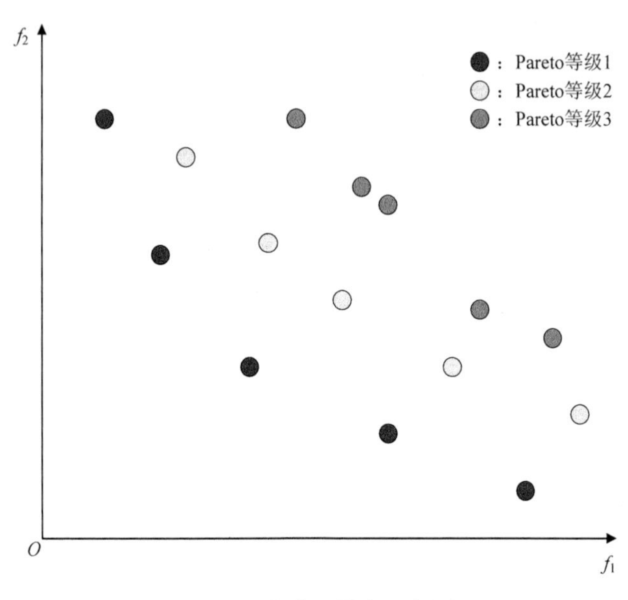

图 4-2 非支配排序示意图

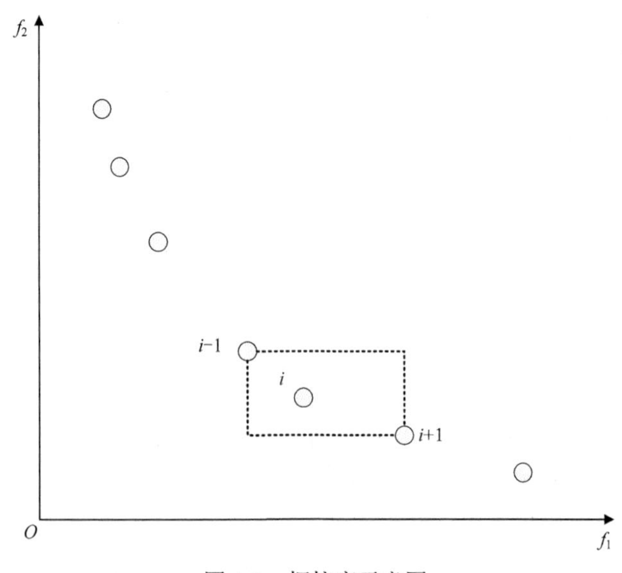

图 4-3 拥挤度示意图

（4）精英策略：这是源自 NSGA2 算法的方法，其基本流程可以描述成背包装物体的过程，在背包容量有限的条件下尽可能地装入价值更高的物体。可以表述为根据原种群和子种群的合并大种群的 Pareto 排序等级及各个体的拥挤度，先依 Pareto 等级高低择优保留精英个体，一旦剩余保留空间不足以容纳待保留 Pareto 等级可行解时，则按拥挤度排序进行保留，直至恰好达到预设定的种群规模。

4.3　多目标杂交水稻优化算法的编码与实现

本章采用一种类似增广矩阵的混合编码方式进行初始种群编码，可以用表示二目标优化的如下种群矩阵公式表示：

$$\begin{bmatrix} x_{1,1} & x_{1,2} & \cdots & x_{1,d} & f_1(x_1) & f_2(x_2) & \mathrm{rank}_1 & \mathrm{crowd}_1 \\ \cdots & \cdots & \cdots & \cdots & \cdots & \cdots & \cdots & \cdots \\ \cdots & \cdots & \cdots & \cdots & \cdots & \cdots & \cdots & \cdots \\ x_{n,1} & x_{n,2} & \cdots & x_{n,d} & f_1(x_n) & f_2(x_n) & \mathrm{rank}_n & \mathrm{crowd}_n \end{bmatrix} \tag{4-5}$$

式中，拥挤度 crowd_n 由式（4-4）计算得到；排序值 rank_n 由 Pareto 排序得到。

本章提出的 MOHRO 算法可以分为如下六个阶段。

（1）初始化阶段：该阶段可以分为三部分。第一部分与单目标优化算法的初始化操作一样，随机生成待优化问题的特定维度的 N 个种群个体。第二部分是在该种群的每个个体后附加 m 个目标函数值，一般以 $m>3$ 为高维多目标优化。第三部分是根据 non_domination_sort 函数计算种群每个个体相应的 Pareto 等级 rank，再根据 crowding_distance_sort 函数计算同等级的每个个体相应的拥挤度。上述即为多目标杂交水稻优化算法的初始化阶段，接下来将进入循环迭代阶段。

（2）三系划分阶段：由于杂交水稻优化算法与生俱来的排序特性，因此其在多目标优化过程中比较适合与非支配排序方式相结合。由于初始化阶段已经完成了种群排序工作，因此在进入迭代阶段时杂交水稻优化算法的排序过程将容易进行，当前的种群序号（所在行号）即为该个体在种群中的相对排序，只需要根据当前的种群序号（所在行号）从小到大进行排列即可。基本多目标 HRO（MOHRO）算法的种群划分过程可以直接取前三分之一为保持系，后三分之一为不育系，中间为恢复系；改进的多目标 IHRO（MOIHRO）算法的该过程则需要按式（3-1）划分三系。当前已排序的种群个体和单目标优化问题中的大小排序不同，不同等级之间有优劣之分，但是同等级在本质上是没有高低之分的，拥挤度只是一种筛选方法，而不是必要过程。

（3）更新种群阶段：水稻的三系划分工作完成后，按照 HRO 算法中的更新规则更新个体，但是有别于单目标 HRO 算法，其更新过程不涉及替换原有个体，仅利用更新规则生成新的个体，保持系仍然从始至终未有过变动，仅是恢复系和不育系因更新规则发生了变化。

（4）合并种群阶段：根据阶段（3）的过程，将会生成新的种群，而该种群中保持系与原种群相同，故在本章的 MOHRO 算法中，子种群的选取仅为新种群的不育系和恢复系中的个体，将原种群和新种群的不育系和恢复系部分合并为一个临时的大种群，并使用阶段（1）中的方法进行排序。

（5）精英策略筛选阶段：对上一阶段中的临时大种群进行精英策略筛选，可以使整体种群得到更新，并且朝第一层级的Pareto最优解集方向进化。

（6）重复阶段（2）～（5），直至达到 MOHRO 算法循环终止条件。

上述即为 MOHRO 算法的流程，为更加简洁地展示其详细过程，给出如下伪代码。

```
算法：多目标杂交水稻优化算法
输入：自定义的多个目标函数，种群数目N，优化问题的可行解维度dim
输出：一组Pareto最优解集
1：根据自变量的取值范围随机初始化种群，初始种群记为pop
2：计算每个水稻个体的每个目标函数值，并记录在每个个体中
3：根据 non_domination_sort 函数排序得到每个个体的排序等级值，并记录在每个个体中
4：根据crowding_distance_sort函数计算同等级非支配解的拥挤度并记录在个体中
5：  while 未达到循环终止条件do
6：    将pop赋值给temporary_pop
7：    将temporary_pop划分为三系：保持系、恢复系和不育系
8：    for (每个不育系水稻个体)
9：       通过式（2-4）更新不育系
10：   end for
11：   for(每个恢复系水稻个体)
12：        通过式（3-3）或（2-5）更新恢复系
13：   end for
14：   将temporary_pop更新后的不育系和恢复系与pop合并，记为temporary_bigpop
15：   计算temporary_bigpop中每个个体的非支配等级及相应的拥挤度值
16：     for i=1: temporary_bigpop_maxRank (分层保留解集)
17：              if 当前Pareto等级非支配解加上已保留解数目小于设定的种群数目
18：                 将当前Pareto等级的非支配解全部保留记入new_pop
19：              else
20：           按照拥挤度排序顺序依次保留个体，直至new_pop达到设定的种群数目
21：              end if
22：      end for
```

```
23:     将new_pop赋给pop
24:   end while
25: 返回Pareto最优解集
```

上述多目标过程中，non_domination_sort 和 crowding_distance_sort 函数为核心步骤，其实现的伪代码如下。

```
函数：non_domination_sort函数
输入：目标函数数目，已完成个体目标函数值赋值的种群及其规模
输出：含 Pareto 等级数的种群
1:  设定当前Pareto等级pareto_rank=1；当前等级包含个体集合F(pareto_rank)为空，当前p为空
2:  for(种群中每个个体i)
3:      初始化p(i).n=0, p(i).s=null
4:      for(种群中每个个体j)
5:          初始化less、equal和greater均为0
6:          for(每个目标函数)
7:              比较函数值计算得相应的less、equal和greater的值
8:          end for
9:          if (less等于0且equal不等于f_num)
10:             p(i).n=p(i).n+1
11:         else if (greater等于0 且equal不等于f_num)
12:                将个体j计入p(i).s
13:             end if
14:         end if
15:     end for
16:     if (p(i).n等于0)
17:       记录第1等级的个体的信息
18:     end if
19: end for
20:  while 当前等级pareto_rank非支配解不为空do
21:     for(对当前等级 pareto_rank 的每个个体 i)
22:         if  p(i).s 不为空 then
23:             for(每个被个体 i 支配的个体 j)
```

```
24:                     p(j).n= p(j).n−1
25:                     if  p(j).n ==0 then
26:                       判定该个体为下等级 Pareto 解，记录在 temp 中
27:                     end if
28:                   end for
29:              end if
30:          end for
31:     pareto_rank=pareto_rank+1
32:     F(pareto_rank).ss=temp
33:  end while
34:  return：含有 Pareto 等级数值的种群
```

函数：crowding_distance_sort函数

输入：已完成 Pareto 等级赋值工作的种群 F 及其规模

输出：含 Pareto 等级数和相应拥挤度的已排序种群

```
1：  根据Pareto等级对种群进行排序，已排序种群记为temp
2:  for(每个Pareto等级)
3:       当前等级个体集合，记为y
4:      for(每个目标函数)
5:         根据当前目标函数值对y进行排序，并得出最大值和最小值，即边界，记录边界个
               体的拥挤度为Inf
6:          for(y集合中非边界个体)
7:              依据式（4-4）计算各个体的拥挤度值
8:          end for
9:        end for
10:       for(每个目标函数)
11:          计算多个拥挤度之和作为最终拥挤度
12:       end for
13:  end for
14:  return：含 Pareto 等级数和相应拥挤度的已排序种群
```

在上述伪代码中，p 为记录每个个体的被支配个体数目和受其支配解的集合，对于第 i 个个体，分别使用 p(i).n 和 p(i).s 表示。对于当前比较的目标函数，less 代表个体 i 目标函数值小于 less 个个体的目标函数值，equal 代表个体 i 目标函数

值等于 equal 个个体的目标函数值，greater 代表个体 i 目标函数值大于 greater 个个体的目标函数值。F 为分层级的集合，其包含各 Pareto 等级的子集合。f_num 表示目标函数的数目。crowding_distance_sort 函数伪代码中的 temp 为依据 Pareto 等级排序后的种群。

4.4　多目标杂交水稻优化算法的寻优性能测试及分析

为了验证 MOHRO 算法的性能，本节在一些标准多目标函数优化问题上对 MOHRO 算法进行测试，并同经典的多目标优化算法 NSGA2 进行对比。

4.4.1　测试函数及其说明

同单目标优化问题类似，多目标优化问题也有相应的基准测试函数，本节使用其中 7 个著名的数学函数。这 7 个常见的多目标测试函数详细表达式参见附录。本次实验运行平台同第 3 章，迭代次数为 500，独立运行实验 20 次，基准测试函数的实验评价标准为以下两个指标。

覆盖率（C-metric）：令 A 和 B 是一个多目标优化问题中两个接近帕累托前沿（ParetoFront）的集合，定义 $C(A,B)$表示如下：

$$C(A,B)=\frac{\{u\in B|\exists v\in A:\text{dominates } u\}}{|B|} \tag{4-6}$$

式中，$C(A,B)$ 不等于 $1-C(B,A)$，$C(A,B)$=1 意味着 B 中所有的解都被 A 中的某些解支配了，$C(A,B)$=0 意味着 B 中没有解被 A 中的解支配；u 表示一个可行解；dominates 表示支配；分子表示 B 中被 A 中至少一个解支配的解的数目；分母表示 B 中包含的解的总数。

距离度量（D-metric）：令 P^*为一组均匀分布在 ParetoFront 上的点的集合；A 是一个接近 ParetoFront 的集合；P^*到 A 的平均距离定义如下：

$$D(A,P^*)=\frac{\sum_{v\in P^*}d(v,A)}{|P^*|} \tag{4-7}$$

由式（4-7）可知，如果 P^*足够大说明其可以很好地代表 ParetoFront。$D(A,P^*)$ 可以从某种意义上评估 A 的收敛性和多样性。为了让 $D(A,P^*)$ 的值很低，必须设置 A 非常接近 ParetoFront，并且不能缺失整个 ParetoFront 的任何部分。

4.4.2　实验仿真与分析

根据 4.4.1 的评价标准，进行多次函数优化实验，在部分函数优化问题中，各算法的典型进化曲线分别如图 4-4～图 4-10 所示，各算法 20 次运行结果的均值和方差如表 4-1～表 4-7 所示。

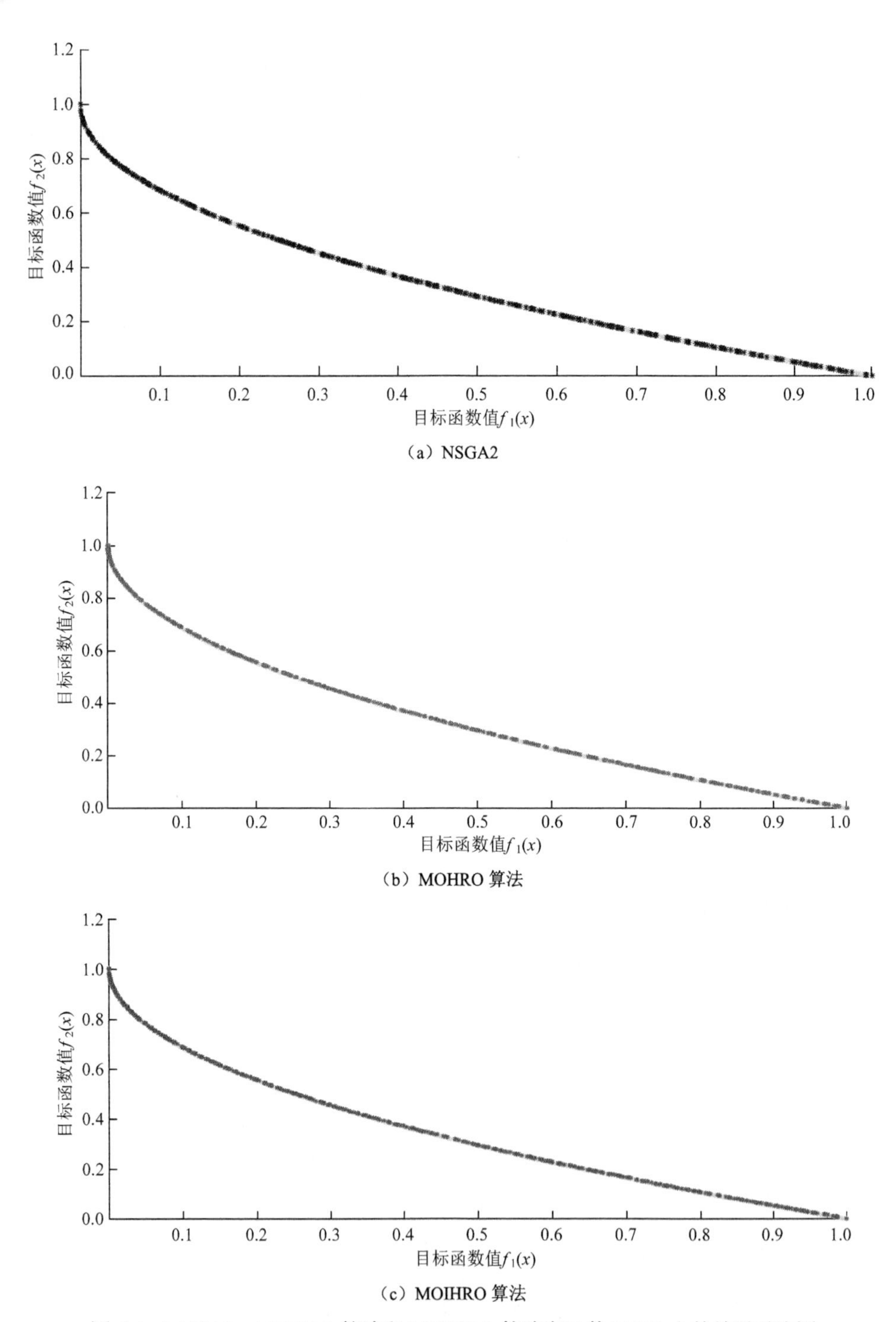

（a）NSGA2

（b）MOHRO 算法

（c）MOIHRO 算法

图 4-4　NSGA2、MOHRO 算法和 MOIHRO 算法在函数 ZDT1 上的结果对比图

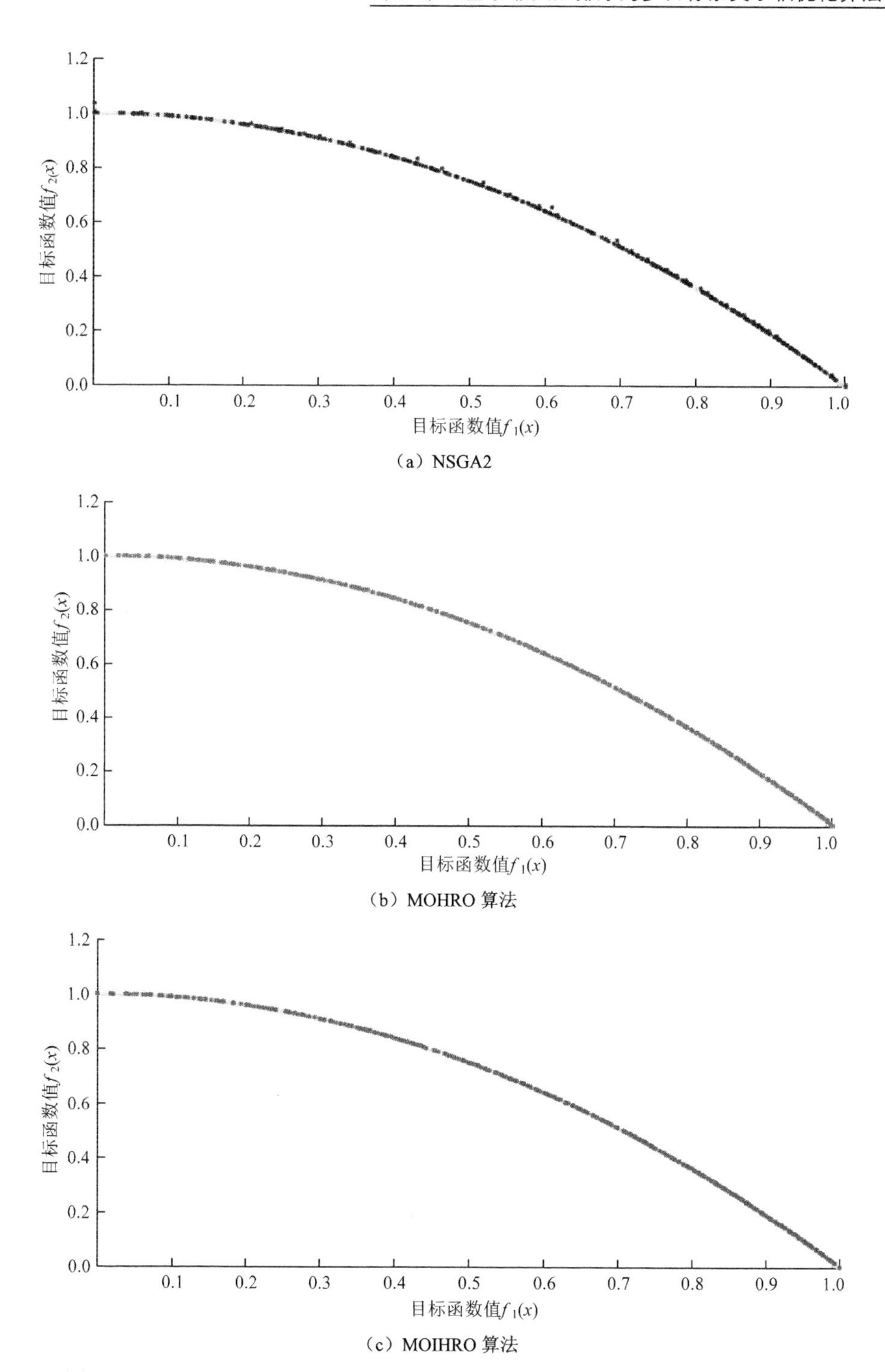

（a）NSGA2

（b）MOHRO 算法

（c）MOIHRO 算法

图 4-5　NSGA2、MOHRO 算法和 MOIHRO 算法在函数 ZDT2 上的结果对比图

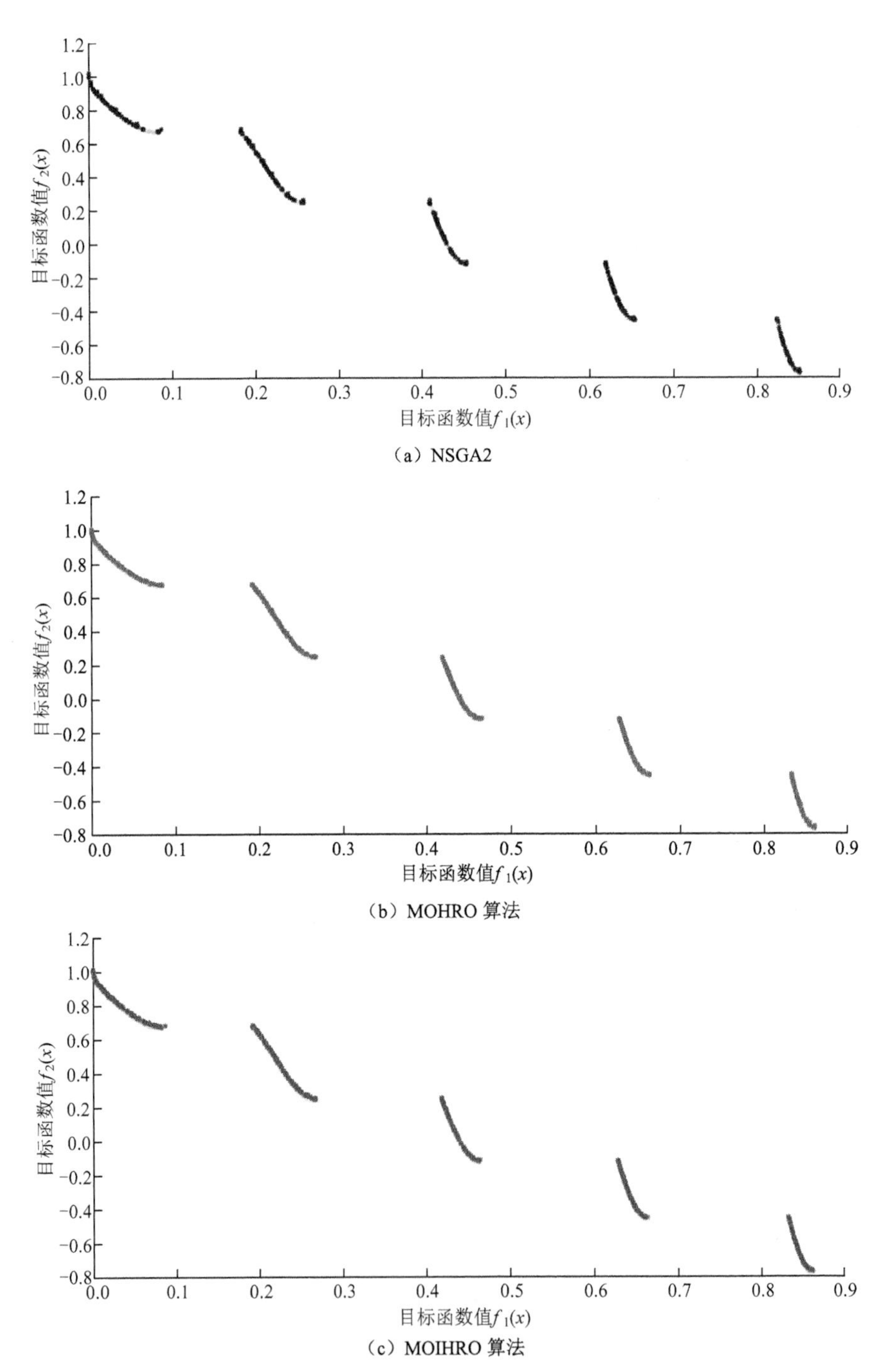

（a）NSGA2

（b）MOHRO 算法

（c）MOIHRO 算法

图 4-6　NSGA2、MOHRO 算法和 MOIHRO 算法在函数 ZDT3 上的结果对比图

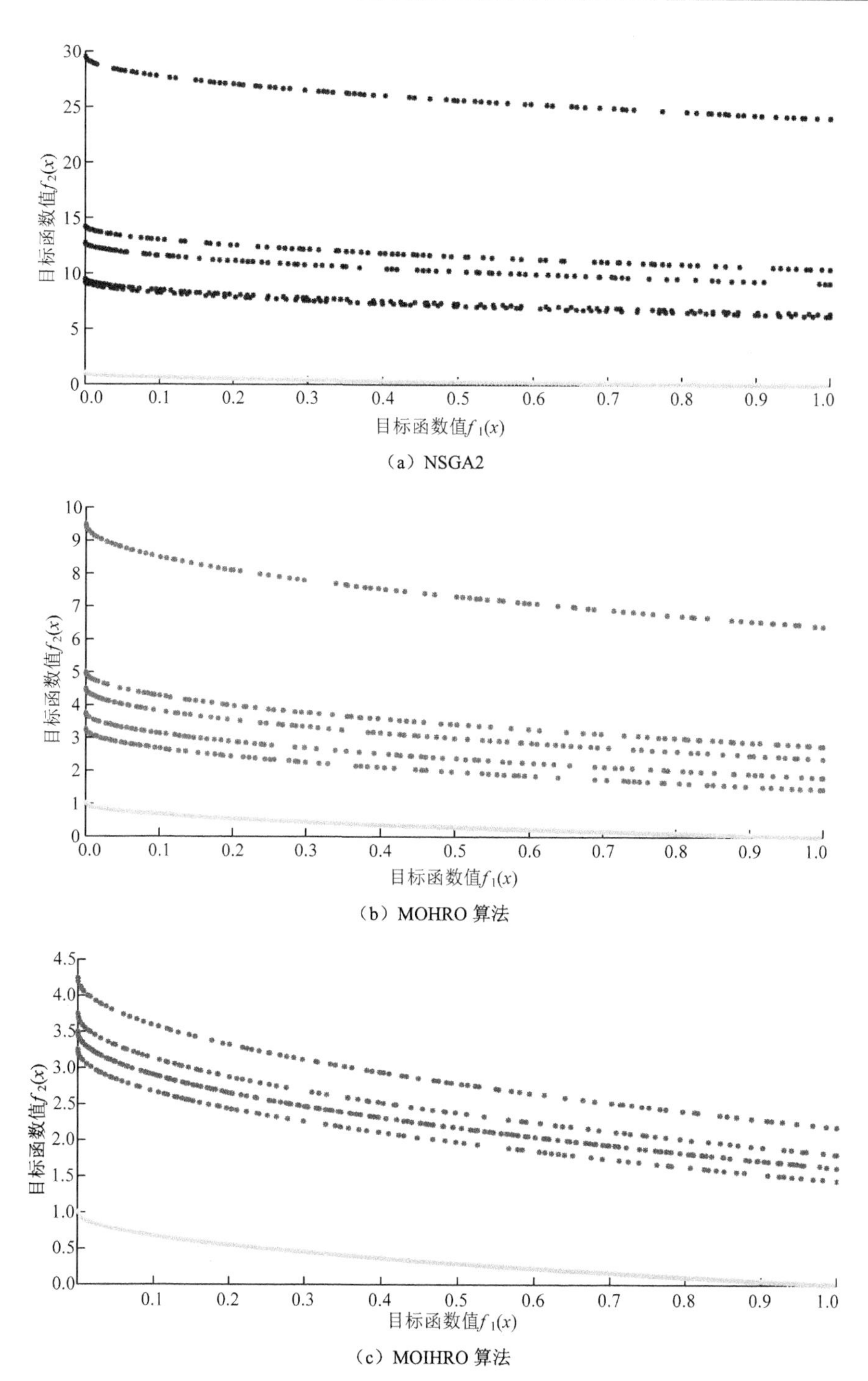

（a）NSGA2

（b）MOHRO 算法

（c）MOIHRO 算法

图 4-7　NSGA2、MOHRO 算法和 MOIHRO 算法在函数 ZDT4 上的结果对比图

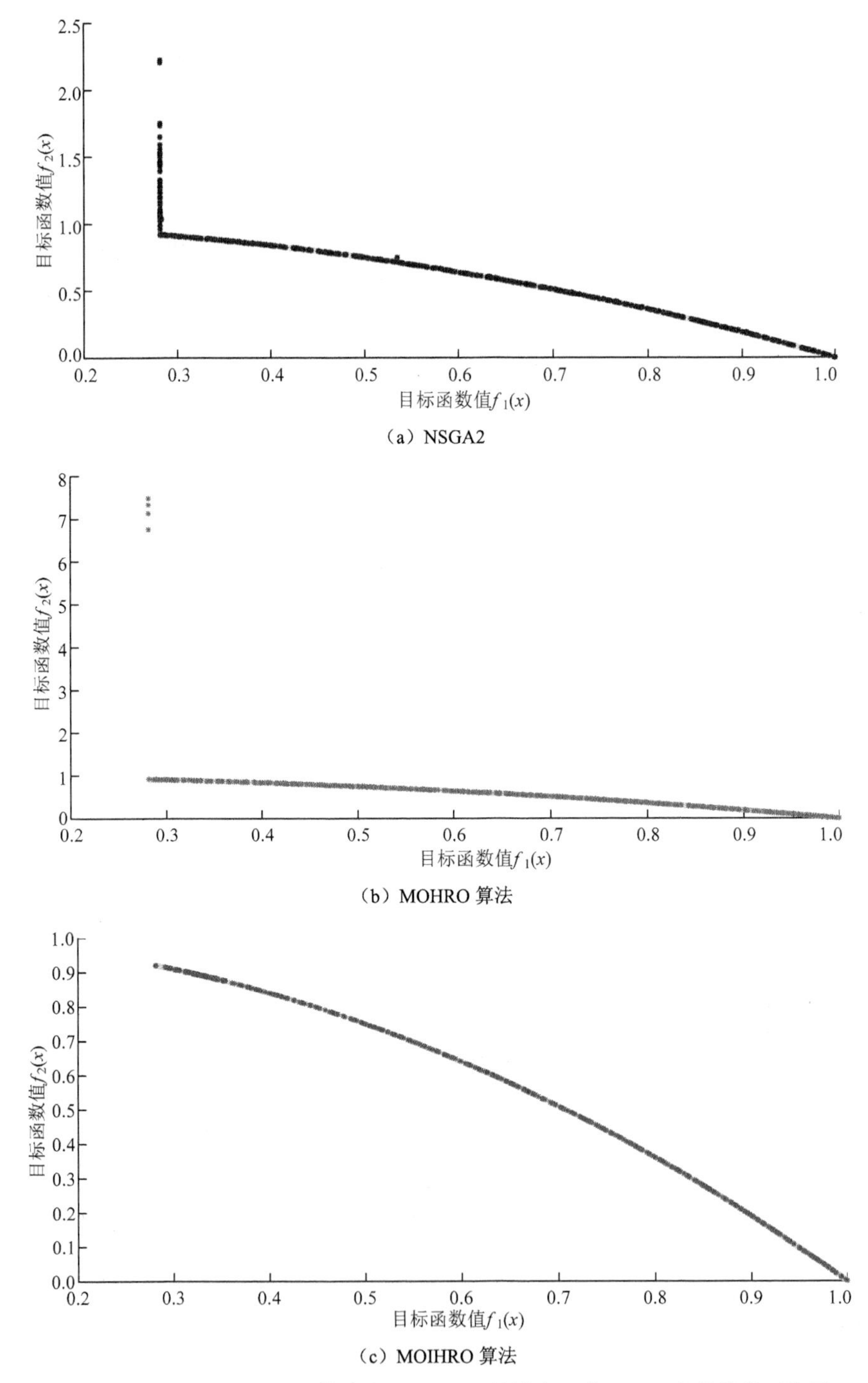

（a）NSGA2

（b）MOHRO 算法

（c）MOIHRO 算法

图 4-8 NSGA2、MOHRO 算法和 MOIHRO 算法在函数 ZDT6 上的结果对比图

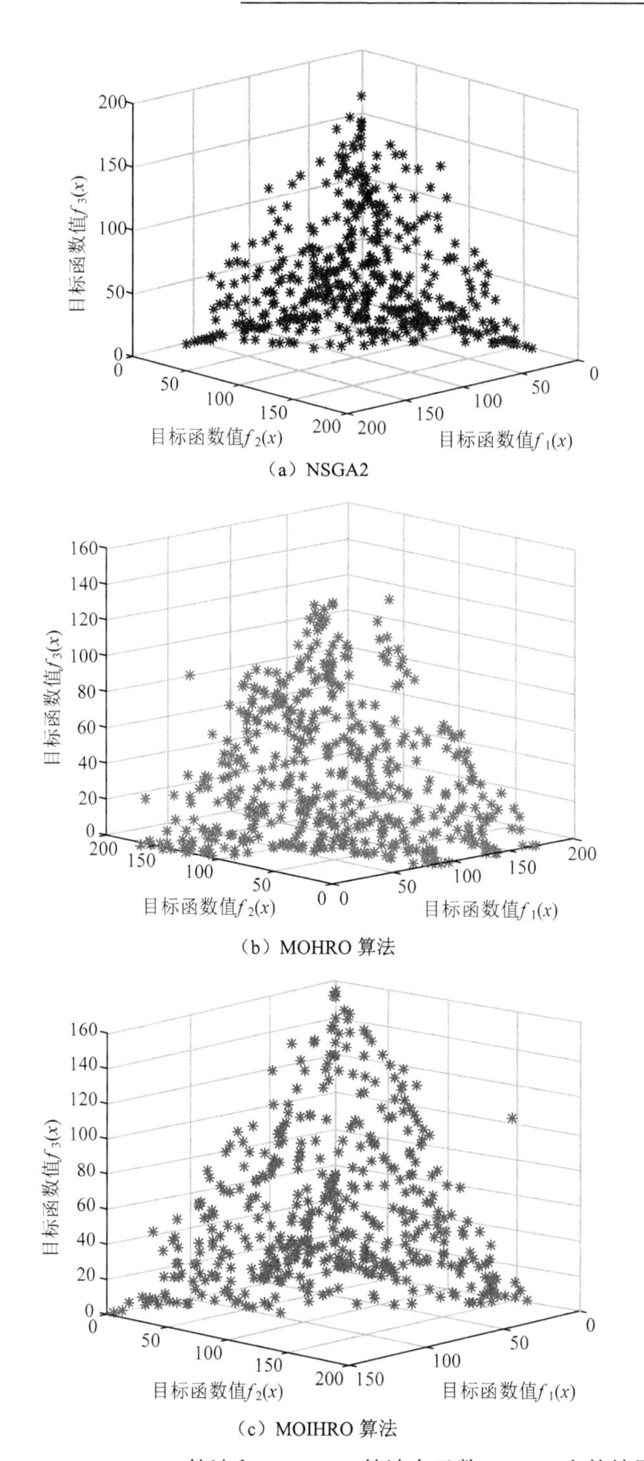

（a）NSGA2

（b）MOHRO 算法

（c）MOIHRO 算法

图 4-9　NSGA2、MOHRO 算法和 MOIHRO 算法在函数 DTLZ1 上的结果对比图

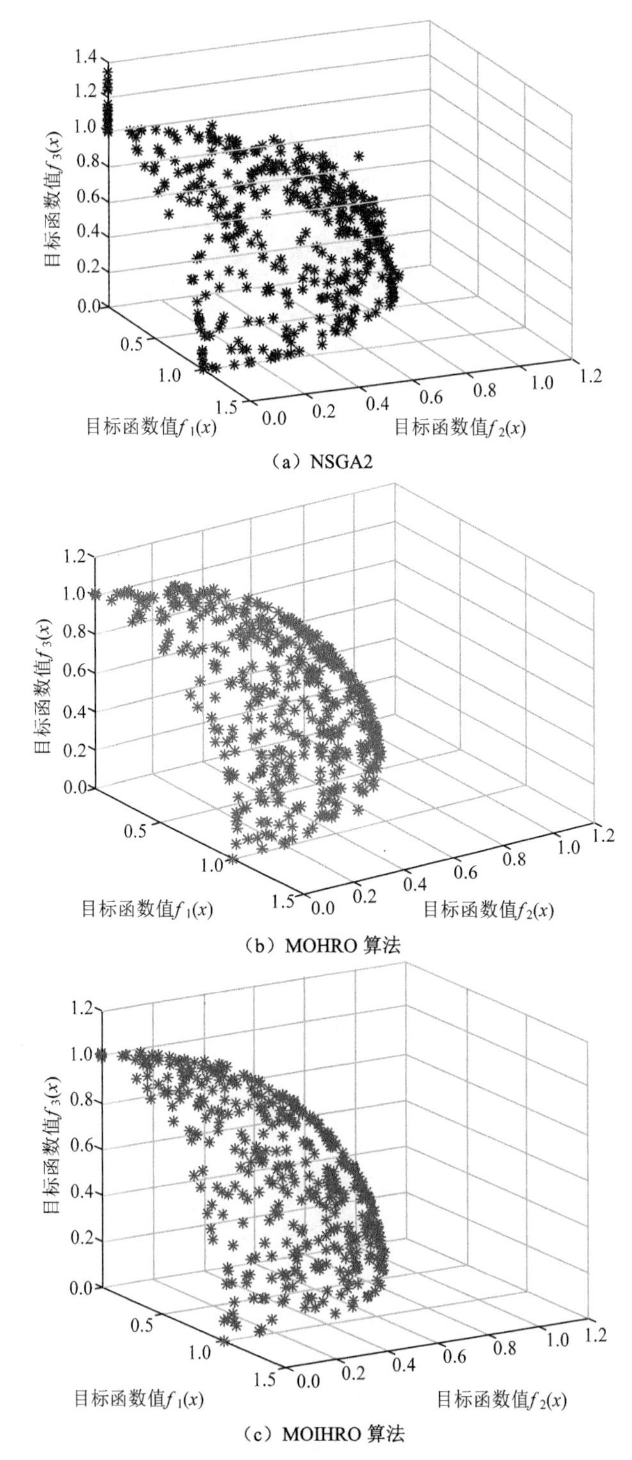

图 4-10 NSGA2、MOHRO 算法和 MOIHRO 算法在函数 DTLZ2 上的结果对比图

表 4-1　各算法在函数 ZDT1 上的 20 次运行结果的均值与方差

算法	平均用时/s	覆盖率（C-metric）	距离度量（D-metric）
NSGA2	40.1057	0.35889±0.13813	0.00941±0.00083
MOHRO	**24.6242**	0.40389±0.13408	0.00519±0.00027
MOIHRO	27.8051	**0.06500**±0.04959	**0.00503**±0.00025

从函数 ZDT1 的实验结果图表中可以看出，NSGA2 的 Pareto 解集在已知的最优 Pareto 前沿面（最优集在空间形成的曲面）上出现了较多缝隙，整体上看 MOIHRO 算法缝隙少于 MOHRO 算法，MOHRO 算法的缝隙少于 NSGA2，这意味着 MOIHRO 算法在该函数上的寻优结果较好；再分析具体的数值指标可知，其也符合 MOIHRO 算法优于 MOHRO 算法，MOHRO 算法优于 NSGA2。

表 4-2　各算法在函数 ZDT2 上的 20 次运行结果的均值与方差

算法	平均用时/s	覆盖率（C-metric）	距离度量（D-metric）
NSGA2	46.9650	0.40611±0.11937	0.01942±0.00164
MOHRO	**30.8708**	0.37333±0.12979	0.00659±0.00019
MOIHRO	31.6487	**0.24083**±0.06976	**0.00526**±0.00021

从函数 ZDT2 的实验结果图表中可以看出，NSGA2 的 Pareto 解集在已知的最优 Pareto 前沿面上分布不够平滑，缝隙也较多，一些结果点明显脱离最优 Pareto 前沿面，整体上看，MOHRO 算法缝隙少于 MOIHRO 算法，MOIHRO 算法的缝隙又少于 NSGA2，这表明 MOIHRO 算法在该函数上的寻优结果不如 MOHRO 算法，但比 NSGA2 要好；再分析具体的数值指标可知，其也符合 MHRO 算法优于 MOIHRO 算法，MOIHRO 算法优于 NSGA2。

表 4-3　各算法在函数 ZDT3 上的 20 次运行结果的均值与方差

算法	平均用时/s	覆盖率（C-metric）	距离度量（D-metric）
NSGA2	71.3652	0.23333±0.06608	0.00950±0.00041
MOHRO	**44.4918**	**0.08083**±0.02608	**0.00551**±0.00022
MOIHRO	49.0250	0.11611±0.08655	0.00564±0.00025

从函数 ZDT3 的实验结果图表中可以看出，NSGA2 的 Pareto 解集在已知的最优 Pareto 前沿面上的 0 至 0.1 区间存在明显的空缺，在 0.2 至 0.3 区间和 0.4 至 0.5 区间也有较多的明显缝隙，整体上看，MOHRO 算法缝隙少于 MOIHRO 算法，MOIHRO 算法的缝隙又少于 NSGA2，这表明 MOIHRO 算法在该函数上的寻优结果不如 MOHRO 算法，但比 NSGA2 要好；再分析具体的数值指标可知，其也符合 MHRO 算法优于 MOIHRO 算法，MOIHRO 算法优于 NSGA2 的结论。

表 4-4　各算法在函数 ZDT4 上的 20 次运行结果的均值与方差

算法	平均用时/s	覆盖率（C-metric）	距离度量（D-metric）
NSGA2	63.5941	**1**±0	24.64641±7.90003
MOHRO	**34.1853**	**1**±0	16.02612±3.01437
MOIHRO	37.5505	**1**±0	**12.14607**±1.00054

从函数 ZDT4 的实验结果图表中可以看出，三种算法都是无法逼近最优 Pareto 前沿面，此时覆盖率三者相同皆为 1，只能比较距离指标，NSGA2 的解集分布距最优 Pareto 前沿面明显较远。故可得出结论：从整体上看，MOIHRO 算法距最优 Pareto 前沿面比 MOHRO 算法近，而 MOHRO 算法距最优 Pareto 前沿面又比 NSGA2 近，这表明 MOIHRO 算法在该函数上的寻优结果优于 MOHRO 算法，更加优于 NSGA2。

表 4-5　各算法在函数 ZDT6 上的 20 次运行结果的均值与方差

算法	平均用时/s	覆盖率（C-metric）	距离度量（D-metric）
NSGA2	72.8864	0.29083±0.23838	0.00584±0.00163
MOHRO	**33.0167**	0.13667±0.25709	0.00381±0.00059
MOIHRO	38.8211	**0**±0	**0.00376**±0.00066

从函数 ZDT6 的实验图表中可以看出，NSGA2 的 Pareto 解集在已知的最优 Pareto 前沿面上的左前端拖出了长尾巴，即偏离最优函数值较大的一些点的集合，MOHRO 算法的情况则要好一些，只有零星严重偏离最优 Pareto 前沿面的点，而 MOIHRO 算法几乎没有偏离最优面的解。故可得出结论：从整体上看，MOIHRO 算法的寻优结果在已知的最优 Pareto 前沿面上的分布要优于 MOHRO 算法，MOHRO 算法的又优于 NSGA2，这表明 MOIHRO 算法在该函数上的寻优结果优于 MOHRO 算法，更加优于 NSGA2。

表 4-6　各算法在函数 DTLZ1 上的 20 次运行结果的均值与方差

算法	平均用时/s	覆盖率（C-metric）	距离度量（D-metric）
NSGA2	73.3853	0.93167±0.02704	66.60018±22.32959
MOHRO	**52.9952**	0.93667±0.02771	69.85636±13.81203
MOIHRO	59.0346	**0.91750**±0.03725	**65.63187**±14.60263

从函数 DTLZ1 的实验图表中可以看出，MOHRO 算法和 MOIHRO 算法的 Pareto 解集分布具有不够均匀的特点，且有严重偏离最优平面的点，MOIHRO 算法的情况则要好一些，只有零星严重偏离最优 Pareto 前沿面的点，MOIHRO 算法除了有偏离点外还有大量空白区域。故可得出结论：从整体上看，MOIHRO 算法

的寻优结果在已知的最优 Pareto 前沿面上的分布要优于 MOHRO 算法，但两者都劣于 NSGA2，这表明 NSGA2 在该函数上的寻优结果优于 MOIHRO 算法和 MOHRO 算法。

表 4-7　各算法在函数 DTLZ2 上的 20 次运行结果的均值与方差

算法	平均用时/s	覆盖率（C-metric）	距离度量（D-metric）
NSGA2	49.9211	0.04167±0.03034	0.10879±0.02315
MOHRO	**21.9214**	0.02111±0.01525	0.07491±0.00950
MOIHRO	29.6309	**0.02056**±0.00903	**0.07430**±0.01015

从函数 DTLZ2 的实验图表中可以看出，NSGA2 的 Pareto 解集在已知的最优 Pareto 前沿面上的左前端拖出了长尾巴，即偏离最优函数值较大的一些点的集合，MOIHRO 算法和 MOHRO 算法无类似的解，二者都优于 NSGA2，再分析具体的数值指标可以得知，MOIHRO 算法的覆盖率和距离度量寻优结果优于 MOHRO 算法。

4.5　本 章 小 结

本章对杂交水稻优化算法的多目标优化过程作了详细描述，通过基准测试函数进行实验，对比了多目标基本杂交水稻优化算法和多目标改进杂交水稻优化算法。在多目标优化基准测试中，大体上可以判定，MOIHRO 算法比基本 MOHRO 算法寻优性能更加优异，而且 MOIHRO 算法比 NSGA2 的寻优效果更好，NSGA2 时间复杂度相对来说过高，面对规模稍大的问题时 MOIHRO 算法的运行效率也得以明显体现。

参 考 文 献

[1] 鲁正，马乃寅，周超杰. 多重调谐冲击阻尼器的多目标优化设计研究[J]. 振动与冲击，2022，41(11)：33-41.
[2] 孙文杰，李刚. 基于综合操作性能指标的操作机多目标优化[J]. 机械工程学报，2014(17)：52-60.
[3] Mirjalili S, Jangir P, Mirjalili S Z, et al. Optimization of problems with multiple objectives using the multi-verse optimization algorithm[J]. Knowledge-Based Systems, 2017, 134: 50-71.
[4] Yan L, Xu W F, Hu Z H, et al. Multi-objective configuration optimization for coordinated capture of dual-arm space robot [J]. Acta Astronautica, 2020, 167: 189-200.
[5] Schaffer J D. Multiple objective optimization with vector evaluated genetic algorithms[C]// Proceedings of the 1st International Conference on Genetic Algorithms, Pittsburgh, PA, USA, July 1985. Lawrence Erlbaum Associates Publishers, Hillsdale, 1985: 93-100.
[6] Srinivas N, Deb K. Multiobjective optimization using nondominated sorting in genetic algorithms[J]. Evolutionary Computation, 1994, 2(3):221-248.
[7] Erickson M, Mayer A, Horn J. Multi-objective optimal design of groundwater remediation systems: application of the niched Pareto genetic algorithm (NPGA) [J].Advances in Water Resources, 2002, 25(1): 51-65.

[8] 李二超，马玉泉. 基于就近取值策略的离散多目标优化[J]. 南京大学学报（自然科学），2018，54(6)：1216-1224.

[9] 吴作顺，王石. 一个 SPEA 改进算法及其收敛性分析[J]. 计算机科学，2005，32(4)：74-76.

[10] 杨智飞，苏春，胡祥涛，等. 面向智能生产车间的多 AGV 系统多目标调度优化[J]. 东南大学学报（自然科学版），2019，49(6)：1033-1040.

[11] 陈辅斌，李忠学，杨喜娟. 基于改进 NSGA2 算法的多目标柔性作业车间调度[J]. 工业工程，2018，21(2)：55-61.

[12] 唐树祝，游鹏，闫大伟，等. 基于改进 NSGA2 的临近空间通信网络优化设计[J]. 计算机工程与应用，2018，54(14)：203-210.

[13] Agrawal R K, Bawane N G. Multiobjective PSO based adaption of neural network topology for pixel classification in satellite imagery[J]. Applied Soft Computing, 2015, 28: 217-225.

[14] 臧韦菲，兰巨龙，胡宇翔，等. 基于多目标离散差分进化的网络感知虚拟机放置算法[J]. 计算机工程，2019，45(6)：96-102.

[15] 王玉林. 基于多目标免疫算法的网络个性化推荐[D]. 天津：天津工业大学，2017.

[16] Lu C, Gao L, Li X Y, et al. A hybrid multi-objective grey wolf optimizer for dynamic scheduling in a real-world welding industry[J]. Engineering Applications of Artificial Intelligence, 2017, 57(C): 61-79.

[17] Luo J P, Yang Y, Liu Q Q, et al. A new hybrid memetic multi-objective optimization algorithm for multi-objective optimization[J]. Information Sciences, 2018, 448: 164-186.

[18] 黄超，梁圣涛，张毅，等. 基于多目标蝗虫优化算法的移动机器人路径规划[J]. 计算机应用，2019，39(10)：2859-2864.

第 5 章 基于改进杂交水稻优化算法的聚类方法

大数据时代的到来促使机器学习迅猛发展，聚类分析是应用广泛的机器学习算法之一，已成功应用于诸多领域，如文档聚类[1-2]、消费市场细分[3]、特征学习[4]、图像分割[5-8]等。聚类的本质是将数据划分到不同簇的过程，同一个簇中的对象相似性尽量大，不同簇间的对象差异性尽量大，是数据挖掘的主要任务之一。其中，基于划分的模糊 C-means（FCM）算法是应用广泛的算法[9-10]之一，具有模型简单、计算效率高的优点。然而，FCM 算法采用基于适应度函数极值的方法来优化目标函数，存在易于陷入局部最优和处理海量数据效率低等缺点。本章将改进的杂交水稻优化算法用于 FCM 算法的优化，以提高其聚类性能。

5.1 聚类算法概述

数据聚类是基于某种相似性度量（如欧氏距离）在多维数据中识别自然分组或聚类的过程。它是模式识别和机器学习中的重要应用之一。此外，数据聚类属于人工智能研究中的重要内容。聚类结果通常以聚类中心为依据进行划分。由于不同的数据具有千奇百怪的分布状态，无监督模式识别中的数据聚类在某些环境中难以形成良好的结果，因此聚类方法一直以来得到了广泛的关注和研究[11-12]。根据聚类划分依据可以将其划分为多种类型，如图 5-1 所示。

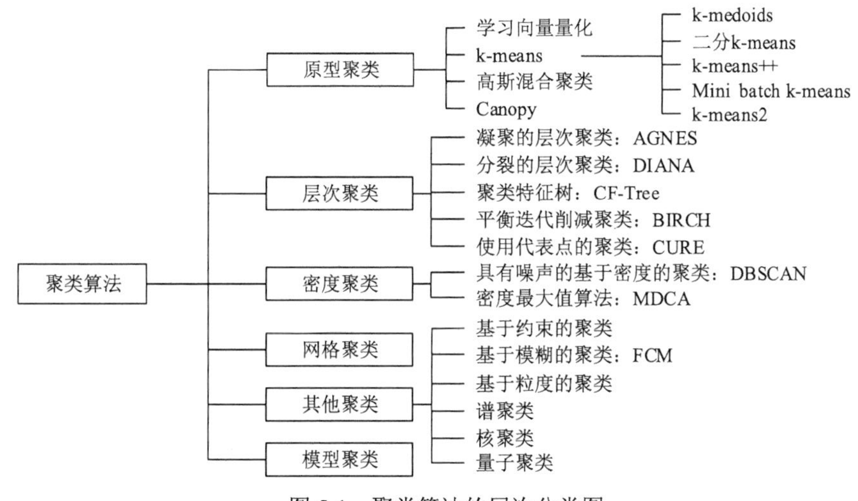

图 5-1 聚类算法的层次分类图

5.1.1 聚类问题描述

数据聚类是一项具有挑战性的任务，难点在于缺乏对聚类的唯一而精确的定义。一般认为，当有关底层数据分布的先验信息没有很好地定义时，聚类是一个不确定的问题。无法检测具有不同形状和大小的簇是每个聚类算法的一个基本限制，而不考虑所使用的聚类准则（目标函数）。探索性模式分析的一个长期目标是发现数据中存在的大多数或所有簇（任意形状）。传统的聚类算法主要分为原型聚类、层次聚类、密度聚类、网格聚类、模型聚类等。在这里，聚类问题可以被定义如下。

给定一数据集$Z=\{z_1,z_2,\cdots,z_p,\cdots,z_{N_p}\}$，其中$z_p$是第 p 维特征空间中的属性值，N_p是 Z 中数据属性的数量。然后，对 Z 进行划分，如将其划分至 K 个分区，则类簇$\{C_1,C_2,C_3,\cdots,C_K\}$会满足：①每个数据都应被划分至某个类簇且$\bigcup_{k=1}^{K}C_k=Z$；②每个类簇至少应被划分到一个数据集，即$C_k\neq\varnothing,k=1,2,\cdots,K$；③每个数据都被划分至一个且只有一个类簇，即$C_k\bigcap C_{kk}\neq\varnothing$，当$k\neq kk$时。

如前所述，聚类是基于某种相似性度量来识别多维数据内的自然分组或聚类的过程。因此，度量相似性是大多数聚类算法中的基本步骤。评估相似性度量的流行方法是使用距离度量。聚类方法种类繁多且样式多变，其中应用广泛的是迭代式 C-means 算法。在 C-means 算法中的聚类目标函数是

$$J_{\text{C-means}}=\sum_{k=1}^{K}\sum_{\forall Z_p\in C_k}d^2(z_p,m_k) \tag{5-1}$$

式中，z_p表示第 p 个聚类样本；m_k表示第 k 个类簇中心；$d^2(z_p,m_k)$表示第 k 个类簇中的样本z_p与其类簇中心距离的平方。C-means 算法将簇内距离最小化。C-means 算法以 K 个质心开头，质心的初始值是随机选择的，也可以是从先验推导得到的信息。然后，将数据集中的每个模式分配给最接近的簇。根据相关模式重新计算质心，然后重复该过程直到实现收敛。这样的划分类别方式即非黑即白。然而，现实世界中的事物划分可能存在模糊不清的情况，因此学者们提出了模糊聚类，FCM 就是其中著名的一种，FCM 优于 C-means 聚类的原因是 FCM 将每个数据分配给具有一定隶属度的每个聚类，可以理解为每个样本均属于所有类别，但属于的程度有高低之分，划分类别时以最高者计。这更适用于实际应用，在这些应用中数据集中的群集之间存在重叠。FCM 算法的聚类目标函数表示如下：

$$J_m=\sum_{i=1}^{c}\sum_{j=1}^{n}(u_{i,j})^m d^2(c_i-x_j) \tag{5-2}$$

式中，J_m表示聚类目标函数，是各个类分别的模糊方差之和；c_i表示第 i 个类簇中心；x_j表示第 j 个样本；$u_{i,j}$表示第 j 个样本属于第 i 类的程度。该目标函数的

作用是使簇内各数据点至簇中心距离之和最小，隶属度的概念引入表明某一个体在数学上被划分至多个簇中，至少每个簇所得大小不均，而隶属度值最大的选项即为该个体最类似的簇群。

上述两种聚类算法的优缺点简要说明如下。

C-means 的优势在于易于实现而且其时间复杂度不高，使得其善于处理规模较大数据的聚类，缺点是对数据依赖度高，对初始聚类中心的选取很敏感，在聚类时一般需要预知信息，如聚类数目。

FCM 的优势就是改善了 C-means 硬分类的缺陷，但其仍存在一些不足。它容易形成一致的类簇，因为簇内距离最小化是其追求的理想状态，而忽视了类间距离。同样地，它也需要事先知道人为因素的聚类数目，仍然对初始聚类中心的选取较为敏感。

为应对传统聚类算法相关缺陷，本章重点研究基于智能优化算法的聚类算法。

5.1.2　聚类算法的有效性指标

不同的聚类算法对同一数据处理的结果可能差异明显，而可视化的数据分布及聚类结果展示仅限于三维及以下数据，为了更方便地直观比较，需要采用聚类有效性指标（cluster validity indice，CVI）来评价各种算法的性能聚类效果，性能度量为其中一种主要评价方式，另一种评价方式为距离计算。

1. 性能度量

聚类性能度量也称有效性指标（validity index），分类如下。

外部指标：通过人工标签等外部数据进行推测值和真实值对比，一般有多个计算公式来判定该聚类模型的聚类中心参数的鲁棒性高低水平。

内部指标：通过数据的紧凑程度来判定类簇的优劣，无外部参考模型协助。参考模型一般指人工先验信息，即正确的类别标签。

为了更好地描述常用的有效性指标，这里用 X 表示数据集，K 表示类别数，n 表示数据集中数据点的总个数，n_i 表示类 i 中数据点的个数，n_j 表示类 j 中数据点的个数，n_{ij} 表示同时在类 i 和类 j 中的数据点的个数。

1）常用外部指标

常用外部指标主要有如下几种。

（1）综合评价指标 F-measure。在已知数据类别标签的条件下，综合评价指标 F-measure 是一种常用的聚类评价指标，表示如下：

$$\text{F-measure}=\frac{(a^2+1)P\times R}{a^2(P+R)} \tag{5-3}$$

式中，a 为调节参数；P 为精确率；R 为召回率。

（2）正确率 Acc。正确率主要基于每个聚类样本在聚类结果簇中所属的正确样本个数来计算，表示如下：

$$\mathrm{Acc}=\frac{\left(\sum_{i=1}^{K}a_i\right)}{n} \tag{5-4}$$

式中，a_i 为 i 类中正确聚类的样本个数。

（3）兰德指数（Rand index，RI）与调整兰德系数（adjusted Rand index，ARI）。兰德指数主要用于表示样本推测值与真实值的差异程度，其取值范围为[0,1]，值越趋近 1 表示其差异程度越小，表示如下：

$$\mathrm{RI}=\frac{\mathrm{TP}+\mathrm{TN}}{\mathrm{TP}+\mathrm{FP}+\mathrm{TN}+\mathrm{FN}}=\frac{a+b}{C_m^2} \tag{5-5}$$

式中，TP 为真阳性的数目（实际为阳性预测也为阳性的数目）；FP 为假阳性数目（实际为阴性预测为阳性的数目）；TN 为真阴性数目（实际为阴性预测也为阴性的数目）；FN 为假阴性数目（实际为阳性预测为阴性的数目）；C 为实际类别信息；m 为所有样本数量；a 为在真实标签中处于同一簇中的样本对数，在预测聚类中为处于同一簇中的样本对数；b 为真实聚类和预测聚类中处于不同聚类的样本对的数目。因此，$\mathrm{TP}+\mathrm{FP}+\mathrm{TN}+\mathrm{FN}=C_m^2=\frac{m(m-1)}{2}$ 为数据集可以组合的可能种类数。RI 在随机结果的条件下无法接近于 0，因此相应的调整兰德系数被提出，其取值范围为[−1,1]，区分度更加清晰，表示如下：

$$\mathrm{ARI}=\frac{\mathrm{RI}-E[\mathrm{RI}]}{\max(\mathrm{RI})-E[\mathrm{RI}]} \tag{5-6}$$

式中，max( )表示取最大值；E[ ]表示期望值。

（4）归一化互信息（normalized mutual information，NMI）。归一化互信息在经典信息论中，两个随机变量的互信息是度量两个变量相互依赖的量。直观上，互信息“$I(X:Y)$”度量了 Y 共享的关于 X 的信息，归一化互信息计算下：

$$\mathrm{NMI}=\frac{\sum_{ij}n_{ij}\log\left((n\cdot n_{ij})/(n_i\cdot n_j)\right)}{\sqrt{\left(\sum_{i}n_i\log(n_i/n)\right)\left(\sum_{j}n_j\log(n_j/n)\right)}} \tag{5-7}$$

2）内部指标

内部指标是无监督的，无须基准数据集，不需要借助外部参考模型，利用样本数据集中样本点与聚类中心之间的距离来衡量聚类结果的优劣。这里 v_i 表示 C_i 类的聚类中心，数据集的中心 $\bar{v}=\sum_{x_i\in X}x_i\Big/n$ 为整个数据集的均值向量，$d(x_i,x_j)$ 为两个样本 x_i 和 x_j 之间的欧氏距离，$\sum\min(n)$ 和 $\sum\max(n)$ 分别表示变量 n 个最小值和最大值的和，n_w 表示一个划分中同一类的样本数目。常用的几种内部指标表示如下。

（1）戴维森-堡丁指数（Davies-Boulding index，DBI），表示如下：

$$\text{DBI} = \frac{1}{K}\sum_{i=1}^{K} R_i \tag{5-8}$$

式中，$R_i = \max\limits_{j;j\neq i}\left(\dfrac{e_i + e_j}{D_{ij}}\right)$，$D_{ij}$=$d(v_i, v_j)$ 是第 i 类与第 j 类之间的距离，e_i 和 e_j 分别为 C_i 和 C_j 类的平均误差，$e_i = (1/n_i)\sum\limits_{x_j\in C_i} d(x_i, x_j)$。这个指标用来测量聚类中心之间的距离。DBI 越小，聚集效果越高。DBI 使用欧氏距离，所以对有循环分布的数据没有什么效果。

（2）邓恩指数（Dunn index，DI），表示如下：

$$\text{DI} = \min_{i=1,2,\cdots,K}\ \min_{j=1,2,\cdots,K;\,j\neq i} \frac{D(C_i, C_j)}{\max\limits_{l=1,2,\cdots,K} \delta(C_l)} \tag{5-9}$$

式中，$D(C_i,C_j)$=$\min\limits_{x\in C_i, y\in C_j} d(x,y)$；$\delta(C_l)$=$\max\limits_{x,y\in C_i} d(x,y)$ 计算两个集群之间的最短距离除以集群中的最大距离。DI 越大，团簇效应越高。同样对有循环分布的数据没有什么作用，但对离散点的数据聚类效果明显。

（3）谢-宾尼（Xie-Beni，XB）指数，表示如下：

$$\text{XB指数} = \frac{\sum\limits_{i=1}^{K}\sum\limits_{j=1}^{n} \mu_{ij}^m d(x_j, v_i)}{n \times \min\limits_{i\neq j} d(v_i, v_j)} \tag{5-10}$$

式中，μ_{ij}^m 表示模糊隶属系数，其中 m 是模糊系数，常取值为 2；min( )表示求最小值；$d(v_i,v_j)$表示两个数据集中心的距离。XB 指数找到类内紧致和类间分离之间的特定平衡点，并使用所有集群中心之间距离的最小值来测量类间分离。XB 指数计算结果越小，聚集效果越明显。

2. 距离计算

测量两个向量之间的相似性可以用向量之间的距离来表示。距离的远近与相似度高低成反比关系。使用距离测量数据，需要进行标准化处理。主要的距离测度如下。

（1）闵可夫斯基（Minkowski）距离，表示如下：

$$d^a(z_u, z_w) = \left(\sum_{j=1}^{N_d} (z_{u,j} - z_{w,j})^2\right)^{1/a} = \|z_u - z_w\|^a \tag{5-11}$$

式中，a 为变参数，当 a=1 时为曼哈顿（Manhattan）距离，表示如下：

$$d(z_u, z_w) = \sum_{j=1}^{N_d} (z_{u,j} - z_{w,j})^2 = \|z_u - z_w\| \tag{5-12}$$

当 a=2 时为欧氏距离，表示如下：

$$d(z_u, z_w) = \sqrt{\sum_{j=1}^{N_d} (z_{u,j} - z_{w,j})^2} = \sqrt{\|z_u - z_w\|^2} \tag{5-13}$$

（2）库尔贝克-莱布勒（Kullback-Leibler，KL）散度。

KL 散度也称为相对熵，用于测量同一事件空间中两种概率分布之间的差异。KL 散度不满足对称条件和三角不等式条件，在信息检索和统计自然语言中都有着重要的应用，其定义表示如下：

$$\mathrm{KL}(P \| Q) = \sum_{i=1}^{n} P_i \log \frac{P_i}{Q_i} \tag{5-14}$$

式中，$P = \{p_1, p_2, \cdots, p_n\}$；$Q = \{q_1, q_2, \cdots, q_n\}$。当 KL 距离越小时，$P$ 和 Q 就越接近，反之亦然。

5.2 基于改进杂交水稻优化算法的模糊 C-means 聚类方法

模糊 C-means 聚类（FCM）算法是聚类技术中应用较为广泛的一种方法，为了克服其易陷入局部最优的缺点，学者们结合实际提出了大量 FCM 算法的衍生版本。本节以改进杂交水稻优化算法进行进化聚类，利用其优良的寻优性能及不易陷入局部最优的特点克服 FCM 算法中的不足。

基于智能优化算法的聚类方法的关键步骤为目标函数的选择，一般从聚类有效性指标中选取。聚类算法的有效性划分主要依据是否借助先验知识作为评价标准，若选取需要参考人工标签的外部评价指标，则提出的进化算法聚类方法会高度依赖聚类样本，不具有移植性。本节以 FCM 算法中加权类内距离之和最小值式（5-2）为改进杂交水稻优化算法的目标函数进行进化算法聚类。简言之，基于智能优化算法的聚类方法将某一内部聚类有效性指标作为其目标函数，从而利用智能优化算法更新规则代替传统聚类方法中的数学迭代规则进行迭代寻优。本节介绍使用改进杂交水稻优化算法进行聚类的基本原理和流程。

聚类问题面临着各式各样不同维度的复杂数据，根据以加权类内距离之和最小化为目标函数的智能优化算法聚类方法的特点，若聚类过程中仅使用原始数据计算目标函数，某一维度数据与其他维度数据相差可能有多个数量级之远，则其他维度的属性特征可能会被忽略，因此该类方法应当进行数据预处理，一般采用归一化方式规划至同等区间。

利用改进杂交水稻优化算法相对不易陷入局部最优的优势，以及其较快的收敛速度，可以快捷地获得较好的聚类中心。为了实现该目标，需要将式（5-2）用作优化算法的适应度函数。改进杂交水稻优化算法中的每个水稻都可以被视为待寻优问题的可行解决方案，这里即为待搜索的聚类中心。基于改进 HRO 的模糊聚类方法实现细节介绍如下。

假设该算法被应用于某实际问题，其预处理后的数据为 d 维，并且被聚为 c 个类簇，那么智能优化算法的种群每个个体都可以表示为

$$X = x_{1,1}, x_{1,2}, \cdots, x_{1,d}, x_{2,1}, x_{2,2}, \cdots, x_{2,d}, \cdots, x_{c,1}, x_{c,2}, \cdots, x_{c,d} \tag{5-15}$$

式中，向量 $x_{c,d}$ 中的数字 c 是聚类数目，数字 d 是聚类中心的维数，依此类推。智能优化算法的更新迭代规则将会取代 FCM 算法中求极值法更新迭代的方式，而智能优化算法的寻优形式上一般以向量为单位，这里可以将聚类中心矩阵转化为一行向量形式。具体而言，将 c 行 d 列的聚类中心矩阵转换成一行 $c \times d$ 维向量。通过聚类中心可以计算各样本至各类中心的距离。以此为依据，生成隶属度矩阵，其计算公式如下：

$$u_{i,j} = \left(\sum_{k=1}^{c} \left(\frac{\|x_j - v_i\|}{\|x_j - v_k\|} \right)^{\frac{2}{m-1}} \right)^{-1}, \quad j = 1, 2, \cdots, n \tag{5-16}$$

式中，m 为模糊聚类因子，常见取值为 2；x_j 表示编号为 j 的样本；v_i 为第 i 个类中心；v_k 为第 k 个类中心；$u_{i,j}$ 为样本 j 属于第 i 类的程度，其取值范围为 0 至 1 的小数，且每个样本属于各类的程度之和为 1。目标函数 $f(x)$ 确定后，基于改进杂交水稻优化算法的聚类方法实施步骤如下。

步骤 1：输入经预处理后的数据、其聚类数目 c 及初始化算法相关参数。

步骤 2：初始化杂交水稻优化算法种群，种群个体数目即为生成的聚类中心方案个数。

步骤 3：根据目标函数计算每个个体的适应度值，依据改进杂交水稻优化算法的三系划分方式进行种群个体的三系划分。

步骤 4：执行某个保持系个体与不育系个体 X 的杂交操作，生成新个体 X_{new}，如果 $f(X_{\text{new}}) < f(X)$，则使用 X_{new} 替换 X。

步骤 5：执行恢复系个体 X_{res} 的自交操作，若产生的新个体 X'_{res} 满足 $f(X'_{\text{res}}) < f(X_{\text{best}})$，则替换当前全局最优个体 X_{best}，重置 X_{res} 个体的自交次数，若 X_{res} 自交次数已达上限，则执行重置操作并赋值给个体 X_{res}。

步骤 6：当算法迭代终止条件未达到时，重复步骤 3 至步骤 5。

步骤 7：循环结束，输出最优的一组聚类中心方案及其对应的适应度值。

当优化算法执行终止时，最优个体即搜索到的最优聚类中心，根据此聚类中心可计算整个数据集个体相应的隶属度，将其划分至隶属度值最大的类簇，即为基于改进杂交水稻优化算法的聚类方法的簇划分过程。

5.3 基于改进杂交水稻优化算法的聚类算法性能测试及分析

为了验证 IHRO 的性能，本节在部分 UCI 数据库上采用基于 IHRO 算的 FCM 算法（表中用 IHRO-FCM 表示，其他同）对其进行测试，并同经典的优化算法改进 FCM 算法进行对比。

5.3.1 实验说明

为了充分验证基于改进杂交水稻优化算法的聚类方法的优良寻优性能和聚类效果，本小节将其与基于基本杂交水稻优化（HRO）算法的聚类方法、基于粒子群优化（PSO）算法的聚类方法和基于灰狼优化（GWO）算法的聚类方法分别对五组来源于 UCI 数据库的公共数据集 Iris（鸢尾花）、Wine（葡萄酒）、Glass（玻璃）、WDBC（威斯康星乳腺癌）、Segment（图像分割）以及一组来源于 LIBSVM 的数据集 SVMguide3（由 CWHO3a 提供的数据集，原始数据描述的是在德国汽车工厂工作的一些个人）进行测试，这六组数据集均为常用的聚类测试数据，它们被广泛用于验证聚类性能。此外，还在著者课题组自制的遥感图像样本库上对算法进行测试，原始图像经预处理，提取了加布勒（Gabor）小波（24 个特征），小波分解（16 个特征），劳斯（Laws）模板（12 个特征），灰度共生矩阵[（gray-level co-occurrence matrix，GLCM），6 个特征]，灰度纹理统计（4 个特征），定向梯度直方图[（histogram of oriented gradient，HoG），4 个特征]和局部二值模式[（local binary pattern，LBP），2 个特征]组成遥感纹理图像数据样本集，包含 2 种类别（植被和居住）的 600 个实例。部分该数据的样本图像如图 5-2 和图 5-3 所示。

图 5-2 居民地遥感图像样本

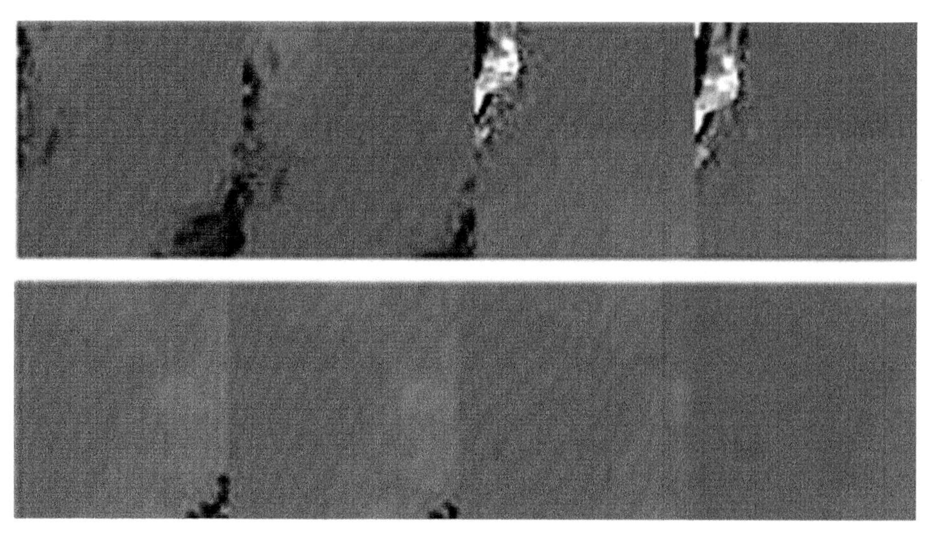

图 5-3　植被遥感图像样本

实验数据的基本信息如表 5-1 所示，显示顺序根据样本数目从小到大排列。实验中的数据集预处理阶段都进行了归一化处理，归一化操作采用的是最大-最小值法，使所有样本均在[0,1]范围取值。各算法相关参数同 4.4 节设置，最大迭代次数为 500，独立重复实验 20 次。为了检验改进杂交水稻优化算法优化 FCM 算法的性能，将其与基本杂交水稻优化（HRO）算法，粒子群优化（PSO）算法，灰狼优化（GWO）算法等进行对比，各算法参数设置同 3.2 节中的实验设置。

表 5-1　实验中的相关数据集信息

数据集	类数	属性数目	样本例数
Iris	3	4	150
Wine	3	13	178
Glass	6	9	214
WDBC	2	32	569
SVMguide3	2	21	1243
Segment	7	16	2310

本节中的目标函数迭代进化曲线为 20 次独立实验的值当前迭代次数下适应度值的均值曲线，即曲线中每一个点为当前迭代次数的均值情况，而非某一次实验的迭代曲线值。为了更加直观地对比各个智能优化算法之间的迭代结果的不同，本次绘制了 20 次独立实验的箱线图。此外，根据已知标签进行各算法的平均聚类正确率的比较，详细实验结果在 5.3.2 中展示。实验结果中，同一项比较中最优的算法获得的数据值用黑体表示。

5.3.2 公共数据集实验结果及其分析

为了验证所提出的算法的性能，进行多次聚类实验，在部分数据集上各算法的典型进化曲线如图 5-4～图 5-15 所示。

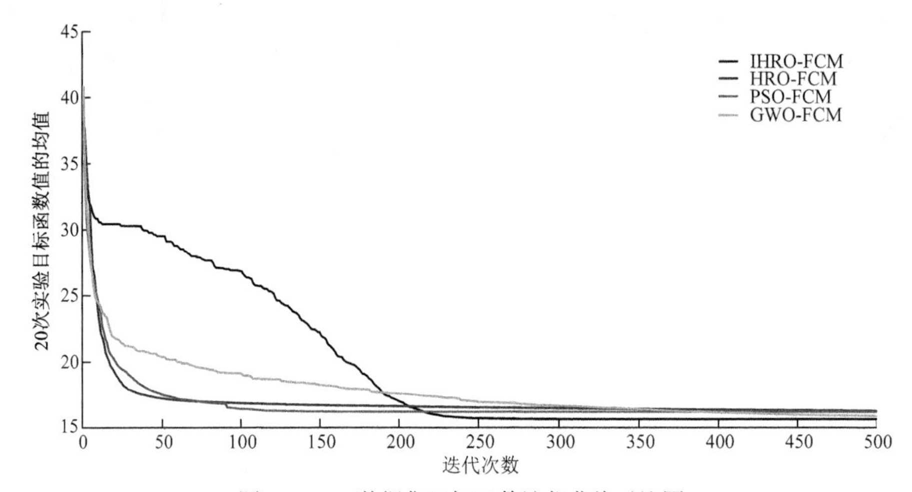

图 5-4 Iris 数据集目标函数迭代曲线对比图

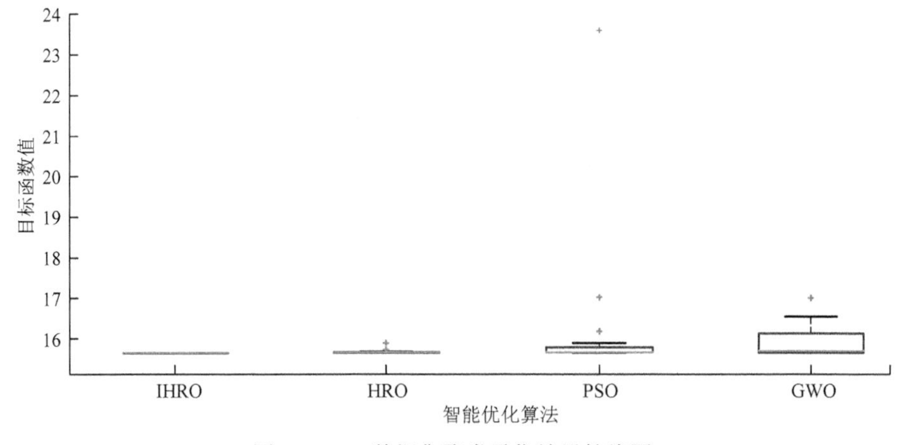

图 5-5 Iris 数据集聚类寻优结果箱线图

观察图 5-4 可知，在 Iris 数据集上各优化算法均能较快收敛，最早收敛的是 HRO 算法；观察图 5-5 可知，IHRO 算法寻优结果最优且最稳定，HRO 算法、PSO 算法和 GWO 算法均出现异常点。分析表 5-2 可知，虽然 HRO 算法在平均值上优于 PSO 算法和 GWO 算法，但是最好情况不如 GWO 算法和 PSO 算法，从平均正确率上看，IHRO 算法优于其他对比算法。

表 5-2　Iris 数据集的聚类结果

算法	平均值	最好情况	最差情况	方差	平均正确率
IHRO-FCM	**15.66143**	**15.66143**	**15.66143**	**0.00000**	**0.762**
HRO-FCM	15.68215	15.66233	15.89520	0.05223	0.637
PSO-FCM	16.19570	15.66165	23.60109	1.77382	0.705
GWO-FCM	15.91621	15.66186	17.00676	0.36830	0.669

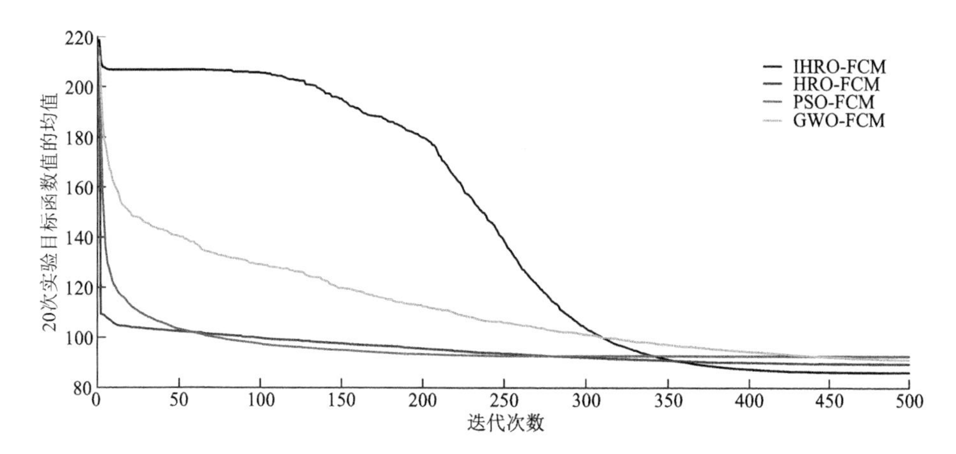

图 5-6　Wine 数据集目标函数迭代曲线对比图

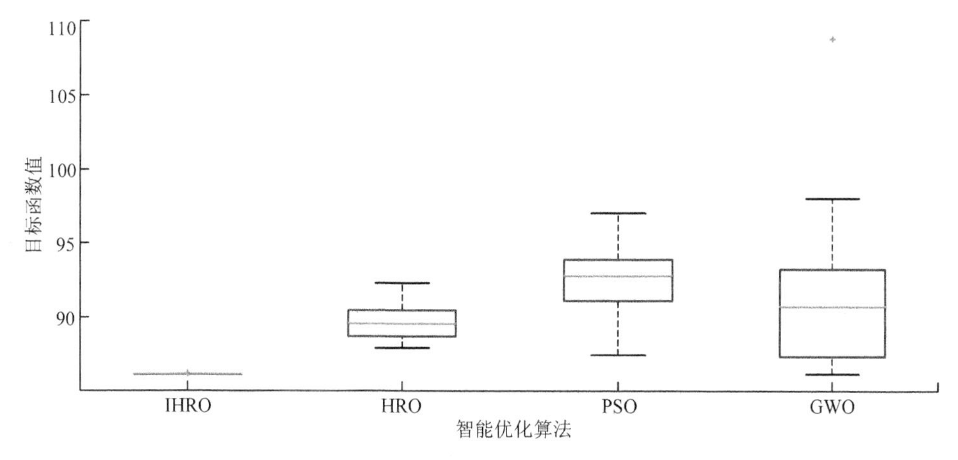

图 5-7　Wine 数据集聚类寻优结果箱线图

观察图 5-6 可知，在 Wine 数据集上各算法收敛速度较快，最早收敛的是 HRO 算法，但其有过早收敛迹象；观察图 5-7 可知，IHRO 算法寻优结果最优且最稳定，GWO 算法出现异常点。分析表 5-3 可知，IHRO 算法在平均值和平均正确率上均优于其他对比算法。

表 5-3 Wine 数据集的聚类结果

算法	平均值	最好情况	最差情况	方差	平均正确率
IHRO-FCM	**86.16156**	**86.14822**	**86.22001**	**0.02293**	**0.803**
HRO-FCM	89.64095	87.92093	92.31725	1.15667	0.701
PSO-FCM	92.63457	87.45737	97.07058	2.41156	0.765
GWO-FCM	91.33860	86.15335	108.8555	5.36006	0.747

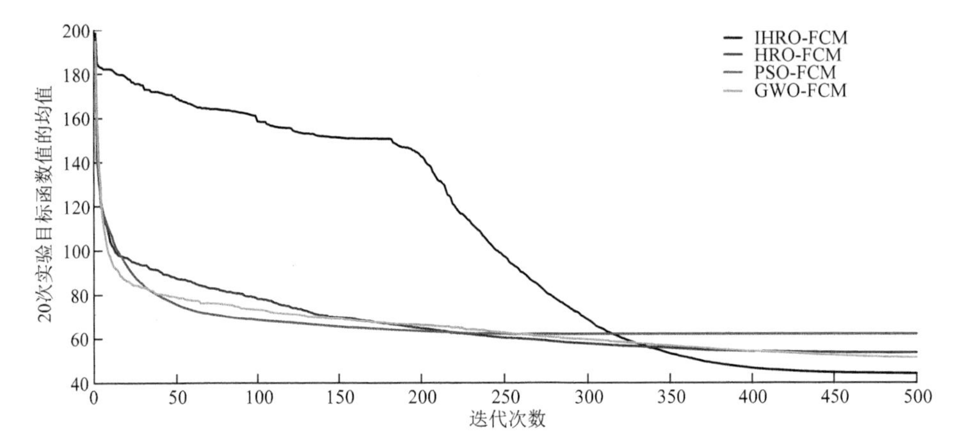

图 5-8 Glass 数据集目标函数迭代曲线对比图

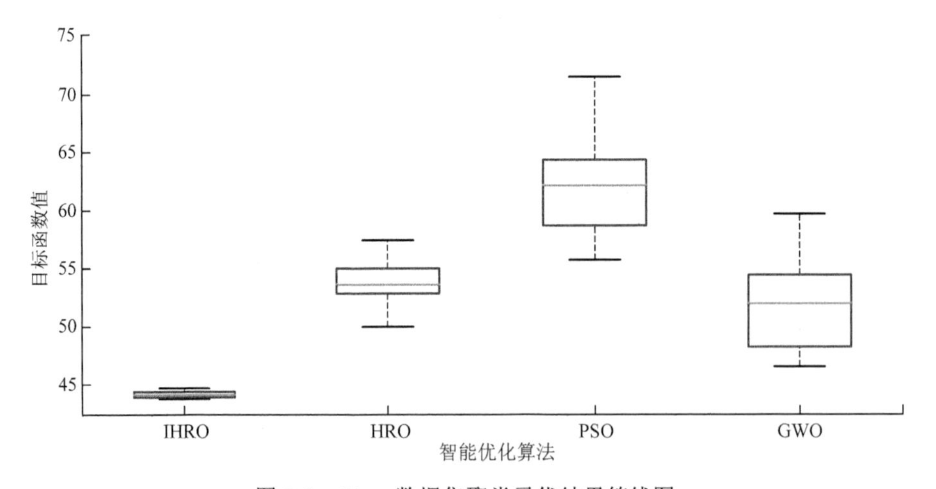

图 5-9 Glass 数据集聚类寻优结果箱线图

观察图 5-8 可知，在 Glass 数据集上各优化算法收敛速度仍较快，GWO 算法最早进入收敛，但 PSO 算法有过早收敛迹象；观察图 5-9 可知，IHRO 算法寻优结果最优且最稳定，各算法均未出现异常点。分析表 5-4 可知，IHRO 算法在平均值和平均正确率上均优于其他对比算法。

表 5-4 Glass 数据集的聚类结果

算法	平均值	最好情况	最差情况	方差	平均正确率
IHRO-FCM	**44.16130**	**43.77961**	**44.69821**	**0.27044**	**0.425**
HRO-FCM	53.68685	49.98185	57.46231	1.81391	0.334
PSO-FCM	62.16379	55.72345	71.53670	4.23944	0.365
GWO-FCM	51.63080	46.53999	59.70987	3.74862	0.398

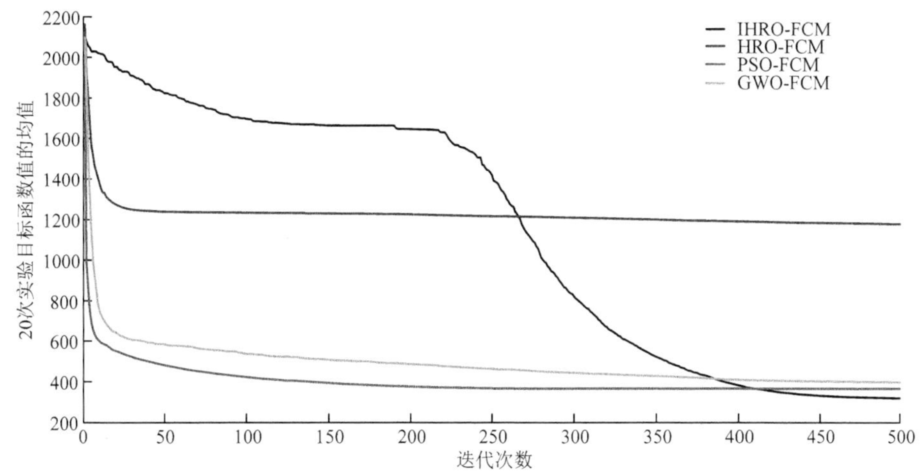

图 5-10 WDBC 数据集目标函数迭代曲线对比图

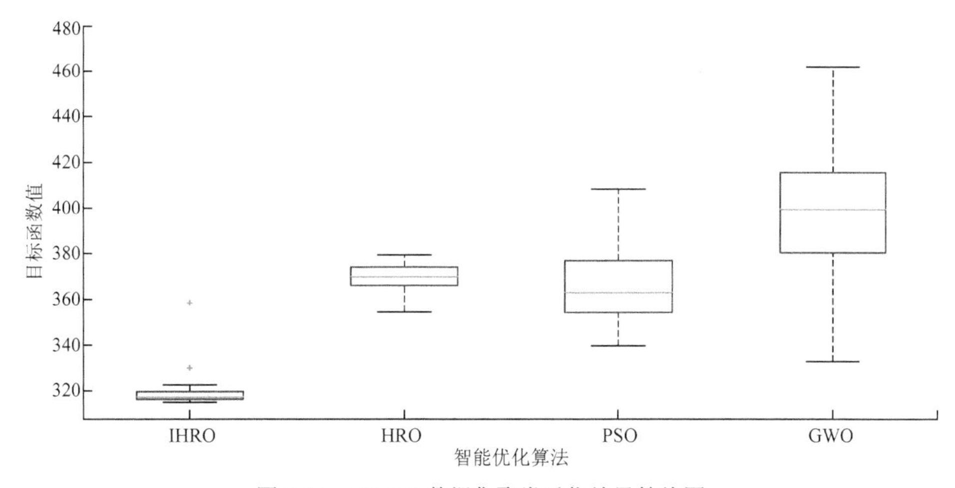

图 5-11 WDBC 数据集聚类寻优结果箱线图

观察图 5-10 可知，在 WDBC 数据集上各优化算法收敛速度减缓，PSO 算法最早进入收敛，GWO 算法有过早收敛迹象；观察图 5-11 可知，IHRO 算法寻优结果最优但不稳定，仅 IHRO 算法出现异常点。分析表 5-5 可知，IHRO 算法在平均值和平均正确率上均优于其他对比算法。

表 5-5　WDBC 数据集的聚类结果

算法	平均值	最好情况	最差情况	方差	平均正确率
IHRO-FCM	**320.1915**	**314.8665**	**358.5048**	**9.62822**	**0.786**
HRO-FCM	369.0587	354.6064	379.4247	6.84110	0.654
PSO-FCM	367.0637	339.5358	408.3165	18.1968	0.738
GWO-FCM	399.5968	332.7782	461.6870	32.4453	0.692

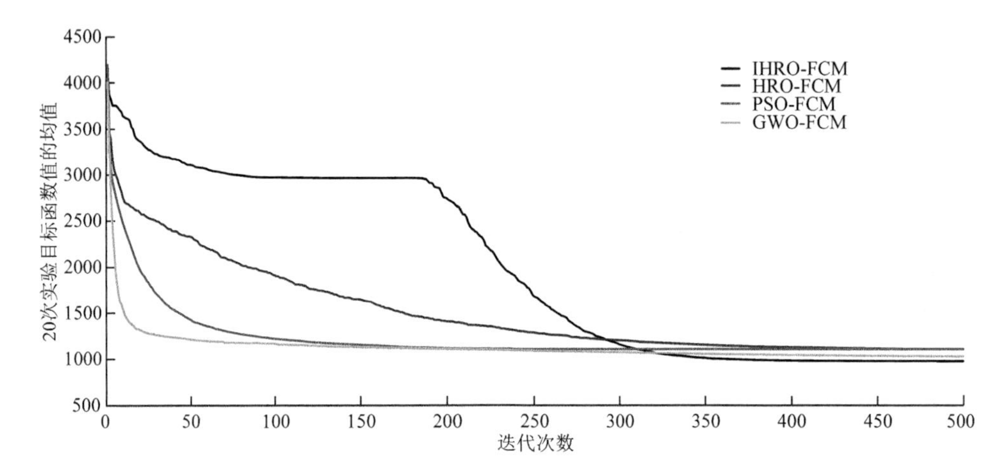

图 5-12　SVMguide3 数据集目标函数迭代曲线对比图

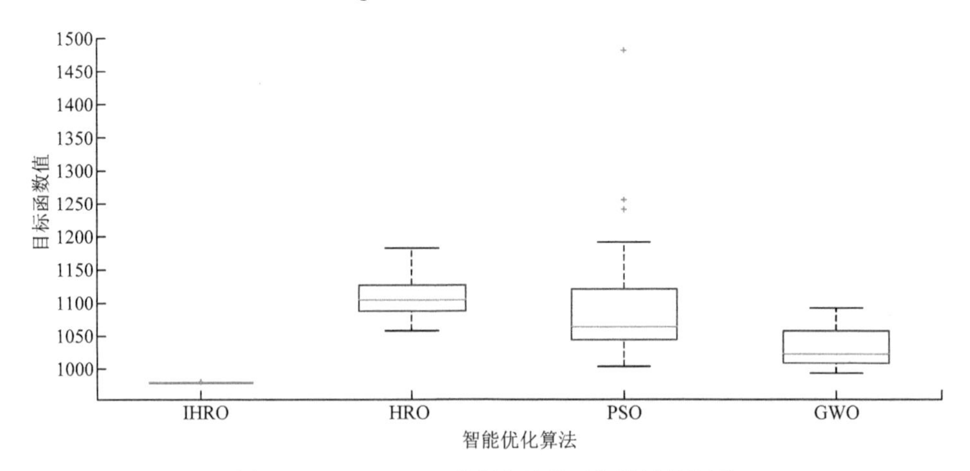

图 5-13　SVMguide3 数据集聚类寻优结果箱线图

观察图 5-12 可知，在 SVMguide3 数据集上各优化算法收敛速度较快，GWO 算法最早进入收敛，HRO 算法有过早收敛迹象；观察图 5-13 可知，IHRO 算法寻优结果最优且最稳定，PSO 算法出现异常点。分析表 5-6 可知，IHRO 算法在平均值和平均正确率上均优于其他对比算法。

表 5-6　SVMguide3 数据集的聚类结果

算法	平均值	最好情况	最差情况	方差	平均准确度
IHRO-FCM	**979.2942**	**978.9803**	**980.5985**	**0.40334**	**0.499**
HRO-FCM	1111.145	1057.873	1182.662	34.2785	0.359
PSO-FCM	1107.913	1003.420	1482.086	112.087	0.378
GWO-FCM	1031.129	993.4119	1092.148	29.1064	0.462

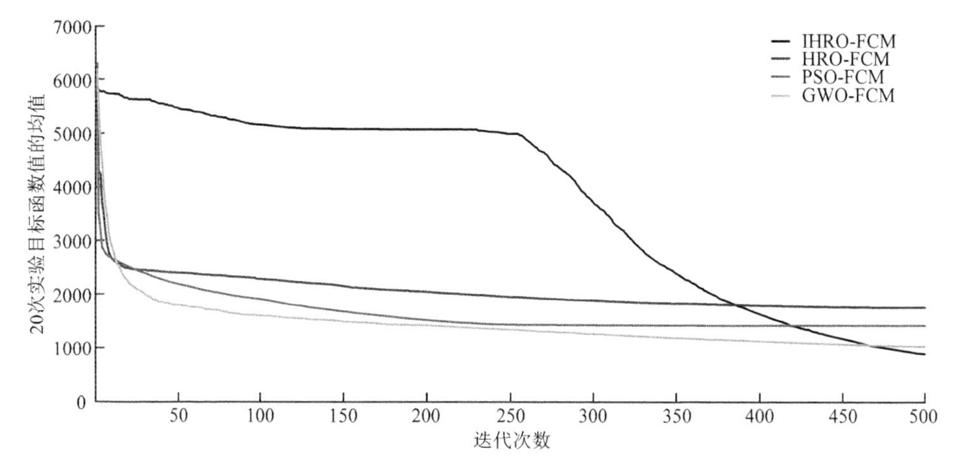

图 5-14　Segment 数据集目标函数迭代曲线对比图

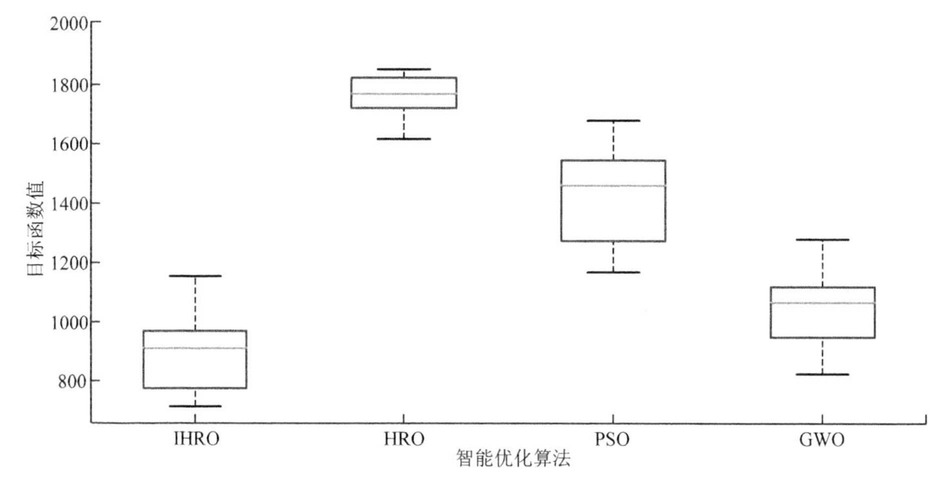

图 5-15　Segment 数据集聚类寻优结果箱线图

观察图 5-14 可知，在 Segment 数据集上各优化算法收敛速度较慢，PSO 算法最早进入收敛，HRO 算法有过早收敛迹象；观察图 5-15 可知，IHRO 算法寻优结果最优且最稳定，HRO 算法出现异常点。分析表 5-7 可知，IHRO 算法在平均值和平均正确率上均优于其他对比算法。

表 5-7　Segment 数据集的聚类结果

算法	平均值	最好情况	最差情况	方差	平均正确率
IHRO-FCM	**900.1810**	**715.4748**	**1155.224**	119.142	**0.385**
HRO-FCM	1762.561	1617.094	1851.707	**66.7383**	0.318
PSO-FCM	1424.420	1168.161	1680.357	163.422	0.349
GWO-FCM	1041.782	825.0516	1279.751	130.569	0.361

综上所述，HRO 算法在面对维度较低的优化问题时可以表现出不错的寻优性能，但应用问题规模增大时，其贪心法导致其易陷入局部最优和过早收敛，改进后的 IHRO 算法具有更佳的搜索性能，面对规模较大、维度较高的优化问题时，仍可以表现出较优的寻优性能。在上述六组 UCI 公共数据集的聚类测试中，其对加权类内距离之和最小值的搜索性能明显优于被对比的 HRO 算法、PSO 算法和 GWO 算法，表明 IHRO 算法在进化聚类方法上具有较强的适用性、较高的聚类正确率。

5.3.3　遥感图像数据集聚类实验及分析

本节将基于 IHRO 算法的进化聚类方法应用于真实的遥感图像数据的聚类问题中，该数据集为原始遥感图像经过一定特征提取后的预处理数据，数据维度较高，寻优难度增加。观察图 5-16 可知，各智能优化算法收敛速度较慢，IHRO 算法最早进入收敛阶段，HRO 算法仍然具有过早收敛迹象，GWO 算法在达到迭代终止条件时刚刚显现出收敛趋势；观察图 5-17 可知，IHRO 算法寻优结果最优且最稳定，PSO 算法次之。分析表 5-8 可知，IHRO 算法在多次重复实验目标函数值均值和平均正确率上均优于 HRO 算法、PSO 算法和 GWO 算法，证实了 IHRO 算法在遥感图像聚类应用中具有较为优良的聚类性能。

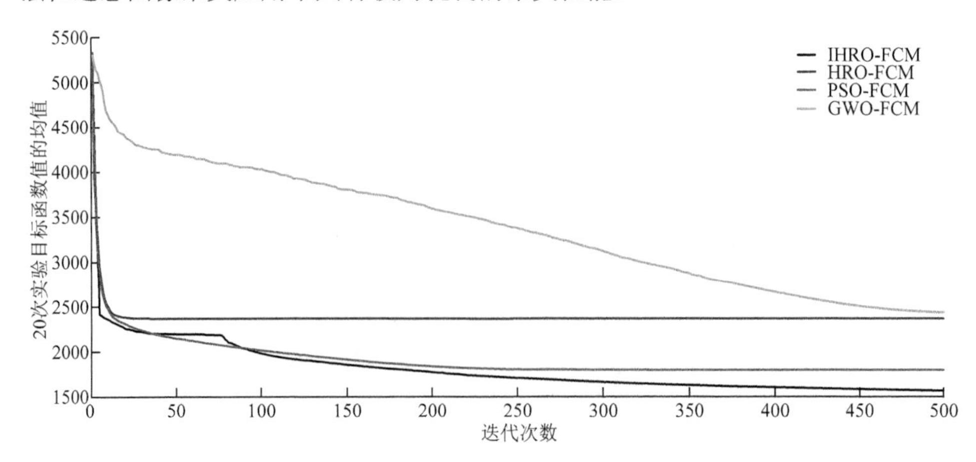

图 5-16　遥感图像数据集目标函数迭代曲线对比图

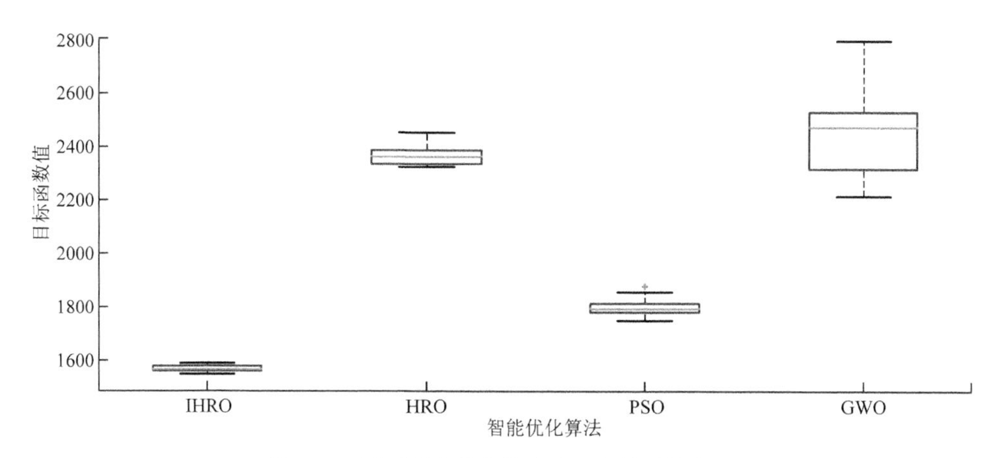

图 5-17　遥感图像数据集聚类寻优结果箱线图

表 5-8　遥感图像数据集的聚类结果

算法	平均值	最好情况	最差情况	方差	平均正确率
IHRO-FCM	**1569.401**	**1548.052**	**1588.819**	**11.93550**	**0.786**
HRO-FCM	2365.574	2322.581	2453.298	35.35014	0.713
PSO-FCM	1798.529	1749.109	1879.250	32.02086	0.725
GWO-FCM	2441.854	2214.731	2797.174	156.7831	0.629

5.4　本章小结

本章首先通过简述智能优化算法进行聚类的基本原理，结合实例介绍了基于 IHRO 算法的聚类方法的详细流程，在对 UCI 公共数据集的聚类实验中，相较于 HRO 算法、PSO 算法和 GWO 算法，IHRO 算法表现出了优异的聚类性能，但面对较为复杂的数据时，各算法的聚类正确率仍然不高，再一次验证了“天下没有免费的午餐”的理论，体现了利用智能优化算法进行聚类的重要性，错综复杂的实际问题需要复杂多变的算法来应对。在遥感图像数据集上，各进化算法聚类方法表现出了不错的性能，其中最优的为 IHRO 算法，证明了本章提出的进化聚类方法适用于遥感图像领域中的问题。

参考文献

[1]　杨俊闯，赵超. K-means 聚类算法研究综述[J]. 计算机工程与应用，2019，55(23)：7-15.

[2]　Sardar T H, Anrisa Z. An analysis of MapReduce efficiency in document clustering using parallel k-means algorithm[J]. Future Computing and Informatics Journal, 2018, 3(2): 200-209.

[3]　WANG Y, Chen Q X, Kang C Q, et al. Clustering of electricity consumption behavior dynamics toward big data applications[J]. IEEE Transactions on Smart Grid，2016, 7(5): 2437-2447.

[4] Tang J L, Zhang Z G, Wang D, et al. Research on weeds identification based on K-means feature learning[J]. Soft Computing, 2018, 22(22): 7649-7658.

[5] Yu S Q, Shen G P, Wang P Y, et al. Image clustering based on multi-scale deep maximize mutual information and self-training algorithm[J]. IEEE Access, 2020, 8: 1-12.

[6] Nasir A S A, Mashor M Y, Mohamed Z. Enhanced k-means clustering algorithm for malaria slide image segmentation[J]. Journal of Advanced Research in Fluid Mechanics and Thermal Sciences, 2018, 42: 1-15.

[7] 刘华军，任明武，杨静宇. 一种改进的基于模糊聚类的图像分割方法[J]. 中国图象图形学报，2006，11(9)：1312-1316.

[8] 石雪松，李宪华，孙青，等. 基于人工蜂群与模糊 C 均值的自适应小波变换的噪声图像分割[J]. 计算机应用，2021，41(8)：2312-2317.

[9] Sun H J, Wang S R, Jiang Q S. FCM-based model selection algorithms for determining the number of clusters[J]. Pattern Recognition, 2004, 37(10): 2027-2037.

[10] 张新明，王霞，康强. 改进的灰狼优化算法及其高维函数和 FCM 优化[J]. 控制与决策，2019，34(10)：2073-2084.

[11] 廖律超，蒋新华，邹复民，等. 一种支持轨迹大数据潜在语义相关性挖掘的谱聚类方法[J]. 电子学报，2015(5)：956-964.

[12] 陶新民，王若彤，常瑞，等. 基于低密度分割密度敏感距离的谱聚类算法[J]. 自动化学报，2020，46(7)：1479-1495.

第6章　基于多目标杂交水稻优化算法的聚类方法

聚类作为一种无监督的分类技术，是数据挖掘领域的一个重要分支，被广泛应用于图像分割、模式识别等实际场景中[1-3]。传统的聚类算法大多仅考虑单一的目标，导致对某些类型的数据性能较弱。近年来，多目标优化算法和集成学习的思想被融入聚类算法中，产生了多目标聚类算法[4-7]。与传统的聚类算法相比，这些方法具有一定的性能优势[8-10]。本章主要探讨基于多目标杂交水稻优化（MOHRO）算法和改进的多目标杂交水稻优化（MOIHRO）算法的聚类方法。

6.1　基于多目标杂交水稻优化的聚类方法

首先需要考虑的是目标函数的数目，本章仍以两个目标为研究对象，选取不需要参考外部模型的评价指标 XB 指数式（5-10）和各个类分别的模糊方差之和 J_m 式（5-2），作为提出的多目标优化算法中的目标函数，描述基于基本杂交水稻优化算法和改进杂交水稻优化算法的多目标聚类方法。

6.1.1　多目标杂交水稻优化算法聚类的基本思想

首先解释目标函数的选取，J_m 和 XB 指数在数学定义上也是相关联的，前者描述的是类内紧致度、类内聚集性的评价，类内距离之和越小越优；后者考虑的是分离度，即不同类中心之间的距离，理论上各个类之间应当距离越大越好。为了更加形象化地描述该情况，绘制图 6-1 和图 6-2，假定该聚类样本有三个类别，分别用菱形、三角形和五角形表示样本的真实标签类型，区块是这三类样本不同的聚类结果，每个样本具有两个属性（X_1,X_2），图中标识的类间距离为当前聚类结果的两两聚类中心的最小间距值。从图 6-1 中的聚类情况分析，假定其为仅考虑类内样本距类中心距离之和最小化的聚类情况，因为极致追求类内距离之和，将两个三角形形状样本聚类划分至菱形形状一类；从图 6-2 中的聚类情况分析，假定其为考虑类间距离最大化的聚类情况，类间距离 d 从图 6-1 到图 6-2 的过程中变大了，但其仍为两两聚类中心的最小间距值。观察两图的变化，可以更加清晰地理解考虑类间距离（这里指多个聚类中心两两之间距离最小的那一组）最大化将有利于聚类划分的判定。本章介绍的两个目标优化方法即为兼顾类间距离和类内距离的多目标聚类方法。

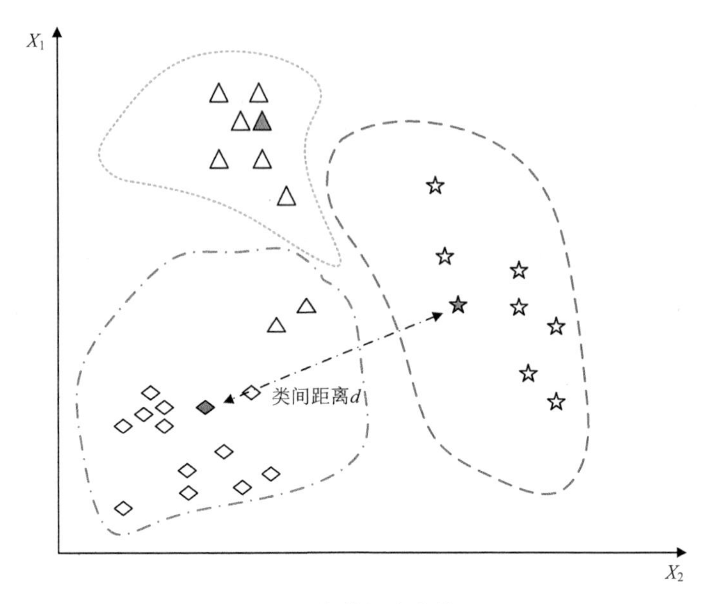

图 6-1　二维数据聚类情况 A

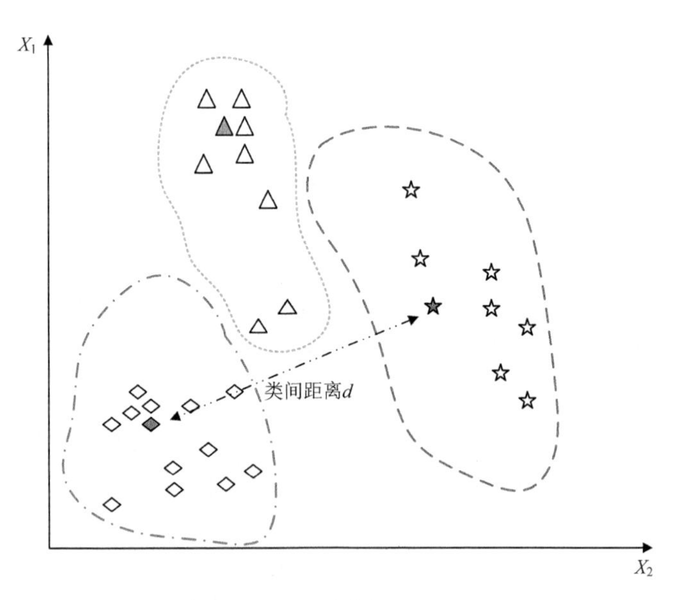

图 6-2　二维数据聚类情况 B

两个目标函数选取方案确定后，通过 MOHRO 算法进行多目标聚类的伪代码如下所示。

算法：基于多目标杂交水稻优化算法的聚类方法
输入：目标函数分别为式（5-2）和式（5-10），种群数目为N，聚类样本的维度为dim 输出：一组较优的聚类中心及相关函数值
1：随机初始化种群，记作 pop 2：对每个水稻个体计算其目标函数 1 及目标函数 2 的值，并记录在每个个体中 3：根据目标函数值，使用 non_domination_sort 函数计算出每个个体的 Pareto 等级并对种群进行排序 4：根据目标函数值和 Pareto 等级，使用 crowding_distance_sort 函数计算出同等级的每个个体的拥挤度并对种群进行排序 5：将已排序的种群 pop 赋值给临时种群 temporary_pop 6：根据式（3-1）将 temporary_pop 划分为保持系、恢复系和不育系 7：保持系与不育系进行杂交从而更新不育系 8：恢复系自交操作从而更新恢复系自身 9：将更新后的种群 temporary_pop 中的恢复系和不育系作为子种群并与原种群 pop 合并成大种群 pop_new 10：对合并后的大种群 pop_new 进行 Pareto 等级排序和拥挤度排序 11：对排序后的大种群 pop_new 进行精英策略选取个体，即先逐层选取，如当前层的个体数加上已选取的个体数小于初始规定的种群大小，则将整层选取；否则，对该层按拥挤度从大到小顺序依次选取直至已选个体数达到初始规定的种群大小 12：将上一步的选取个体结果集赋给临时种群 temporary_pop 13：重复步骤 6 至步骤 12 直至算法循环达到终止条件 14：输出一组较优的聚类中心及相关函数值

6.1.2　寻优结果的最终解选取策略

非劣解集搜索过程完成时，应当对当前最优解集 P_s 进行一定的处理，从而得到最后的聚类结果。鉴于聚类的内部评价指标之间一般存在特定的关联而导致多目标优化算法中多个目标函数存在相似性，不宜随意选取指标。文献[7]中介绍了一种投影相似性有效性指标（projection similarity validity index，PSV Index）计算方法，用以选取最终解，其表达式如下所示：

$$\text{PSV Index}=\sum_{l=1}^{K}\left(\sum_{i=1}^{N}\sum_{j=1,j\neq i}^{N}\text{SPD}is(i,j)\right) \tag{6-1}$$

式中，N 表示样本数目；$\text{SPD}is(i,j)$ 为第 i 个样本与第 j 个样本之间投影坐标距离，公式如下：

$$\text{SPD}is(i,j)=\sum_{s=1}^{d}\log\left(\left|\text{Project}_{is}-\text{Project}_{js}\right|+1.0\right) \tag{6-2}$$

式中，Project_{is} 表示数据 i 第 s 维的投影坐标值，所有的分段和记为 totalseg，如把区间[0,1]切分成 10 等份，则 totalseg = 10，[0, 0.1)之间的投影坐标值为 1，[0.9, 1]之间的投影坐标值为 10。

投影坐标值越接近，则代表这类数据的相似度越高，因此可以根据 PSV Index 值的大小确定 Pareto 最优解集中最有可能的最优解。然而，面对海量规模数据时，此种方法受制于效率而不被优先考虑。本章采用随机抽样法从规模较大的数据集中获取结果，从候选解集中随机抽取 *ns*%的样本进行 PSV Index 取值计算，如果一组聚类方法恰好比较贴合数据集的类簇划分，那么这些聚类方法通过上述采样一般能寻求到一些共性的特征。因此，可以通过求解小规模的 PSV Index 值得出整体数据集的聚类解。

6.2 多目标杂交水稻优化聚类方法的实验及性能分析

为了验证 MOHRO 算法和 MOIHRO 算法的性能，在一些 UCI 数据集上将其与经典 NSGA2 和 IHRO 算法改进 FCM 算法（后用 IHRO-FCM 表示）进行对比。

6.2.1 实验说明

本章实验平台硬件配置与软件环境同第 3 章，实验中使用到的数据集和第 5 章中的相同，其预处理方式也同上。多目标优化算法最大循环迭代次数为 500，种群数目为 90。为了证实提出的多目标聚类方法的两个目标函数的关联性，本次实验随机抽取 1 次实验结果的原始 Pareto 最优解集进行展示。此外，本次实验的算法运行时间为重要考量因素，实验结果以秒（s）为单位，保留 4 位有效数字。

6.2.2 公共数据集实验结果及其分析

观察图 6-3～图 6-8 中的 Pareto 最优曲线（在高维中称作面）可知，本节选取的两项聚类指标之间关联和冲突，一个指标的提升很可能引起另外一个指标的下降，这也是多目标优化问题难求解的主要原因。此外，观察这六张图可知，对应同一有效性指标值的聚类中心可以是极其多样的；其次，MOIHRO 算法搜索结果的 Pareto 最优曲线从整体上看较为平滑且连续，这表明 MOIHRO 在多目标聚类问题中具有良好的搜索性能。分析表 6-1～表 6-6 中的实验结果数据可知，从整体上看，MOHRO 算法具备基本杂交水稻优化算法运行效率高的特性，运行时间仍为最短，尤其与 NSGA2 相比，运行效率平均提升了 98.5%，但从聚类正确率上看，整体上 MOHRO 算法不敌经典的 NSGA2，通过改进杂交水稻优化算法，MOIHRO 算法的多目标寻优性能得以提升。从聚类正确率的角度看，基于 MOIHRO 算法的多目标聚类的效果明显优于 NSGA2 的聚类效果，在 Iris、Wine、WDBC、Glass、Segment 和 SVMguide3 数据集的聚类实验中，MOIHRO 算法的聚类正确率均高于 NSGA2 的聚类正确率。但是，其运行效率相比 MOHRO 算法有所降低，但仍明显优于 NSGA2。观察图 6-9 可知，MOIHRO 算法相较于 IHRO-FCM 算法，在六组数据集中均表现出更高的聚类正确率。

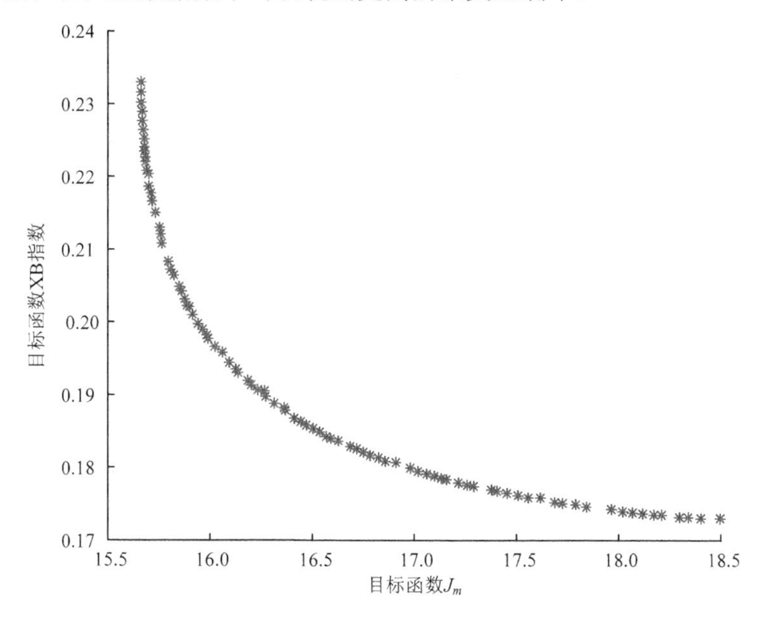

图 6-3　MOIHRO 算法在 Iris 数据集上的 Pareto 最优曲线

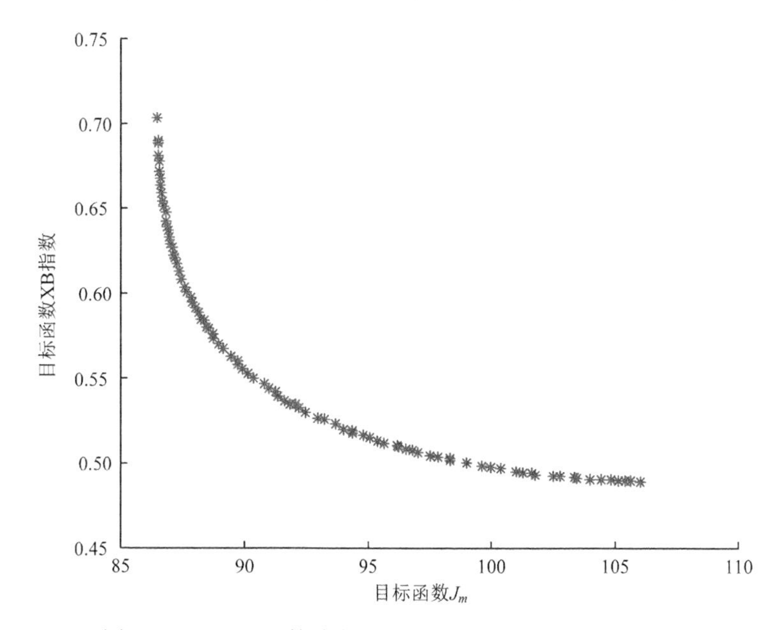

图 6-4　MOIHRO 算法在 Wine 数据集上的 Pareto 最优曲线

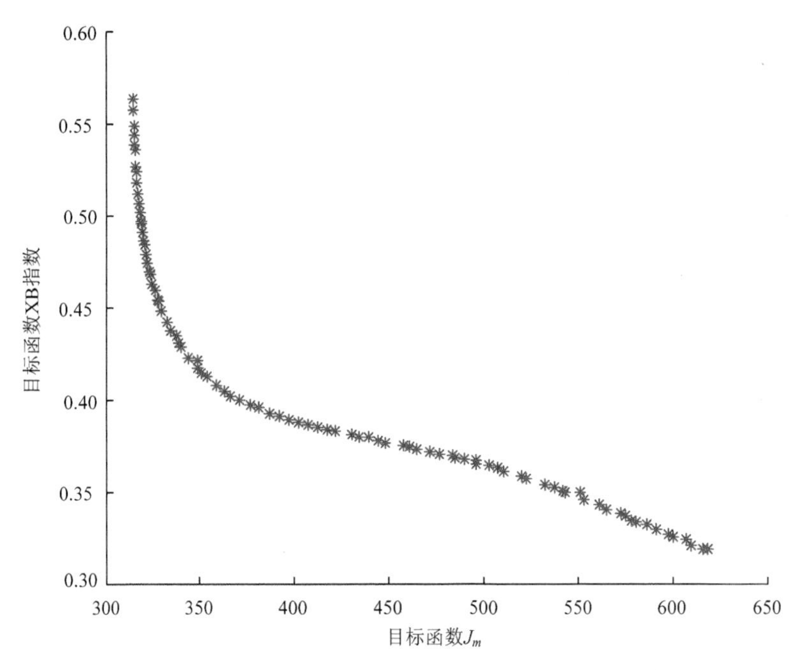

图 6-5 MOIHRO 算法在 WDBC 数据集上的 Pareto 最优曲线

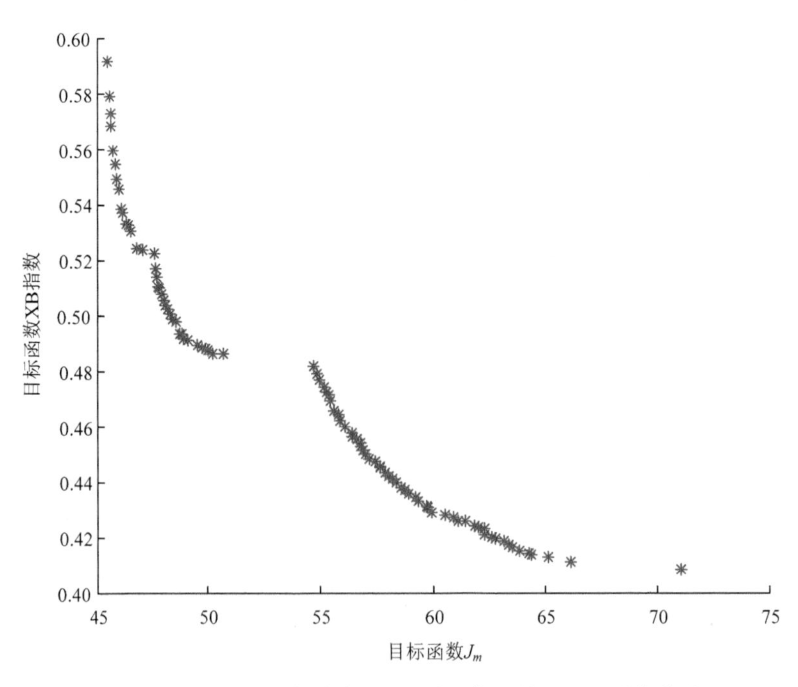

图 6-6 MOIHRO 算法在 Glass 数据集上的 Pareto 最优曲线

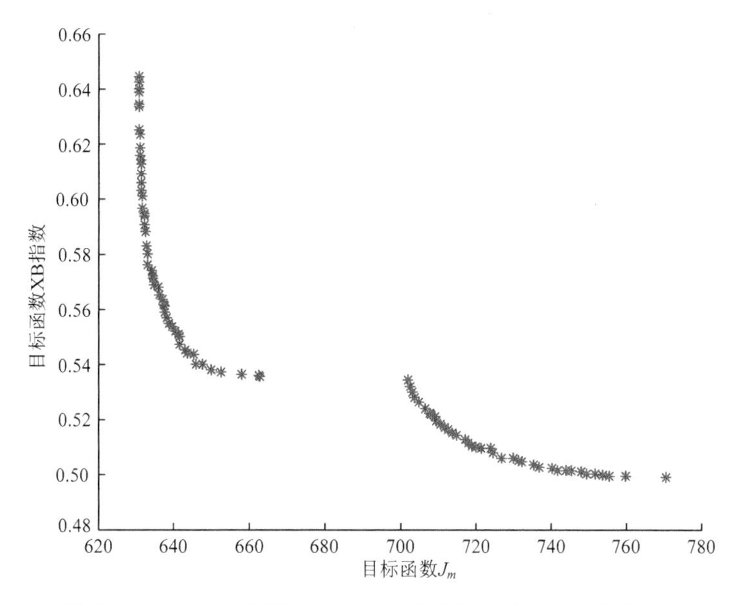

图 6-7　MOIHRO 算法在 Segment 数据集上的 Pareto 最优曲线

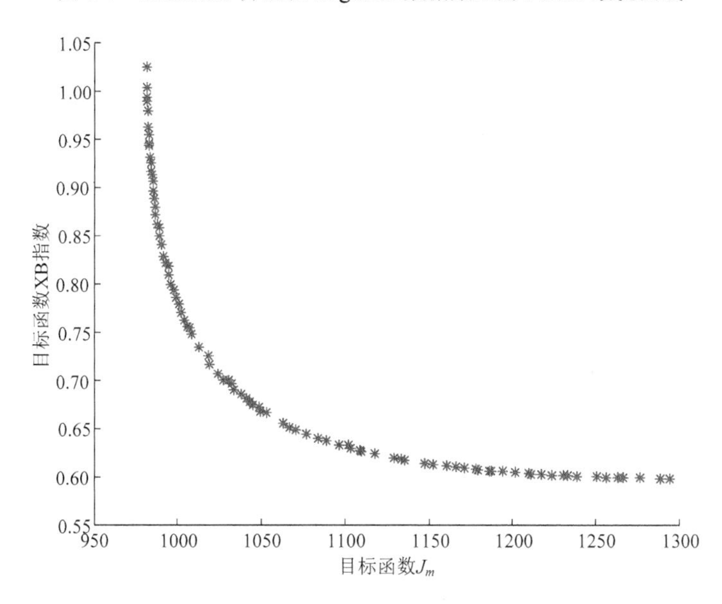

图 6-8　MOIHRO 算法在 SVMguide3 数据集上的 Pareto 最优曲线

表 6-1　Iris 数据集上的多目标聚类实验结果

参数	MOIHRO	MOHRO	NSGA2
平均正确率	**0.943**	0.893	0.886
平均运行时间/s	32.34	**19.86**	67.51

表 6-2 Wine 数据集上的多目标聚类实验结果

参数	MOIHRO	MOHRO	NSGA2
平均正确率	**0.949**	0.902	0.927
平均运行时间/s	49.71	**35.28**	93.64

表 6-3 WDBC 数据集上的多目标聚类实验结果

参数	MOIHRO	MOHRO	NSGA2
平均正确率	**0.467**	0.453	0.458
平均运行时间/s	62.37	**49.58**	117.9

表 6-4 Glass 数据集上的多目标聚类实验结果

参数	MOIHRO	MOHRO	NSGA2
平均正确率	**0.928**	0.894	0.875
平均运行时间/s	247.6	**208.1**	539.3

表 6-5 Segment 数据集上的多目标聚类实验结果

参数	MOIHRO	MOHRO	NSGA2
平均正确率	**0.625**	0.546	0.575
平均运行时间/s	344.1	**256.8**	757.2

表 6-6 SVMguide3 数据集上的多目标聚类实验结果

参数	MOIHRO	MOHRO	NSGA2
平均正确率	**0.506**	0.420	0.475
平均运行时间/s	426.1	**397.7**	853.4

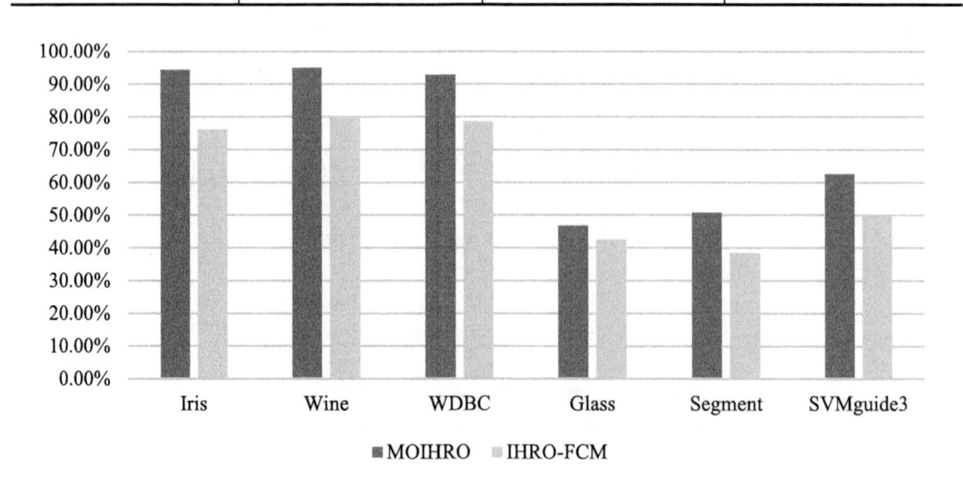

图 6-9 MOIHRO 算法和 IHRO-FCM 算法的聚类正确率对比图

综上所述，MOIHRO 算法适用于多目标聚类，具有较优良的寻优性能，且通过该算法进行的多目标聚类较与其单目标聚类方法有更高的聚类正确率。因此，MOIHRO 算法在一定条件下适合用于解决聚类问题。

6.2.3　遥感图像数据集聚类实验及分析

本节将基于 MOIHRO 算法的多目标聚类方法应用于实际的遥感图像数据的聚类问题中，该数据集为原始遥感图像经过数据提供者的相应特征提取后的预处理数据。观察图 6-10 可知，MOIHRO 算法的多目标聚类结果的 Pareto 最优曲线整体上较为平滑且连续，这表明将 MOIHRO 算法应用于遥感图像聚类问题寻找更多可行的优良聚类中心是可行的。分析表 6-7 可知，相比于 MOHRO 算法和 NSGA2，MOIHRO 算法在遥感图像聚类应用中具有更优的聚类正确率和不错的运行效率、较为优良的聚类性能。

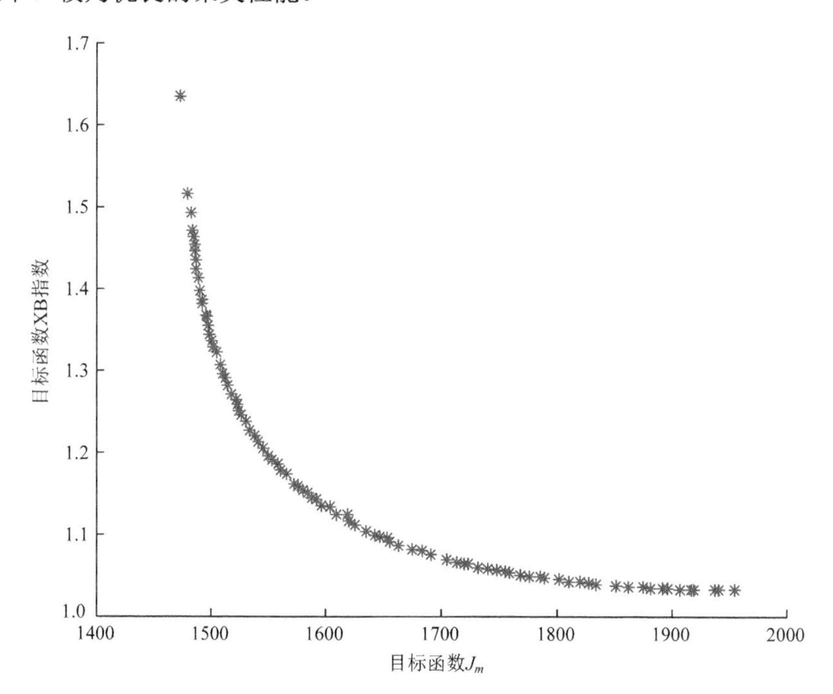

图 6-10　MOIHRO 算法在真实遥感图像数据集上的 Pareto 最优曲线图

表 6-7　真实遥感图像数据集上的多目标聚类实验结果

参数	MOIHRO	MOHRO	NSGA2
平均正确率	**0.968**	0.871	0.885
平均运行时间/s	406.2	**379.4**	821.5

观察图 6-11 可知，在本次遥感图像聚类应用中，MOIHRO 算法具有最高的聚

类正确率，并且 MOIHRO 算法、MOHRO 算法和 NSGA2 三组实验结果显示多目标聚类平均正确率为 89.9%，而四组单目标聚类实验数据的平均聚类正确率为 70.7%，从整体上看，在遥感图像聚类问题上多目标聚类方法较单目标聚类方法具有更高的聚类正确率。

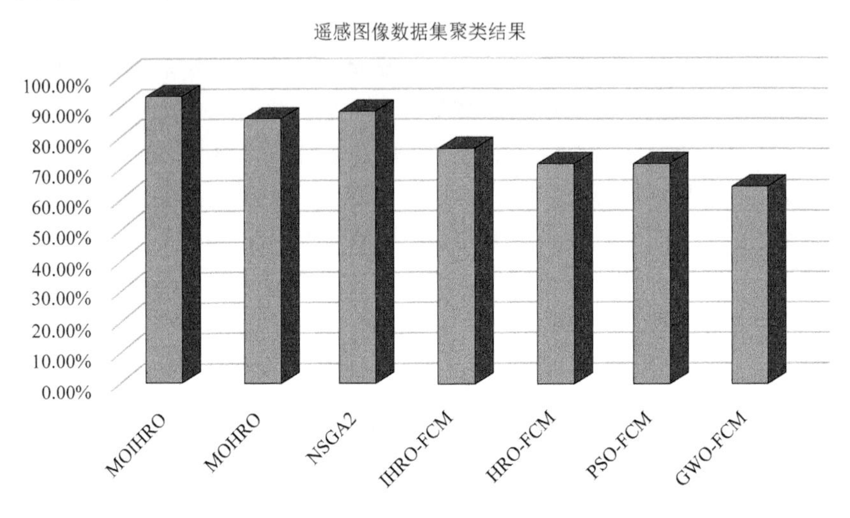

图 6-11 多个聚类方法在遥感图像数据上的聚类正确率对比图

6.3 本章小结

本章首先详细描述了基于多目标杂交水稻优化算法的聚类方法的工作流程，通过对 UCI 公开数据集和一组真实遥感纹理图像数据进行聚类，证实了本章提出的多目标聚类方法不但具有较高的聚类正确率，并且在实际的遥感图像聚类的处理中展示了良好的应用性能。针对遥感图像的多特征特点，相关研究人员使用更优的特征提取技术，可能会进一步提升遥感图像聚类的效率和正确率。

参考文献

[1] Palvinder Singh Manna, Satvir Singh. Energy efficient clustering protocol based on improved metaheuristic in wireless sensor network[J]. Journal of Network and Computer Applications, 2017, 8: 40-52.

[2] Mustaf D, Sahoo G. A hybrid approach using genetic algorithm and the differential evolution heuristic for enhanced initialization of the k-means algorithm with applications in text clustering [J]. Soft Computing, 2019, 23(15): 6361-6378 .

[3] Ammar Kamal Abasi, Ahamad Tajudin Khader, Mohammed Azmi Al-Betar, et al. A novel hybrid multi-verse optimizer with k-means for text documents clustering [J]. Neural Computing and Applications, 2020, 32(23): 17703-17729.

[4] 陈美杉，夏丹丹，赵克全. 基于多目标优化方法的一类 k-means 自适应算法[J]. 重庆师范大学学报（自然科学版），2022，39(1)：27-34.

[5] 刘超，李元睿，谢菁. 基于多目标进化聚类的信用风险特征识别[J]. 运筹与管理，2022，31(6)：147-153.

[6] 牛新征，司伟钰，佘堃. 基于进化聚类的动态网络社团发现[J]. 软件学报，2017，28(7)：1773-1789.

[7] Xia H, Zhuang J, Yu D H. Novel soft subspace clustering with multi-objective evolutionary approach for highdimensional data[J]. Pattern Recognition, 2013, 46(9): 2562-2575.

[8] 菊花. 基于改进磷虾群算法的多目标文本聚类方法[J]. 计算机工程与设计，2022，43(6): 1694-1703.

[9] Mukhopadhyay A, Maulik U, Bandyopadhyay S. A survey of multiobjective evolutionary clustering[J]. Acm Computing Surveys, 2015, 47(4): 1-46.

[10] Figueiredo E, Macedo M, Siqueira H V, et al. Swarm intelligence for clustering a systematic review with new perspectives on data mining[J]. Engineering Applications of Artificial Intelligence, 2019, 82: 313-329.

第 7 章　基于杂交水稻优化算法的特征权重优化

分类是机器学习和数据挖掘基本研究内容之一，它通过找出描述和区分数据类的模型，以使用该模型来预测类标号未知的样本，在欺诈检测[1-3]、人脸表情识别[4]、道路识别[5]、裂纹检测[6-7]、移动目标检测[8]等方面都有大量的应用。在很多分类算法中，默认每个属性值对分类的影响是一致的。事实上，多数情况下不同的属性值对分类的作用并不一致，每个属性应该设定不同的权值[9-10]，这种权值的确定可以理解为一种最优化问题，即找到一组最优的权值，使最后的分类正确率达到最大值。本章主要探讨基于智能优化算法的分类特征权重学习方法，将 HRO 算法用于优化分类器的特征权重，并将基于杂交水稻优化算法加权的 KNN 分类器和基于杂交水稻优化算法加权的朴素贝叶斯分类器应用于遥感图像分类问题。

7.1　分类器权重优化方法概述

机器学习是根据已有的数据进行学习，推断出这些数据所包含的潜在信息，通过不断地学习修正模型，最终将训练好的模型用于分类、聚类、预测等。分类模型不断地丰富、完善，从简单的线性模型到复杂的神经网络模型。在众多分类器中，监督分类器是非常重要的组成部分，在一个实际问题中，监督分类学习过程如图 7-1 所示。

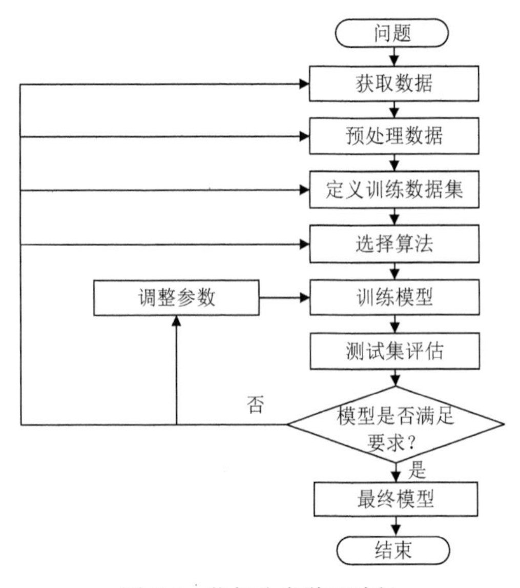

图 7-1　监督分类学习过程

第一步：了解相关问题，将抽象问题用目标函数表示。

第二步：获取数据。在实际问题中，数据的获取十分复杂，需要相关领域的专家根据具体问题的特点提取有效的特征。

第三步：预处理数据。其目的是对异常或者冗余数据进行筛选。

第四步：定义训练数据集。该阶段一般采用固定法或交叉验证法。固定法是将训练集和测试集分成两个单独的部分，分别输入训练模型和测试模型。交叉验证法是将整个数据集划分成 n 份，每一次拿出其中的 1 份作为测试集，剩余的作为训练集，做 n 次实验，最后计算平均值。

第五步：选择算法。算法的选择是最关键的步骤之一，每一种算法都有不同的特性。特别是在实际问题的应用中，根据数据的特点选择合适的机器学习分类模型能达到事半功倍的效果。处理分类问题的机器学习算法可以分为两种，一种是基分类器，即采用单一分类器对数据分类，包括 KNN、决策树、NB、SVM、神经网络等。然而，基分类器在最初的设计中往往会存在一些缺陷，针对不同的问题有一些优化方法被提出。一方面是对基分类器的结构进行优化，另一方面是对涉及的特征权重或参数进行优化。由于对特征的定义、选择提取何种特征是主观的，在解决实际问题时，提取的特征往往会出现冗余甚至对结果造成负面影响。特征加权是一种有效的优化方法，以减少因样本不平衡、特征冗余对模型造成的影响。另一种是集成基分类器，即通过某种策略将多个基分类器整合在一起。这一类算法主要面临两个问题，如何选取基分类器和选择何种方法进行集成。常见的优化问题包括集成模型的结构及集成投票的权重等。

第六步：根据选择的方法确定参数训练模型。

第七步：确定评价标准并用测试集对训练出的模型进行评估。

第八步：判断训练的模型是否满足要求，若满足则确定输出训练好的分类器，若不满足则对模型进行相应的调整直到满足条件。

在利用基分类器进行分类的过程当中，考虑特征冗余对结果造成的干扰，学者们提出了一些特征选择及特征加权技术。特征选择是特殊处理的特征加权方案。相比特征选择对特征筛选的绝对性，特征加权方法更加灵活、可操作性较强。然而，当问题从选择或不选择到在一个范围内选择一个恰当的权重，无疑大幅增加了选择的难度。因此，如何找到合适的权重，是一个关键问题。在集成学习中，对分类器的集成权重确定也是一个关键问题。这些问题可以统称为权重优化问题。权重优化作为机器学习分类算法性能提升的一个重要方法，被大量应用于改进机器学习分类算法，用于解决实际问题。

总体上看，权重优化的方式主要有三大类：主观权重法、客观权重法及组合权重法。其中，组合权重法为主观权重法和客观权重法的结合。这里将对几种常见的主观权重和客观权重方法进行简要介绍。

主观权重法是由决策人通过主观偏好和经验得出评价指标的权重，包括专家打分、层次分析、偏好比率、无差异折中等。专家打分法是由专家主观意志直接给定合适的权重，人为很难理性、客观地对结果进行判断，也很难统一所有专家的主观判断，特别是问题复杂程度加大时，这种方法很难得到较好的结果。层次分析法由专家对评价条件的重要级别进行打分，给予不等的权重值。这类方法较专家打分法更可靠，但实际问题中评价指标之间的重要程度往往很难界定，因此很难满足一致性要求。

偏好比率法是在两个评价指标之间定义偏好率。例如，评价指标 A 比评价指标 B 重要很多，比率标度定义为 5；评价指标 A 比评价指标 B 重要，比率标度定义为 4；评价指标 A 比评价指标 B 较重要，比率标度定义为 3；评价指标 A 比评价指标 B 略重要，比率标度定义为 2；评价指标 A 与评价指标 B 一样重要，比率标度定义为 1。假设各评价指标的重要程度大小排序为 $f(\text{Feature}_1) > f(\text{Feature}_2) > \cdots > f(\text{Feature}_N)$，$a_{ij}$ 为专家对 Feature_i 与 Feature_j 比较后的比率标度，权重系数 $\omega_i \in [0,1]$，则权重系数 $\omega = \{\omega_1, \omega_2, \cdots, \omega_n\}$ 计算如下：

$$\begin{cases} a_{11}\omega_1 + a_{12}\omega_2 + \cdots + a_{1n}\omega_n = n\omega_1 \\ a_{22}\omega_2 + a_{23}\omega_3 + \cdots + a_{2n}\omega_n = (n-1)\omega_2 \\ \cdots \\ a_{n-1,n-1}\omega_{n-1} + a_{n-1,n}\omega_n = 2\omega_{n-1} \\ \omega_1 + \omega_2 + \cdots + \omega_n = 1 \end{cases} \tag{7-1}$$

客观权重法是根据客观标准，利用数学模型评价指标的权重值，包括主成分分析法、粗糙集法、均方差法、搜索法、相关分析法、熵权法、离差最大化法等。主成分分析法是将评价的 n 个指标综合成 n 个主成分，以这 n 个主成分的贡献度作为权重。粗糙集法是根据帕夫拉克（Pawlak）提出的理论，对权重进行归纳和整理。基于粗糙集的方法从数据本身出发，具有客观性，但是对模型概念的刻画过于简单，对粗糙集边界区域的规则很容易丢失。

均方差法是通过计算评价指标取值的均方差确定权重，首先通过式（7-2）计算 m 个样本在评价指标 X_j 下取值的均值，并通过式（7-3）计算评价指标 X_j 的均方差，最后利用式（7-4）求出每个评价指标的权重。

$$E(X_j) = \frac{1}{m}\sum_{i=1}^{m} r_{ij},\ j = 1,2,\cdots,n \tag{7-2}$$

$$\sigma(X_j) = \sqrt{\sum_{i=1}^{m}[r_{ij} - E(X_j)]^2},\ j = 1,2,\cdots,n \tag{7-3}$$

$$\omega_j = \frac{\sigma(X_j)}{\sum_{j=1}^{n}\sigma(X_j)},\ j = 1,2,\cdots,n \tag{7-4}$$

式中，r_{ij} 表示第 i 个样本第 j 个维度取值。

搜索法主要有两类，一类是确定性算法，另一类是随机搜索算法，如 GA、PSO、DE 等。相比确定性搜索算法，在维度较大的实际情况下，随机搜索算法表现出更多的优势，在解的个数指数增长后仍快速地找到相对最优解。随机搜索算法获取权重，不取决于评价者的主观意志，根据赋予的权重对模型进行客观的评价，基于评价结果进行反复迭代搜索，直至找到最优解。目前用于权重优化的一些算法，如遗传算法，虽然具有一定的搜索能力，但是易陷入局部最优，很难在较短的时间内搜索到较好的结果。因此，本章提出将 HRO 算法用于分类器中出现的权重优化问题，利用 HRO 算法对权重进行搜索，从而提升分类器的性能。

7.2　基于杂交水稻优化算法加权的 KNN 分类器

KNN 算法是应用最广泛的分类方法之一，使用杂交水稻优化算法学习 KNN 算法的最优属性权重的思路和实施工作如下。

7.2.1　KNN 分类器的特征权重优化原理

KNN 算法最初由科弗（Cover）和哈特（Hart）于 1968 年提出。它的基本思想是，对于给定的待分类样本，利用相似性度量函数分别计算该样本与训练数据集中已知类别标签的全部样本之间的距离，然后确定与该样本最相似的k个样本，由这k个样本所属类别的多数情况确定待分类样本的类别。这里提到的相似性度量函数常见的有两大类：距离度量和相似性度量。

距离度量包括欧氏距离、曼哈顿距离等，其中常用的是欧氏距离。样本 $A(x_1,x_2,\cdots,x_n)$ 和 $B(y_1,y_2,\cdots,y_n)$ 的欧氏距离可以通过式（7-5）计算，距离 $d(A,B)$ 越小，则样本 A 和样本 B 之间的差异越小，二者越相似。

$$d(A,B)=\sqrt{\left[\sum_{i=1}^{n}(x_i-y_i)^2\right]} \tag{7-5}$$

相似性度量包括余弦相似性、杰卡德（Jaccard）相似系数等。以余弦相似性为例，余弦相似性度量是通过两个向量的夹角余弦值计算两个样本间的相似度。样本 $A(x_1,x_2,\cdots,x_n)$ 和 $B(y_1,y_2,\cdots,y_n)$ 的余弦相似性可以通过式（7-6）度量：

$$\mathrm{Sim}(A,B)=\frac{\sum_{i=1}^{n}x_i y_i}{\sqrt{\sum_{i=1}^{n}x_i^2}\sqrt{\sum_{i=1}^{n}y_i^2}} \tag{7-6}$$

可以看出余弦相似性更偏向向量在空间中的方向差异，适用于文本分类，而欧氏距离从距离上度量相似性，更适用于确定一些连续属性的相似性。因此，本章实验中所用到的 KNN 算法采用欧氏距离进行计算。

KNN 算法易于理解，在训练集不断变化的情况下重新训练的成本低。不同于其他算法，KNN 算法仅仅根据周围样本的类别进行判断，如果测试样本所属的类别所占比例过小，则很有可能会被分在错误的类别。可以看出 KNN 算法属于懒惰型的学习方法，当样本出现不平衡，一个类的样本相比其他类的样本差距过大时，会影响模型结果。标准的 KNN 算法在对距离进行度量时，默认每个特征对结果的影响程度是一样的。在实际问题中，提取到的特征存在一些干扰或者冗余，会导致实验精度受到影响。如果对特征不区别对待，将会使分类的效果变差。因此，为了提升 KNN 算法的适用度及分类结果的精度，将采取特征加权的方式对原始 KNN 算法的距离公式进行调整。加入权重后的距离公式表示如下：

$$d(A,B)=\sqrt{\left[\sum_{i=1}^{n}\omega_i(x_i-y_i)^2\right]} \tag{7-7}$$

式中，ω_i是样本 x 第 i 特征的权重系数。本章实验中 KNN 的权重系数ω的取值范围为[0,1]。

如何确定权重，是特征加权一项非常关键的技术，直接影响最后的结果。各种各样的确定 KNN 权重的方法被提出，如 ReliefF 算法、基于信息增益的特征加权算法、基于灵敏度的特征加权算法等。本质上，确定权重其实是在一定范围内寻找权重的最优解，权重向量的长度即为特征的维度。当维度不断增大或对权重的搜索精度提升时，传统的方法将无法满足要求。因此，引入 HRO 算法对加权 K 最近邻域（weighted K-nearest neighbor，WKNN）算法的权重进行寻优。

7.2.2 基于杂交水稻优化算法 WKNN 分类算法

WKNN 一个关键的技术是寻求最优的权重值使改进后的 KNN 分类模型有较好的分类精度。本章提出基于杂交水稻优化算法的 WKNN 算法，其具体步骤如下。

步骤 1：初始化水稻种子的基因序列和 HRO 算法中涉及的参数，其中基因序列的长度为输入数据集特征的个数。

步骤 2：将水稻种子的基因序列解码为特征权重，即基因序列中的每一个基因对应一个特征的权重，通过代入改进的欧氏距离[式（7-7）]，利用 WKNN 算法和输入的训练集训练出每一组权重对应的分类模型，并在测试集上得出分类正确率。将每一个模型的分类正确率作为对应的水稻种子的适应度值。

步骤 3：将适应度值按照从大到小的顺序排列，依次分组到保持系、恢复系和不育系。记录当前适应度值最大的水稻种子基因序列及对应的适应度值。

步骤 4：取不育系与保持系，根据式（2-3）进行杂交，若产生的新基因序列的适应度值大于选取的保持系的适应度值，则替换当前的不育系；否则，保留上一代的不育系。

步骤 5：判断恢复系的个体是否达到最大自交次数，若没有达到，则恢复系通过式（2-4）自交产生下一代水稻种子，与原始适应度值比较，若自交后的种子较好，则保留新种子并且自交次数设为 0，否则，自交次数加 1；若达到最大自交次数，则根据式（2-5）重置水稻种子。

步骤 6：判断是否达到终止条件。若达到终止条件则进入步骤 7，否则返回步骤 2。

步骤 7：输出适应度值最大的水稻种子的基因序列，即搜索到的能训练出分类正确率最高的 KNN 模型对应的特征权重。

基于杂交水稻优化算法的 WKNN 分类算法流程图和 WKNN 算法流程图如图 7-2 和图 7-3 所示。

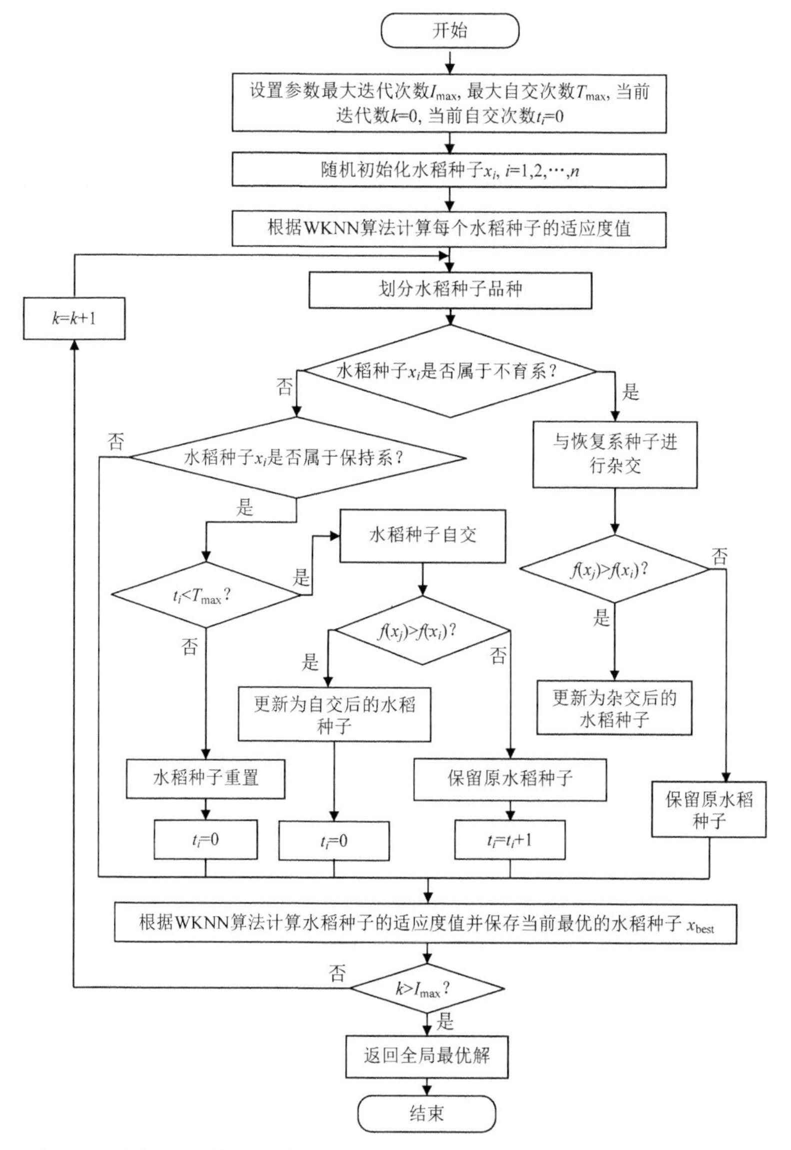

图 7-2　基于杂交水稻优化算法的 WKNN 算法流程图

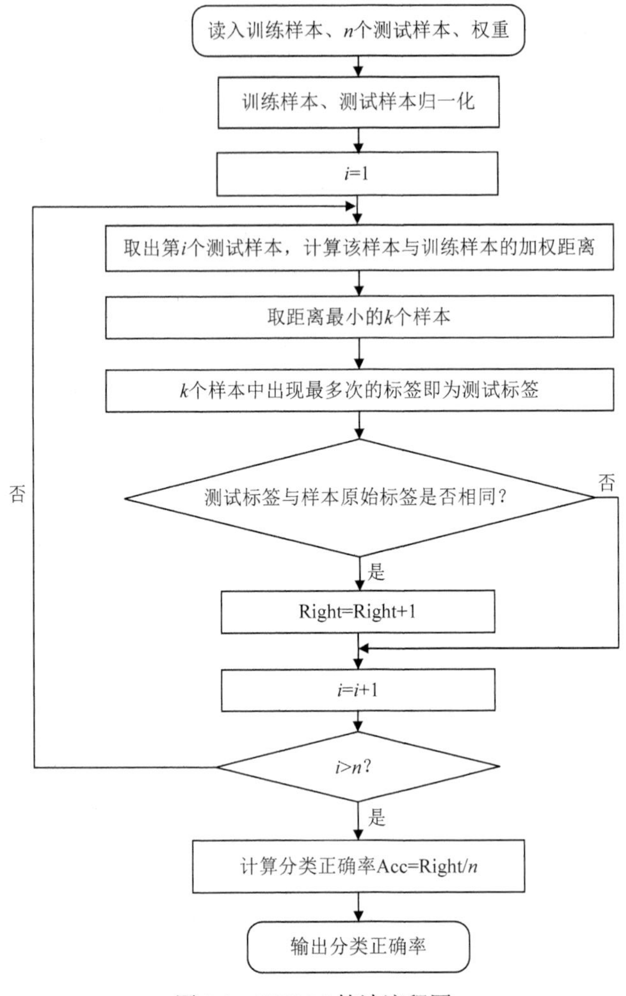

图 7-3　WKNN 算法流程图

7.2.3　实验仿真与分析

1. 实验说明

为了得到更加公平的实验结果，这里将选取四组公开数据集和一组遥感图像进行实验。这四组公开数据集均来源于 UCI 机器学习库，数据集名称分别为“BreastCancer（胰腺癌）”“Sonar（声呐）”“Phishing（网络钓鱼）”“ImageSegmentation（图像分割）”，每个数据集的特征数、实例数及类别数如表 7-1 所示。遥感图像数据集主要由四类图像组成，分别为居民地、林区、水域及田地，提取了 22 个特征，共 684 条数据。部分遥感图像数据如图 7-4 所示。为了提高实验结果的可靠性，对不同算法进行实验时采用完全一致的训练集和测试集。其中，训练集和测试集分别占数据总数的 70%和 30%。实验中参与对比的优化算法的参数设置情况如表 7-2 所示。其中所有优化算法的种群数目为 30，实验最大迭代次数为 50，重复实验 10 次。本实验运行环境为 Windows 10 操作系统，处理器为 Intel 3.2GHz，8GB 内存，编程语言为 Java，运行的最大线程数为 5。

表 7-1 实验中使用的 UCI 公共数据集基本信息

数据集	特征数	实例数	类别数
BreastCancer	30	569	2
Sonar	60	208	2
Phishing	9	1353	3
ImageSegmentation	19	2310	7

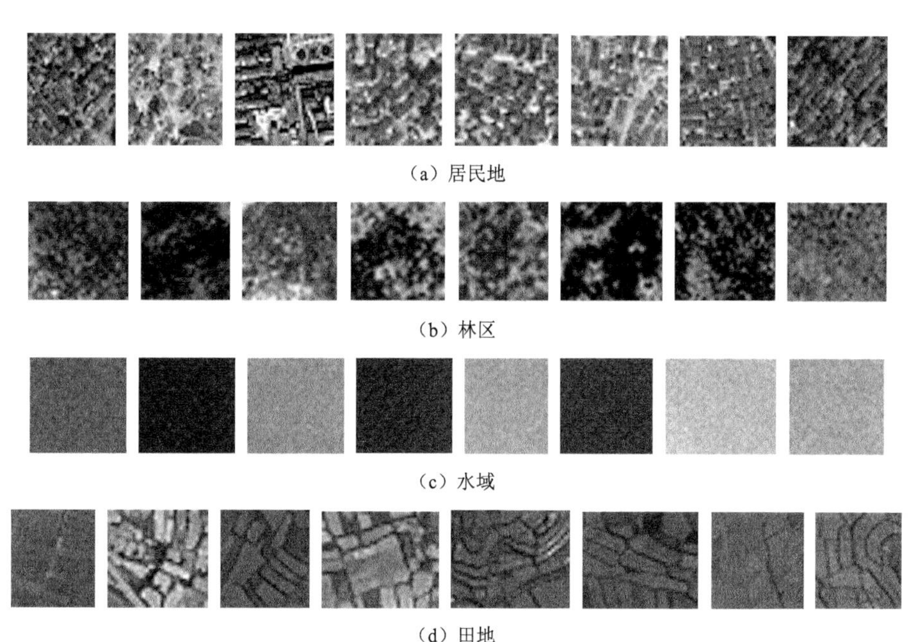

（a）居民地

（b）林区

（c）水域

（d）田地

图 7-4 部分遥感图像数据

2. 公共数据集实验结果与分析

公共数据集上的实验主要包含两部分。第一部分是利用原始 KNN 算法对公共数据集进行分类，第二部分是利用优化算法改进后的 WKNN 算法进行分类并记录重复实验后的结果。表 7-2 所示为原始的 KNN 算法在公共数据集“BreastCancer”“Sonar”“Phishing”“ImageSegmentation”上的实验结果。表 7-3～

表 7-6 分别为基于布谷鸟搜索算法加权的 K 最近邻（CSKNN）分类算法、基于差分进化算法加权的 K 最近邻（DEKNN）分类算法、基于萤火虫算法加权的 K 最近邻（FAKNN）分类算法、基于遗传算法加权的 K 最近邻（GAKNN）分类算法、基于灰狼优化算法加权的 K 最近邻（GWOKNN）分类算法、基于粒子群优化算法加权的 K 最近邻（PSOKNN）分类算法、基于正弦余弦算法加权的 K 最近邻（SCAKNN）分类算法、基于樽海鞘群算法加权的 K 最近邻（SSAKNN）分类算法、基于鲸鱼优化算法加权的 K 最近邻（WOAKNN）分类算法、基于水波优化算法加权的 K 最近邻（WWOKNN）分类算法和基于杂交水稻优化算法加权的 K 最近邻（HROKNN）分类算法在四个公共数据集“Breast Cancer”“Sonar”“Phishing”“ImageSegmentation”上进行 KNN 特征权重优化的实验结果。

表 7-2　原始 KNN 算法在 UCI 公共数据集上的实验结果

数据集	正确率/%
BreastCancer	94.706
Sonar	85.714
Phishing	85.961
ImageSegmentation	96.104

表 7-3　基于智能优化算法优化后的 WKNN 算法在 BreastCancer 上的实验结果

数据集	算法	平均值/%	最优值/%	最差值/%	标准差	时间/ms
BreastCancer	CSKNN	97.882	98.235	97.647	0.003	19768
	DEKNN	97.647	97.647	97.647	0.000	12093
	FAKNN	97.059	97.647	96.471	0.003	11880
	GAKNN	97.176	98.235	96.471	0.006	12065
	GWOKNN	98.118	**98.824**	97.647	0.004	10820
	PSOKNN	98.118	**98.824**	97.059	0.005	11632
	SCAKNN	97.824	**98.824**	97.059	0.005	11692
	SSAKNN	97.647	98.235	97.059	0.004	11718
	WOAKNN	97.706	98.823	97.059	0.005	11169
	WWOKNN	97.824	98.235	97.059	0.004	12330
	HROKNN	**98.235**	**98.824**	97.647	0.004	**8295**

观察公共数据集 BreastCancer 的实验结果表 7-2 和表 7-3 可知，KNN 算法在不使用特征加权的情形下，分类正确率为 94.706%，在使用优化算法进行特征加权情形下，平均值最低达到 97.059%（FAKNN），得到显著提升。在 10 次实验的平均结果中，HROKNN 算法达到最高分类正确率 98.235%，最优值和最差值分别为 98.824%和 97.647%，寻优能力稳定。在其他优化算法的平均运行时间均在 10000 ms

以上的条件下，HROKNN 算法的平均运行时间仅为 8295 ms，快于其他优化算法。

公共数据集 Sonar 10 次实验的平均结果显示，HROKNN 算法取得了最优值 96.349%，GWOKNN 算法、PSOKNN 算法、SCAKNN 算法和 HROKNN 算法均搜索到了分类正确率最优值 98.413%，但 HROKNN 算法相对较稳定，标准差为 0.012。在时间上，HROKNN 算法的平均运行时间仅为 1306 ms。对比表 7-2 中原始 KNN 算法分类正确率 85.714%，提升超过了 10%。

表 7-4　基于智能优化算法优化后的 WKNN 算法在 Sonar 上的实验结果

数据集	算法	平均值/%	最优值/%	最差值/%	标准差	时间/ms
Sonar	CSKNN	93.492	95.238	92.063	0.009	2860
	DEKNN	93.175	95.238	92.063	0.010	1788
	FAKNN	91.111	93.651	88.889	0.016	1851
	GAKNN	90.952	93.651	88.889	0.012	1744
	GWOKNN	93.968	**98.413**	92.063	0.019	1733
	PSOKNN	96.032	**98.413**	**93.651**	0.015	1641
	SCAKNN	95.714	**98.413**	92.063	0.023	1688
	SSAKNN	93.968	96.825	90.476	0.017	1700
	WOAKNN	95.079	96.825	**93.651**	0.011	1874
	WWOKNN	94.286	96.825	**93.651**	0.011	2044
	HROKNN	**96.349**	**98.413**	**93.651**	0.012	**1306**

表 7-5　基于智能优化算法优化后的 WKNN 算法在 Phishing 上的实验结果

数据集	算法	平均值/%	最优值/%	最差值/%	标准差	时间/ms
Phishing	CSKNN	91.330	91.626	90.640	0.003	80628
	DEKNN	90.123	90.640	88.670	0.006	46009
	FAKNN	89.901	91.379	88.177	0.011	49124
	GAKNN	89.039	90.640	87.931	0.007	50587
	GWOKNN	91.429	**92.365**	90.148	0.006	45556
	PSOKNN	90.862	91.626	89.901	0.006	42750
	SCAKNN	90.493	91.626	88.916	0.010	41490
	SSAKNN	90.074	91.133	88.424	0.008	45844
	WOAKNN	91.059	91.872	89.655	0.007	50272
	WWOKNN	90.640	91.379	89.655	0.005	45614
	HROKNN	**91.675**	92.118	91.379	0.003	**33876**

表 7-6 基于智能优化算法优化后的 WKNN 算法在 ImageSegmentation 上的实验结果

数据集	算法	平均值/%	最优值/%	最差值/%	标准差	时间/ms
ImageSegmentation	CSKNN	97.576	97.980	97.258	0.002	299145
	DEKNN	97.201	97.403	96.970	0.001	181268
	FAKNN	97.215	97.547	96.970	0.002	179384
	GAKNN	96.696	97.114	96.248	0.002	178622
	GWOKNN	97.734	**98.124**	97.258	0.003	156194
	PSOKNN	97.302	97.835	96.970	0.003	177586
	SCAKNN	97.691	97.980	97.403	0.002	167537
	SSAKNN	96.999	97.258	96.537	0.002	170606
	WOAKNN	97.634	**98.124**	97.258	0.004	182484
	WWOKNN	97.085	97.547	96.681	0.002	188372
	HROKNN	**97.893**	**98.124**	97.691	0.002	**124358**

从表 7-5 可以看出，在公共数据集 Phishing 10 次实验的平均值中，HROKNN 算法取得了最优值 91.675%，高于其他 10 种优化算法，标准差为 0.003，较稳定。对比表 7-2 中原始 KNN 算法的分类结果为 85.961%，有约 6%的提升。在其他算法运行时间均在 40000 ms 以上的情况下，HROKNN 算法 10 次平均运行时间仅为 33876 ms。

在表 7-2 公共数据集 ImageSegmentation 的实验结果中，原始 KNN 算法分类正确率仅为 96.104%，表 7-6 中 HROKNN 算法的 10 次实验的结果平均值为 97.893%，排名第 1。比较最优值可以看出，HROKNN 算法的结果为 98.124%，同时达到 98.124%的还有 GWOKNN 算法和 WOAKNN 算法。在运行时间上，HROKNN 算法的平均运行时间为 124358 ms，比排名第 2 的 GWOKNN 算法的运行时间少 31836 ms，不到 CSKNN 算法运行时间的 50%。

综上所述，相比原始 KNN 算法，基于智能优化算法优化后的 WKNN 算法分类效果有较大的提升。对比 CSKNN、DEKNN、FAKNN、GAKNN、GWOKNN、PSOKNN、SSAKNN、SCAKNN、WOAKNN 和 WWOKNN 这 10 种算法，HROKNN 算法在四个数据集上分类结果的平均正确率表现较好，在时间上保持一定优势的条件下，具备较强的寻优能力。

3. 遥感图像实验结果与分析

首先，使用原始 KNN 算法作为遥感数据集的分类器进行实验，实验结果如表 7-7 所示。为了对比不同算法进行特征权重优化后的效果，表 7-8 列出了 CSKNN、DEKNN、FAKNN、GAKNN、GWOKNN、PSOKNN、SSAKNN、SCAKNN、WOAKNN、WWOKNN 及 HROKNN 这 11 种算法 10 次重复实验结果的平均值、最优值、最差值、标准差，以及进行一次实验每个算法所使用的平均时间。

表 7-7　KNN 算法在遥感图像上的分类正确率

数据集	正确率/%
RemoteImage	74.634

表 7-8　基于智能优化算法优化后的 WKNN 算法在遥感图像上的结果

数据集	算法	平均值/%	最优值/%	最差值/%	标准差	时间/ms
RemoteImage	CSKNN	88.585	89.756	87.805	0.005	25995
	DEKNN	88.341	89.268	87.805	0.004	15399
	FAKNN	87.561	88.780	85.366	0.010	15740
	GAKNN	86.732	88.780	85.854	0.009	15398
	GWOKNN	90.341	**91.707**	87.805	0.012	15216
	PSOKNN	89.366	90.732	87.805	0.009	16307
	SCAKNN	88.537	90.244	86.829	0.009	14855
	SSAKNN	88.293	91.220	86.341	0.014	15370
	WOAKNN	89.902	91.220	88.293	0.008	16741
	WWOKNN	88.488	90.244	87.317	0.008	16366
	HROKNN	**90.390**	**91.707**	88.293	0.009	**11418**

观察表 7-7 和表 7-8 可知，在遥感数据集分类结果中，改进后的 WKNN 算法的分类正确率明显比原始 KNN 算法高。经过 10 次重复实验，HROKNN 算法的平均正确率为 90.39%，比原始 KNN 算法的正确率高 15.76%。在这 11 种优化算法中，HROKNN 算法和 GWOKNN 算法的分类结果表现较好，相比之下，HROKNN 算法的稳定性更好，且算法的运行时间更短。随着数据量增多，HROKNN 算法的时间优势更加显著。DEKNN 算法的标准差最小，表现稳定，但是分类正确率 88.341%仅为中等水平。综合看，经过特征权重加权后的 KNN 算法在分类正确率上有明显的提升，同时 HROKNN 算法较其他 10 种优化算法更适用于解决遥感图像分类问题。

7.3　基于杂交水稻优化算法加权的朴素贝叶斯分类器

朴素贝叶斯（NB）分类器是十大机器学习算法之一，得到了广泛应用。利用杂交水稻优化算法对 NB 分类器进行加权优化的设计如下。

7.3.1　基于朴素贝叶斯分类器的特征权重优化原理

作为经典的机器学习分类算法之一，NB 分类器是一种较为简单而且有效的分类算法，它以贝叶斯定理作为理论基础，根据某个对象的先验概率计算出其后验概率，后验概率的最大类则为该对象所属的类。

假设有 n 个特征变量 $A_1, A_2, \cdots, A_n$，用 n 维特征变量样本 $X = \{x_1, x_2, \cdots, x_n\}$ 表示其测量值。$C = \{C_1, C_2, \cdots, C_m\}$ 表示类集合，取值为 $c_1, c_2, \cdots, c_m$，得出后验概率公式为

$$P(C_i|X) = \frac{P(C_i)(X|C_i)}{P(X)} \tag{7-8}$$

式中，$P(C_i)$ 为先验概率。由于 $P(X)$ 为常数，因此只需要求 $P(C_i)(X|C_i)$ 的最大值即可得到 $P(C_i|X)$ 的最大值，该样本的分类结果为最大概率值对应的类别标签。其模型公式为

$$C(X) = \arg\max P(C_i|X), C_i \in C \tag{7-9}$$

通过对贝叶斯分类方法做进一步研究发现，NB 分类器较强依赖特征的独立性假设。实际情况中，数据集往往是复杂的，存在特征冗余、干扰等，传统的 NB 分类器假设每个特征的作用程度相同，显然会对结果产生一定的影响。因此，为了使 NB 分类器更广泛地在实际问题中成功应用，在传统 NB 分类器的基础上，提出在贝叶斯算法处理特征时进行加权。假设赋予特征变量 A_i 权值 ω_i，则加权朴素贝叶斯（weighted naive Bayesian，WNB）分类器模型公式为

$$C(X) = \arg\max P(C_i)\prod_{k=1}^{n} P(x_k \mid C_i)^{w_i}, C_i \in C \tag{7-10}$$

本章实验中 NB 的权重系数 ω 的取值范围为 $[0,2]$。

对传统 NB 分类器的特征权重优化的难点在于如何确定权重。目前，在 NB 分类器中使用的特征加权方法包括基于信息增益率法、爬山法、互信息、主成分分析法等。从本质上看，NB 分类器的特征权重问题是在一定的解空间中对每个特征寻找最适合的权重值，使 NB 分类器的性能得到提升。因此，可以利用 HRO 算法对 NB 分类器的特征权重值进行搜索。下面对基于杂交水稻优化算法优化的 WNB 分类器模型做进一步的详细介绍。

7.3.2 基于杂交水稻优化算法加权的朴素贝叶斯分类器

基于杂交水稻优化算法优化的朴素贝叶斯分类器是通过将水稻种子的基因序列解码成特征权重，再在每个类别特征值的概率公式中加入权重，实现每个特征对结果的影响程度的差异，从而得到新模型的评价结果返回到 HRO 算法，作为适应度值，通过 HRO 算法杂交、自交、重置等操作实现对最优权重的搜索，从而得出较好的特征权重用于改进 NB 分类器模型。

为了更加清晰地展示本节提出的算法，基于杂交水稻优化算法的 WNB 分类器流程图和 WNB 分类器流程图如图 7-5 和图 7-6 所示。

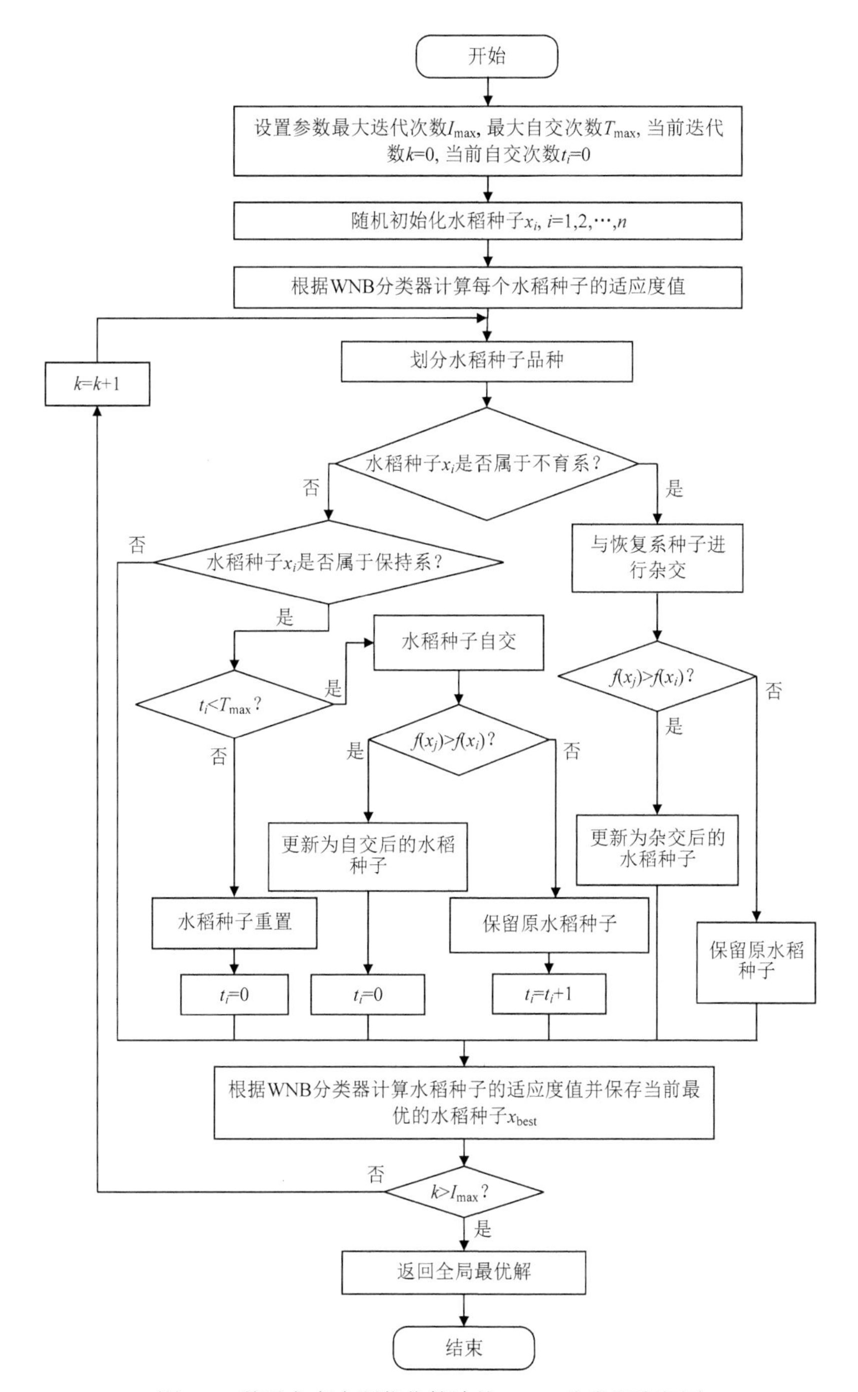

图 7-5　基于杂交水稻优化算法的 WNB 分类器流程图

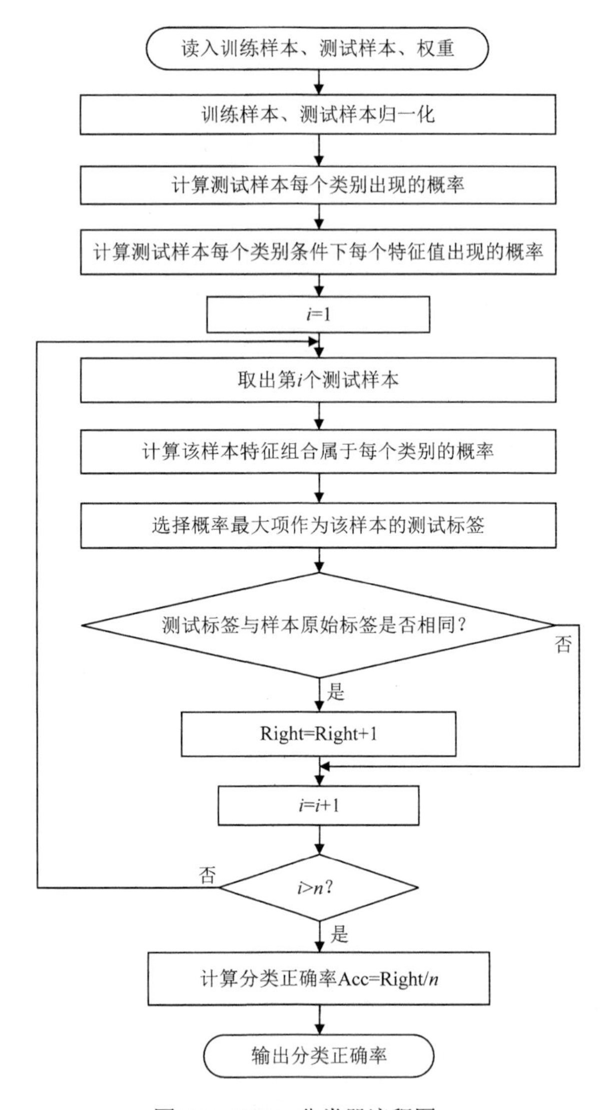

图 7-6 WNB 分类器流程图

基于杂交水稻优化算法的 WNB 分类器的基本实现步骤如下。

步骤 1：初始化水稻种子 $x_i, i=1,2,\cdots,n$ 和初始参数，其中水稻种子的基因序列长度为特征的个数。

步骤 2：评价每个水稻种子基因序列的质量，即计算适应度函数值。将水稻种子的基因序列作为 WNB 分类器的权重系数，统计特征权重后的贝叶斯模型的分类正确率作为该水稻种子的适应度值。分类正确率越高，即适应度值越高，水稻种子表现出的形状更好。

步骤 3：按照适应度值的大小排序，适应度值较大的 1/3 水稻种子为保持系，排在保持系后的 1/3 为恢复系，排在最后 1/3 的为不育系。适应度值最大的水稻种子的基因序列及适应度值记为最优值和最大分类正确率。

步骤 4：保持系与不育系杂交更新不育系，根据贪婪选择，保留具有较大适应度值的水稻种子。

步骤 5：恢复系自交产生下一代，并记录自交次数，若次数大于最大自交次数则进行重置。

步骤 6：判断是否达到终止条件，若达到则执行步骤 7，否则执行步骤 2。

步骤 7：输出最优解和优化后的贝叶斯模型得出的分类正确率。

7.3.3　实验仿真与分析

1. 实验说明

为了测试 WNB 分类器的实验效果，本节实验与 WKNN 部分的实验相同，分为公共数据集部分和遥感数据集部分，并且使用相同的训练集和测试集，四个公共数据集及遥感数据集的具体情况参见 7.2.3 节中的实验说明。不同分类器的特性使其在权重优化迭代的过程中收敛情况也不同，因此，为区别基于杂交水稻优化算法的 WKNN 分类算法部分的实验，WNB 分类器的种群数目设置为 60，实验最大迭代次数为 200，重复实验 10 次。实验中每个优化算法的参数设置详情如表 2-1～表 2-11 所示。本节实验的运行环境为 Windows 10 操作系统，处理器为 Intel 3.2GHz，8GB 内存，编程语言为 Java，运行的最大线程数为 5。

2. 公共数据集实验结果与分析

为了增加横向对比分析，NB 分类器特征权重优化的实验与 KNN 分类算法特征权重优化的实验相对应。在公共测试集上进行分类的实验结果如表 7-9～表 7-13 所示。其中，表 7-9 为经典的 NB 分类器在四个公共数据集“Breast-Cancer”“Sonar”“Phishing”“Image Segmentation”上的实验结果。表 7-10～表 7-13 分别为基于布谷鸟搜索算法加权的朴素贝叶斯（CSWNB）分类器、基于差分进化算法加权的朴素贝叶斯（DEWNB）分类器、基于萤火虫算法加权的朴素贝叶斯（FAWNB）分类器、基于遗传算法加权的朴素贝叶斯（GAWNB）分类器、基于灰狼优化算法加权的朴素贝叶斯（GWOWNB）分类器、基于粒子群优化算法加权的朴素贝叶斯（PSOWNB）分类器、基于樽海鞘群算法加权的朴素贝叶斯（SSAWNB）分类器、基于正弦余弦算法加权的朴素贝叶斯（SCAWNB）分类器、基于鲸鱼优化算法加权的朴素贝叶斯（WOAWNB）分类器、基于水波优化算法加权的朴素贝叶斯（WWOWNB）分类器及基于杂交水稻优化算法加权的朴素贝叶斯（HROWNB）分类器在公共数据集“BreastCancer”“Sonar”“Phishing”“ImageSegmentation”上进行 NB 分类器特征权重优化的实验结果。

表 7-9　经典的 NB 分类器在 UCI 公共数据集上的实验结果

数据集	正确率/%
BreastCancer	91.176
Sonar	69.841
Phishing	83.251
ImageSegmentation	79.654

表 7-10　基于智能优化算法优化后的 WNB 分类器在 BreastCancer 上的实验结果

数据集	算法	平均值/%	最优值/%	最差值/%	标准差	时间/ms
BreastCancer	CSWNB	98.765	**99.412**	97.647	0.004	62679
	DEWNB	98.000	98.824	97.647	0.004	37248
	FAWNB	97.000	97.647	95.294	0.008	37070
	GAWNB	96.000	97.647	94.118	0.011	38905
	GWOWNB	98.353	98.824	97.647	0.006	36464
	PSOWNB	98.235	98.824	97.647	0.006	35605
	SCAWNB	98.529	98.824	97.647	0.004	36767
	SSAWNB	97.882	98.824	97.059	0.005	35224
	WOAWNB	98.176	98.824	97.059	0.007	38398
	WWOWNB	98.118	98.824	97.647	0.004	39624
	HROWNB	**98.882**	**99.412**	98.824	0.002	**25008**

表 7-11　基于智能优化算法优化后的 WNB 分类器在 Sonar 上的实验结果

数据集	算法	平均值/%	最优值/%	最差值/%	标准差	时间/ms
Sonar	CSWNB	88.889	92.063	84.127	0.024	44779
	DEWNB	83.175	84.127	82.540	0.008	28383
	FAWNB	79.524	80.952	77.778	0.009	28384
	GAWNB	78.889	80.952	76.190	0.014	28409
	GWOWNB	91.111	93.651	82.540	0.033	26667
	PSOWNB	87.302	92.063	80.952	0.034	26949
	SCAWNB	93.016	**95.238**	90.476	0.013	28532
	SSAWNB	87.460	92.063	82.540	0.028	26962
	WOAWNB	92.540	**95.238**	87.302	0.026	28144
	WWOWNB	87.302	90.476	84.127	0.017	30661
	HROWNB	**93.333**	**95.238**	90.476	0.014	**19637**

表 7-12　基于智能优化算法优化后的 WNB 分类器在 Phishing 上的实验结果

数据集	算法	平均值/%	最优值/%	最差值/%	标准差	时间/ms
Phishing	CSWNB	83.818	84.236	83.498	0.003	38613
	DEWNB	83.473	83.744	83.251	0.002	26010
	FAWNB	83.744	83.990	83.498	0.002	25672
	GAWNB	83.300	83.744	82.759	0.004	25933
	GWOWNB	84.187	**84.483**	83.990	0.002	23862
	PSOWNB	83.768	84.236	83.005	0.004	23222
	SCAWNB	82.734	83.744	82.266	0.006	25347
	SSAWNB	83.227	**84.483**	82.759	0.005	24569
	WOAWNB	83.596	**84.483**	82.759	0.006	25442
	WWOWNB	83.793	83.990	83.251	0.002	28379
	HROWNB	**84.286**	**84.483**	83.990	0.002	**17068**

表 7-13　基于智能优化算法优化后的 WNB 分类器在 ImageSegmentation 上的实验结果

数据集	算法	平均值/%	最优值/%	最差值/%	标准差	时间/ms
ImageSegmentation	CSWNB	92.107	**92.352**	91.919	0.001	326967
	DEWNB	91.241	91.486	91.053	0.001	203692
	FAWNB	90.317	91.053	87.734	0.009	205446
	GAWNB	86.407	91.198	83.694	0.026	206583
	GWOWNB	92.049	92.208	91.631	0.002	189541
	PSOWNB	91.486	92.063	90.188	0.005	189262
	SCAWNB	91.356	91.631	90.909	0.003	200831
	SSAWNB	91.371	91.631	91.053	0.002	195425
	WOAWNB	91.558	91.919	90.765	0.003	209311
	WWOWNB	91.414	91.775	91.053	0.002	233434
	HROWNB	**92.136**	**92.352**	91.919	0.001	**136667**

从表 7-9～表 7-13 可以看出，使用 NB 分类器对公共数据集“BreastCancer”“Sonar”“Phishing”“ImageSegmentation”分类的正确率分别为 91.176%、69.841%、83.251%及 79.654%。在使用 HRO 对 NB 分类器进行加权后的正确率平均值依次为 98.882%、93.333%、84.286%和 92.136%。对比可以看出，HROWNB 分类器的分类精度在不同的数据集上都有不同程度的提升。其中最为显著的是在公共数据集“Sonar”上，提升了 23.5%。

公共数据集 BreastCancer 上的实验结果（表 7-10）显示，WNB 分类器经过优化后的正确率最优值最高可达 99.412%，远超经典 NB 分类器的正确率。经过优化后的结果均达到 94%以上，算法在数据集 BreastCancer 的表现相对其他数据集差距也较小。从几个算法表现排名来看，HROWNB 分类器在平均值、最优值、最差值、标准差及时间上都排名第 1。对比重复实验的平均值，CSWNB 分类器、SCAWNB 分类器、GWOWNB 分类器分别排名 2、3、4，有相对较好的表现。在时间上，在其他优化算法都在 35000 ms 以上的情况下，HROWNB 分类器的平均分类时间为 25008 ms。

从表 7-11 可以看出，经过优化后的 WNB 分类器表现出了较大的差距，其中对比 10 次实验结果的“平均值”指标，获得最好结果的是 HROWNB 分类器，为 93.333%，而表现最差的是 GAWNB 分类器，结果为 78.889%，但是均超过了加权前的正确率。对比找寻到的最优值可以发现，SCAWNB 分类器、WOAWNB 分类器和 HROWNB 分类器的结果最好，为 95.238%。标准差较小的为 DEWNB 分类器和 FAWNB 分类器，但是这两者在寻优能力上表现较弱，易陷入局部最优。在时间上，HROWNB 分类器的时间为 19637 ms，比时间排名第 2 的 GWOWNB 分类器，即 26667 ms，少 7030 ms。

分析表 7-12，从公共数据集 Phishing 的实验结果可以看出，HROWNB 分类器的平均值、最优值、最差值均为 11 个算法中表现最好的，分别为 84.286%、84.483%、83.990%。再对比 11 个算法的平均值会看到，SCAWNB 分类器和 SSAWNB 分类器的结果分别为 82.734%和 83.227%，小于经典的 NB 分类器。因此，可以考虑当解空间过大时，优化算法陷入局部最优，搜索到并不合适的权重，导致结果反而低于了经典算法，并且多次实验的结果均陷入了局部值。

分析表 7-13 可以看出，对比 11 个算法的平均值、最优值、最差值、标准差和时间，HROWNB 分类器均获得了最好的结果。在剩下的 10 个算法中，能与 HROWNB 分类器势均力敌的是 CSWNB 分类器，但是对比时间会发现，CSWNB 分类器所耗费的时间成本是所有算法中最高的，接近 HROWNB 分类器的 3 倍。还有一个算法值得注意的是，GWOWNB 分类器在公共数据集“ImageSegmentation”上表现出的综合实力较强，仅次于 HROWNB 分类器。

可以看出，在对 11 个优化算法的权重优化对比测试中，HROWNB 分类器表现出了较好的寻优能力和较快的寻优速度。

3. 遥感图像实验结果与分析

表 7-14 和表 7-15 分别表示 NB 分类器特征权重优化前和优化后对遥感图像分类上的实验结果。

表 7-14　NB 分类器在遥感图像分类上的实验结果

数据集	正确率/%
RemoteImage	87.317

表 7-15　基于智能优化算法优化后的 WNB 分类器在遥感图像分类上的实验结果

数据集	算法	平均值/%	最优值/%	最差值/%	标准差	时间/ms
RemoteImage	CSWNB	90.341	90.732	90.244	0.002	72571
	DEWNB	90.244	90.244	90.244	0.000	49092
	FAWNB	89.854	90.732	88.780	0.006	48409
	GAWNB	89.854	**91.220**	88.780	0.006	49362
	GWOWNB	90.829	**91.220**	90.244	0.004	44023
	PSOWNB	90.293	90.732	89.756	0.003	46378
	SCAWNB	89.317	90.244	88.293	0.006	45398
	SSAWNB	89.854	90.732	89.268	0.005	49275
	WOAWNB	89.951	90.732	88.780	0.006	44943
	WWOWNB	90.488	90.732	89.756	0.003	54590
	HROWNB	**91.024**	**91.220**	90.732	0.002	**32186**

可以看出，经典 NB 分类器的正确率为 87.371%，HROWNB 分类器的正确率平均值为 91.024%，对遥感图像的分类有显著的提高。对比不同优化算法结果的最优值可以看出，GAWNB 分类器、GWOWNB 分类器和 HROWNB 分类器分类正确率最优值最高，达到 91.220%；DEWNB 分类器的标准差最小，正确率平均值为 90.244%，在所有算法中排名第 6。HROWNB 分类器耗费的时间最短，每次实验为 32186 ms，比排名第 2 的 GWOWNB 分类器少 11837 ms。因此，基于杂交水稻优化算法的 WNB 分类器在遥感图像分类应用上表现出较好的分类能力，能有效地提升分类精度。

7.4　本 章 小 结

本章首先对监督分类学习的过程进行了简要概述，并介绍了现有的一些对分类器进行权重优化的方法。然而，分类器中权重优化的问题仍没有找到较好的解决办法，本章提出将 HRO 用于分类器权重优化，并对 KNN 算法和 NB 分类器的权重优化原理进行了说明。为了检验基于杂交水稻优化算法加权的分类算法在实际问题中的应用效果，基于杂交水稻优化算法的 WKNN 算法和基于杂交水稻优化算法的 WNB 分类器被应用于遥感图像分类领域，在遥感图像和四个公共数据集上验证算法的性能。对比了原始分类器与一些智能优化算法包括 CS、DE、FA、

GA、GWO、PSO、SSA、SCA、WOA、WWO 对特征加权后的分类器的实验结果。结果显示，基于杂交水稻优化算法的 WKNN 算法和基于杂交水稻优化算法的 WNB 分类器在公共数据集和遥感图像都能表现出较好的分类精度和鲁棒性，是一种简单实用的分类方法。

参考文献

[1] 卢冰洁，李炜卓，那崇宁，等. 机器学习模型在车险欺诈检测的研究进展[J]. 计算机工程与应用，2022，58(5)：34-49.

[2] 闫春，厉美璇，周潇. 基于改进的遗传算法优化 BP 神经网络的车险欺诈识别模型[J]. 山东科技大学学报（自然科学版），2019，38(5)：72-80.

[3] 刘颖，杨轲. 基于深度集成学习的类极度不均衡数据信用欺诈检测算法[J]. 计算机研究与发展，2021，58(3)：539-547.

[4] 陈拓，邢帅，杨文武，等. 融合时空域特征的人脸表情识别[J]. 中国图象图形学报，2022，27(7)：2185-2198.

[5] 杨佳林，郭学俊，陈泽华. 改进 U-Net 型网络的遥感图像道路提取[J]. 中国图象图形学报，2021，26(12)：3005-3014.

[6] 王森，伍星，张印辉，等. 基于深度学习的全卷积网络图像裂纹检测[J]. 计算机辅助设计与图形学学报，2018，30(5)：859-867.

[7] 李良福，马卫飞，李丽，等. 基于深度学习的桥梁裂缝检测算法研究[J]. 自动化学报，2019，45(9)：1727-1742.

[8] Joshi K A, Thakore D G. A survey on moving object detection and tracking in video surveillance system[J]. International Journal of Soft Computing & Engineering, 2012, 2(3): 44-48.

[9] 赵泉华，王肖，李玉，等. 基于多特征加权的 SAR 影像舰船检测优化方法[J]. 通信学报，2020，41(3)：91-101.

[10] 许英姿，任俊玲. 基于改进的加权补集朴素贝叶斯物流新闻分类[J]. 计算机工程与设计，2022，43(1)：179-185.

第 8 章　杂交水稻优化算法混合蚁群优化的特征选择

数据维度的增加使得数据集中包含了大量的无关或者弱相关的特征，这些特征不仅增加了后续学习器的计算时间，而且可能会降低分类的正确率，所以对数据进行特征选择是十分重要的环节。高维小样本数据有着样本数量少、特征数量多和分类不均衡等特点，现有的大部分智能优化算法在对高维小样本数据进行特征选择的时候，会因为上述数据集的特点而无法选择理想的特征子集。因此，本章将杂交水稻优化算法和蚁群优化算法两种算法混合并应用于高维特征选择中，进一步验证杂交水稻优化算法混合蚁群优化算法在特征选择方面的性能。

8.1　特征选择概述

作为数据挖掘和机器学习中的一项重要任务，特征选择可以很好地降低数据的维度，提高算法（如分类算法）的性能[1-2]。随着数据量和特征数量的增多，受到无关特征和冗余特征的影响，特征选择的搜索空间扩大，特征选择成为一项具有挑战性的任务，利用智能优化算法求解特征选择问题受到了国内外研究者的广泛关注。单一的智能优化算法易陷入局部最优解，探索和利用的搜索机制难以平衡，近年来基于混合智能优化算法的特征选择方法得到了重点研究[3-7]。

8.1.1　特征选择框架

特征选择就是从原始的特征空间中挑选“好的”特征，去掉“不好”的特征，其中“好的”特征是指与最后目标任务相关度较高的特征，“不好”的特征是指会影响目标任务的无关特征、冗余特征和噪声等。同时在选择特征过程中，不能降低分类器的预测正确率，并在保证选择的特征数量尽可能少的基础上不改变原始数据集中类的分布。

根据上述思路，图 8-1 展示的特征选择框架流程主要包含四个基本过程，分别是生成特征子集、特征子集的评价、终止条件判断和特征子集验证。特征选择的整个过程可以描述如下：首先将原始数据集中的所有特征当作搜索起点（或空集），即原始的已选特征子集；然后使用相关搜索策略从候选特征中选择一个特征加入已选特征子集中，或者从现有特征子集中删除一个特征；在每加入或者删除一个特征之后，都需要对现存的特征进行评价；评价结束后，对终止条件进行判断，若终止条件成立，则停止搜索并用相关算法验证所得特征子集的性能，否则继续使用搜索策略进行特征选择。

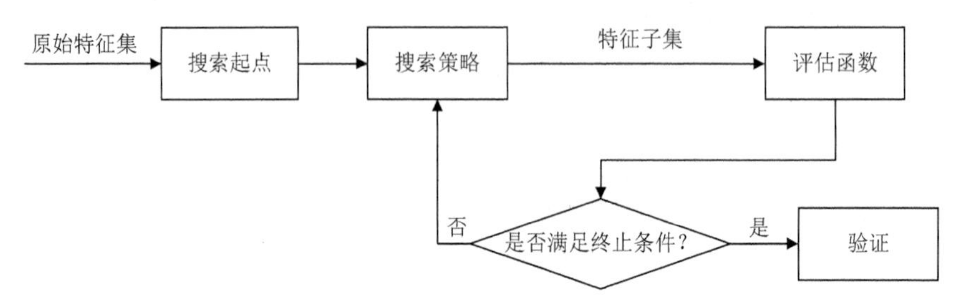

图 8-1 特征选择框架流程图

8.1.2 特征选择分类

根据特征选择和学习器的结合方式，特征选择主要分为过滤式、封装式和混合式三种类型。

1. 过滤式

在过滤式特征选择方法中，特征选择是学习算法的预处理过程，同时学习算法是特征选择的验证过程。本类特征选择方法主要基于特征排序和搜索策略。基于特征排序的方式按照具体的评价方式对特征进行评分，根据每个特征的得分进行排序并设置阈值，选择大于阈值的特征作为特征子集，最后使用获取的特征子集训练学习算法评价特征子集的优劣。基于搜索策略的特征选择方法，结合一些启发式规则或者前向搜索策略，而不是简单地使用特征评分进行选择，基于搜索策略的特征选择方法有最小冗余最大相关性（minimum redundancy maximum correlation，mRMR）、马尔科夫毯等。

2. 封装式

封装式特征选择方法结合特征选择过程与学习算法，将选用的学习器封装成黑盒，根据它在特征子集上的预测或分类正确率评价所选特征的优良，再采用搜索策略调整子集，最终获得近似的最优子集。由于封装式将学习算法和特征选择过程相结合，得到的特征子集效果较好。但是特征子集的选择过程容易受到学习算法的影响，容易出现“过拟合”现象。

3. 混合式

综合过滤式与封装式的优势，提出混合式特征选择方法来处理大规模的数据集。混合式方法较为理想的状态是在时间复杂度上与过滤式相近，在算法性能上与封装式相当。混合式方法先使用过滤式思路基于数据集本身固有的特性快速进行特征选择，先缩减特征的规模，然后用封装式方法开展搜索优化，进一步提升特征子集的质量及分类性能。

8.1.3　特征相关性度量及分析

在高维特征选择中，特征相关性是衡量特征子集质量的重要因素。特征相关性是指在数据集合 $A=<X,Y>$ 中，存在分类特征 X 包含对于区分目标分类 Y 有用的信息，则分类特征 X 与目标分类 Y 之间存在相关性；在数据集合 $A=<X,Y>$ 中，分类特征 X 和目标分类 Y 相互独立，则分类特征 X 和目标分类 Y 之间不存在相关性。高维数据集中特征数目成千上万，并不是所有的特征都与目标分类之间存在相关性，因此在高维数据集上存在大量无关和冗余的特征。这些特征不仅无法为分类提供有效的分类信息，还会增加特征空间的大小，降低分类算法的正确率，为特征选择带来巨大的困难。

为了更加直观地表示，下面以数据集 Colon 为例进行解释说明，数据集 Colon 样本数目为 62，数据的特征数目为 2000。图 8-2 中给出了 Colon 数据集中每个特征的相关性，可以看出整个数据集中特征相关性是参差不齐的。为了进一步对 Colon 数据集中的特征相关性进行分析，图 8-3 给出了特征相关性的统计情况。整个数据集中有超过 50%的特征相关性处于 0～0.05 的区间，90%的特征相关性不足 0.1，同时特征的数量随着相关性的增强而急剧下降。根据上述分析，Colon 数据集中存在着大量的无关性特征，只有数量不多的特征与最后的分类效果有关。

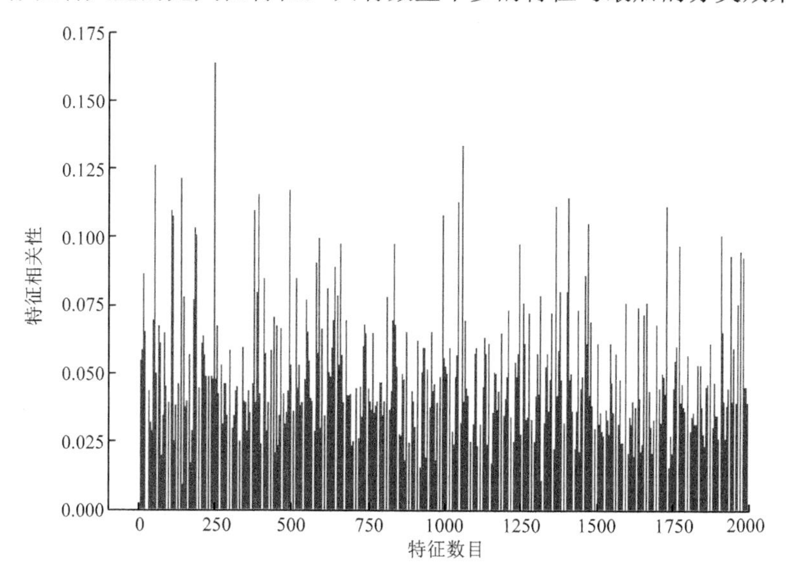

图 8-2　特征相关性

由于这些无关性特征的存在会使算法的计算复杂度上升，因此需要相关方法对这些无关特征进行度量并进行重要性排序。

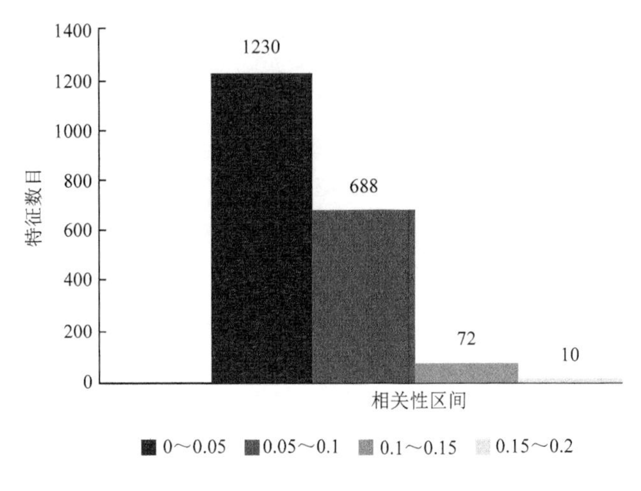

图 8-3　特征相关性区间统计

8.1.4　特征相关性计算

过滤式特征选择是一种重要的特征选择方式，通过评分函数计算特征相关性，再根据阈值判断哪些特征可以组成最后的特征子集，所以在过滤式特征选择方法中阈值的设定是该方法性能优劣的关键。但是在不同的数据集中阈值是不同的，基于数据集进行阈值设定的方法不仅不够灵活，而且通过阈值剔除的特征并不是没有用的特征，因此仅通过阈值进行特征筛选存在一定的局限性。本章使用过滤式特征选择中的评分函数计算特征相关性，将其作为改进蚁群优化（modified ant colony optimization，MACO）算法中的启发因子。虽然在 MACO 算法开展特征选择前并没有进行降维处理，但是通过启发因子的赋值可以使 MACO 算法基于特征相关性进行寻优，在特征选择过程中既考虑高相关性特征的作用，也不放弃低相关性特征的影响，从而得到质量更高的特征子集。

通过特征相关性选择特征子集的方法主要分为基于特征排序和基于特征空间搜索两种类型。基于特征排序的方法主要有 T 检验（t-test）、互信息、信息增益和费希尔（Fisher）分析等，这种方法的主要优势在于计算速度快、效率高。但是随着 CPU 的不断发展，效率的追求没有那么严格了，因此最优子集的获取往往是算法的目标。同时，基于特征排序的方法只考虑单个特征对分类结果的影响，而忽略了特征之间的相互关系，使其在高维问题中往往得不到满意的最优特征子集。基于特征空间搜索的方法不仅考虑了特征和目标分类之间的关系，同时也考虑了特征之间的相关性，得到的特征子集往往具有较优的分类效果。因此，本章主要采用基于特征空间搜索的两种方法：随机森林（random forest，RF）和特征相关选择算法 relief 的扩展算法 reliefF。下面对这两种算法进行介绍。

1. 随机森林

随机森林是一种集成学习算法，由随机方式生成的一组决策树构成，所以随机森林中的决策树之间是没有关联的。在分类任务中，当新的样本输入的时候，通过森林中的每一棵决策树进行投票决定样本最后的类别。随机森林的构建过程采用随机重采样技术，通过随机的方式保证森林中决策树的多样性和每一棵决策树的强度。随机重采样技术是指在整个样本集合中抽取样本数目为 N 的样本集合，独立重复抽取 k 次后从而生成相互独立的 k 个样本集，再通过这些样本集进行训练最终得到多个分类器，这些分类器组合在一起形成了随机森林。

在决策树生成过程中，基尼系数（Gini index）是进行节点分类的重要指标，通过 Gini index 来选择分裂的特征。因此，在选择最优分裂特征的时候，希望得到决策树的分支节点所包含的样本尽量属于同一类别，也就是使节点的纯度越来越高，Gini index 就是用来衡量节点纯度的标准。Gini index 的计算公式如下：

$$\mathrm{Gini}(D)=\sum_{k=1}^{y}p_k(1-p_k)=1-\sum_{k=1}^{y}p_k^2 \tag{8-1}$$

式中，$\mathrm{Gini}(D)$表示数据集 D 的 Gini index，也就是从数据集 D 中随机抽取两个样本，其类别不一致的概率；p_k 表示在样本 D 中 $k(k=1,2,3,\cdots,y)$ 类样本所占的比例。假设特征 $a\{a_1,a_2,a_3,\cdots,a_V\}$ 有 V 个不同的取值，则样本集合 D 基于特征 a 进行划分，就会产生 V 个分支节点，第 v 个分支节点中的样本集合为 D^v。那么特征 a 的 Gini index 可以表示为

$$\mathrm{Gini}(D,a)=\sum_{v=1}^{V}\frac{|D^v|}{|D|}\mathrm{Gini}(D^v) \tag{8-2}$$

式中，$\mathrm{Gini}(D,a)$ 表示特征 a 的 Gini index；$|D^v|$表示样本的数目。通过式（8-2）可以看出，一个决策树中特征 a 的 Gini index 是由分裂得到的 V 个分支节点的 Gini index 相加而成的。在随机森林中，一个特征的整体相关性是森林中所有决策树上该特征的 Gini index 的平均值。

2. reliefF 算法

传统 relief 算法是依据特征和分类标签之间的相关性从而赋予特征权重的算法，但是传统的 relief 算法仅适用于单标签学习，reliefF 算法是将传统算法扩充到多标签数据集的学习中。reliefF 算法的思路就是根据特征对于近邻样本的区分能力赋予权重，当特征对于近邻样本的区分能力强时，该特征的权重就越大，反之则越小。reliefF 算法在整个样本集合中随机抽取一个样本 R，再从与该样本同类

的样本组和不同类的样本组中分别抽取k个最近邻样本，用来衡量特征A的权重，特征A权重的计算公式如下：

$$W(A)=W(A)-\sum_{j=1}^{k}\frac{\mathrm{diff}(A,R,H_j)}{mk}+\sum_{C\notin \mathrm{class}(R)}\frac{\left[\dfrac{p(C)}{1-p(\mathrm{Class}(R))}\sum_{j=1}^{k}\mathrm{diff}(A,R,M_j(C))\right]}{mk} \tag{8-3}$$

式中，$W(A)$表示特征A的权重；被选取的样本用R表示，与样本R属于同一类别的样本表示为$H_j(j=1,2,3,\cdots,k)$，与样本R不属于同一类别的样本用$M_j(C)$表示，其所属的类别为C；$p(\mathrm{Class}(R))$表示样本R所属类别的概率；$p(C)$表示类别C出现的概率；m表示重复抽取随机样本的次数；diff( )表示两个样本在特征A上的距离，距离的计算公式如下：

$$\mathrm{diff}(A,R_1,R_2)=\begin{cases}\dfrac{|R_1[A]-R_2[A]|}{\max(A)-\min(A)}，如果A是连续的\\0，如果A是离散的且R_1[A]=R_2[A]\\1，如果A是离散的且R_1[A]\neq R_2[A]\end{cases} \tag{8-4}$$

式中，$R_1[A]$和$R_2[A]$分别表示样本R_1和R_2在特征A上的取值；$\max(A)$和$\min(A)$分别表示特征A在选取样本中最大和最小的取值。经过多次重复的随机抽样，再通过评估样本与近邻样本之间的类间距离和类内距离来计算每个特征的权重值。

8.2 改进蚁群优化算法

由于 ACO 算法适合与其他算法相结合，很多学者进行了相应的探索和研究。Shunmugapriya 等[8]提出了一个基于 ACO 算法和 ABC 算法的特征选择的序列模型，其中蚂蚁产生的特征子集被作为蜂群的初始食物来源。Kiran 等[9]将 ACO 算法和 PSO 算法以并行的方式结合起来预测土耳其的能源需求，在每次迭代结束时比较粒子和蚂蚁找到的最佳解决方案。在上述相关文献中，ACO 算法通过基于信息素和启发因子的更新机制，可以快速提供接近最优的解决方案，并与相应算法混合进行优势互补。HRO 算法作为新提出的群智能优化算法，拥有收敛速度快，搜索性能好，迭代后期种群丰富度高的特点。ACO 算法基于二进制有向图和正反馈机制，在解决离散组合优化问题时有着天然的优势。因此，针对高维特征选择问题，将 ACO 算法和 HRO 算法进行结合，设计了改进蚁群优化（MACO）算法两种不同的结合模式。

8.2.1 并行模型

在并行模型（以下简称 P-MACO）中，ACO 算法与 HRO 算法以并行的方式结合，最大程度地保留了两个算法的优势。具体思路如下：最初两个分别代表 ACO 算法和 HRO 算法的子种群被随机地分布在搜索空间中，然后在更新阶段，ACO 算法和 HRO 算法的算子在其子种群上独立执行，蚂蚁根据路径更新公式得到选择路径，水稻的基因序列则根据 HRO 算法进化机制进行更新。在每次迭代结束之前，通过比较 ACO 算法和 HRO 算法的个体适应度值，获取 P-MACO 模型的当代最优解。

P-MACO 模型流程图如图 8-4 所示，模型具体的运行过程如下。

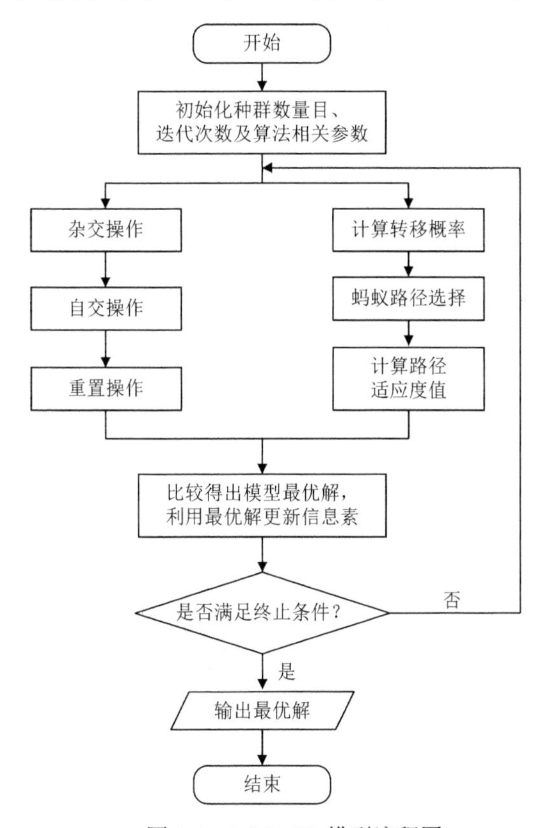

图 8-4　P-MACO 模型流程图

步骤 1：初始化算法各参数，设置最大迭代次数，将当前迭代次数设为 0。

步骤 2：初始化种群，进行适应度值计算。

步骤 3：利用 HRO 算法对子种群 X 进行杂交、自交和重置等操作，得到 HRO 算法最优个体 X_{best}。

步骤 4：执行 ACO 算法，子种群 Y 在有向图中进行游走，得到 ACO 算法最优个体 Y_{best}。

步骤 5：判断 ACO 算法最优个体 Y_{best} 是否优于 HRO 算法最优个体 X_{best}，若是，则输出 ACO 算法最优个体 Y_{best} 作为结果；反之，输出 HRO 算法最优个体 X_{best}。

步骤 6：利用最优个体更新全局信息素，更新 P-MACO 模型的全局最优解，迭代次数加 1。

步骤 7：若达到最大迭代次数，则结束循环输出计算结果；反之，返回步骤 3。

8.2.2 串行模型

在 HRO 算法中，保持系是杂交阶段产生不育系的亲本之一。因此，保持系个体的质量是产生更好的不育系个体和提高算法性能的一个重要因素。基于 P-MACO 模型的分析和讨论，信息素和启发因子的分配对 ACO 算法在迭代初期快速产生不错的解决方案非常重要。此外，P-MACO 模型中的一些执行和比较过程需要进一步简化。所以，可以将 ACO 算法的搜索思路设计为算子，嵌入 HRO 算法中用以更新保持系的个体。在执行 HRO 算法的操作前，通过 ACO 算法对保持系中的个体进行更新，获得更高质量的保持系个体，进一步提升算法获得最优解的概率。

在串行模型（以下简称 S-MACO）中，反映信息素和启发因子影响的概率 $p_k(1)$ 被应用于更新保持系中个体第 k 位的状态，需要更新的位包含在一个随机生成的集合 G 中，集合 G 的生成公式如下：

$$|G| = n\left(1 - \frac{t}{T_{\max}}\right) \tag{8-5}$$

式中，集合 G 的大小（$|G|$是集合 G 的大小，n 是问题的维度）随着迭代次数的增加而动态减少。在迭代开始时，被设计成算子的 ACO 算法改善了保持系中个体的大量维度，使 S-MACO 模型专注于离散空间中的全局搜索。随着迭代次数的增加，集合 G 逐渐减小，使得 S-MACO 模型主要专注于局部搜索，围绕最优解进行寻优，更有利于提升解的质量。

S-MACO 模型流程图如图 8-5 所示，模型具体的运行过程如下。

步骤 1：初始化算法各参数，设置最大迭代次数，将当前迭代次数设为 0。

步骤 2：初始化种群，进行适应度值计算。

步骤 3：利用 ACO 算法对 HRO 算法中的保持系个体进行更新。

步骤 4：利用 HRO 算法对种群进行杂交、自交和重置等操作，得到 HRO 算法最优个体。

步骤 5：利用最优个体更新全局信息素，更新 S-MACO 模型的全局最优解，迭代次数加 1。

步骤 6：若达到最大迭代次数，则结束循环输出计算结果；反之，返回步骤 3。

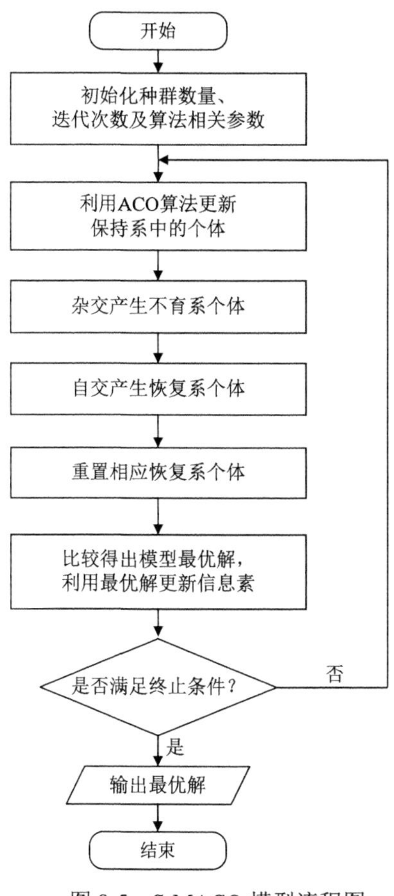

图 8-5　S-MACO 模型流程图

8.3　基于特征相关性和改进蚁群优化算法的特征选择

本章提出两种 MACO 算法的混合模型（P-MACO 模型和 S-MACO 模型），下面使用这两种模型作为特征选择方法。

8.3.1　启发因子设置

正确的启发因子赋值方式是 MACO 算法性能的关键。在过滤式特征选择方法中，通过计算特征的相关性对特征进行排序，再根据经验或者实验设置阈值，选取相关性大于阈值的特征，剔除小于阈值的特征。基于特征相关性的过滤式特征选择方法，虽然时间复杂度低并且能够较快地选择特征，但是选择的特征子集质量不高。相关性较小且低于阈值的特征不代表对最后的分类结果就没有影响，所以在特征选择中考虑相关性较小特征的影响也是十分重要的。Chen 等[10]提出了一种基于特征权重的拐点选择方案，将拐点特征的权重作为阈值从而摆脱复杂的实验验证，并且不会丢失关于类标签的大量信息，本章将该方法用于 MACO 算法中的启发因子赋值，其公式如下：

$$\begin{cases}\eta_k(1) = R(k) \\ \eta_k(0) = R(\text{knee point})\end{cases} \tag{8-6}$$

式中，$\eta_k(1)$ 和 $\eta_k(0)$ 分别表示第 k 个特征被选中和没有被选中的启发信息；$R(k)$表示第 k 个特征的相关性；R(knee point)表示拐点特征的相关性。

首先应用 8.1.4 中的随机森林或 reliefF 算法计算数据集中特征的相关性，再将特征根据特征相关性进行降序排序，图 8-6 中曲线表示降序排列后特征的相关性；连接相关性最大和相关性最小的特征做出一条虚线；计算所有特征到虚线的垂直距离，选取垂直距离最长的特征作为拐点；最后应用式（8-6）进行 MACO 算法启发因子的赋值。通过这样的赋值方式可以使相关性大的特征更有希望被选择，同时也没有丢失相关性较小的特征中所蕴含的信息。

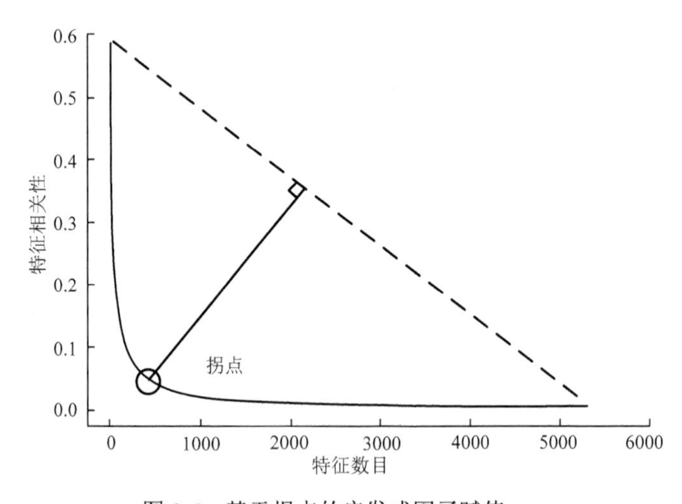

图 8-6 基于拐点的启发式因子赋值

8.3.2 特征选择适应度函数

在进行特征选择的过程中需要对选择的特征子集进行评价，由于本章采用的是基于智能优化算法的封装式特征选择方法，将最佳特征子集的搜索内置于分类算法中构建。评价函数主要是由分类正确率和特征子集中特征数目构成的，评价函数和分类正确率的计算公式如下：

$$\text{Fitness} = \alpha \times (1 - \text{accuracy}) + \beta \times \frac{n}{N} \tag{8-7}$$

$$\text{accuracy} = \frac{\text{TP} + \text{TN}}{\text{TP} + \text{TN} + \text{FP} + \text{FN}} \tag{8-8}$$

式中，n 表示特征子集中的特征数目；N 表示原始特征数目；$\alpha(\alpha \in [0,1])$ 和 $\beta(\beta = 1 - \alpha)$ 是正确率和子集特征数目的权重。由于特征选择是为了找到最优的特征子集，进而达到理想的正确率，因此在参数的设置过程中，正确率应该权重较高。同时，应该保证在不降低正确率的情况下，尽量选择较少的特征数目。

8.3.3　特征选择流程

基于 MACO 算法的特征选择的流程（图 8-7）如下：首先初始化 MACO 算法的参数，应用 RF 算法或 reliefF 算法计算数据集的特征相关性并赋值给算法的启发因子；将数据集划分为训练集和测试集，训练集用作算法迭代过程中训练分类器和评估特征子集，测试集用来测试选择的特征子集的质量；开始算法的迭代过程，当满足算法的终止条件时，输出算法迭代选择的特征子集。

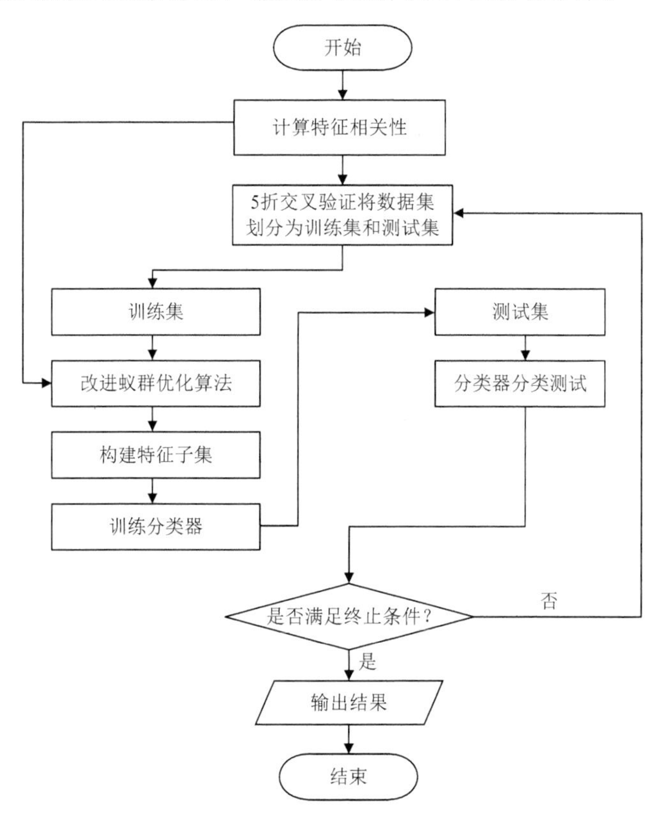

图 8-7　MACO 算法解决特征选择问题流程图

8.4 实验仿真与分析

为了验证 MACO 算法特征选择的性能，在部分高维小样本数据集上进行仿真实验，具体如下。

8.4.1 实验环境介绍

1. 数据集描述

本章采用的主要是医学相关的数据集（表 8-1），随着 DNA 微阵列芯片的开发，通过 DNA 微阵列实验可以同时测出大量基因的表达水平值，得到的数据称为基因表达数据。由于生物体内基因组中的基因数量成千上万，但是样本数量却不多，因此这样的数据集是典型的“高维小样本”数据集。基因微阵列数据集中，由于大量的基因功能类似，因此得到的表达水平高度相关，数据集中充斥着对分类意义不大的冗余基因。除此之外，由于医学检验的特殊性，基因微阵列数据集还存在着较为严重的样本失衡，以数据集 Colon 为例：数据集共有样本数 62 例，其中 40 例为结肠癌（colon cancer）样本，剩下 22 例为正常（normal）样本，样本中包含的基因个数为 2000 个。因此对基因微阵列数据集进行特征选择是研究的热点和难点。本章的数据集主要来自 https://jundongl.github.io/scikit-feature/datasets.html 和 https://ckzixf.github.io/dataset.html 两个公开的数据网站。

表 8-1 特征选择实验数据集

数据集	特征数目	样本数目	类别数目
Colon	2000	62	2
warpAR10P	2400	130	10
lung	3312	203	5
lymphoma	4026	96	9
GLIOMA	4434	50	4
Leukemia_1	5327	72	3
DLBCL	5469	77	2
Prostate_GE	5966	102	2
ALLAML	7129	72	2
Brain_Tumor_2	10367	50	4

2. 参数和评估指标介绍

在本次实验中，所有算法的种群数目设置为 30，迭代次数设置为 100。在特征选择的过程中使用的分类器为 KNN。为避免算法出现过拟合的情况，本章采用 5 折交叉验证的方式将数据集划分为训练集和测试集，将数据集划分为 5 份，其中轮流选择 4 份作为训练集训练分类器并且得到特征子集，再用剩下的一份数据集作为测试集测试特征子集的效果。本章提出的 MACO 算法的两种混合模型和比较算法均采用随机算法，每一次独立运行的随机性较强，所以每个算法独立运行 30 次，评估指标均为 30 次独立运行的平均值。Avg(%)、Max(%)和 Min(%)分别表示算法独立运行 30 次后获得的特征子集的平均分类正确率、最高分类正确率和最低分类正确率，Std 和 AvgN 分别表示算法独立运行 30 次后获得的分类正确率的标准差和特征子集中的特征数目。

8.4.2　特征相关性实验结果分析

1. 特征相关性实验验证

在特征相关性实验中，比较了基于 RF 算法和 reliefF 算法的特征选择方法，剔除了相关性较小的特征，选取相关性大于拐点的特征组成特征子集，通过比较基于特征子集分类的结果，从而检验特征相关性的作用。分类正确率是由分类器 KNN(K=5)分类得到的结果，将分类正确率和选取的特征数目展示在表 8-2 中，其中 AvgN 表示平均特征数目，Acc 表示正确率。

表 8-2　特征相关性实验结果

数据集	原始算法		RF 算法		reliefF 算法	
	AvgN	Acc/%	AvgN	Acc/%	AvgN	Acc/%
Colon	2000	83.97	**67**	87.05	232	**88.46**
warpAR10P	2400	56.67	**192**	**68.67**	2142	54.67
lung	3312	95.03	**108**	**95.50**	311	92.02
lymphoma	4026	91.47	**167**	89.78	3663	**92.72**
GLIOMA	4434	76.77	**60**	**82.41**	384	67.14
Leukemia_1	5327	88.75	**57**	**91.90**	446	89.97
DLBCL	5469	89.46	**45**	**96.25**	316	93.57
Prostate_GE	5966	80.38	**76**	89.24	396	**92.14**
ALLAML	7129	76.38	**39**	91.52	539	**95.81**
Brain_Tumor_2	10367	70.45	**60**	64.82	533	**70.64**
平均值		80.93		**85.71**		83.71

由表 8-2 可知，在选取的特征数目方面，RF 算法和 reliefF 算法都剔除了大量的无关特征。与 reliefF 算法相比，RF 算法剔除的无关特征更多，特别是在数据集 Brain_Tumor_2 中，相较于原始数据集中 10367 个特征，RF 算法最终选取的特征数

目只有 60 个，降幅达到 99.42%。在正确率方面，基于 RF 算法和 reliefF 算法选择的特征子集得到的正确率相较于原始算法选择的特征子集都有不同程度的提高，在数据集 ALLAML 中，RF 算法和 reliefF 算法得到的正确率的相对提升幅度分别是 19.82% 和 25.43%。通过实验数据可知，基于特征选择相关性的特征选择方法是有效的。

值得注意的是，在数据集 lymphoma 和 Brain_tumor_2 上，RF 算法得到的正确率不升反降；同样，reliefF 算法在 warpAR10P、lung、GLIOMA 也出现了相同的情况。以上现象表明，单纯基于特征相关性排序的特征选择方法有着一定的局限性，剔除了有用的特征丢失了重要信息。因此，不剔除相关性较小的特征，而将所有特征的相关性作为 MACO 算法启发因子，根据特征相关性引导算法进行特征选择是更有效的方式。

2. 特征相关性计算算法和分类器选取

本实验将 RF 算法和 reliefF 算法计算得到的特征相关性作为启发因子赋值给 MACO 算法的两种模型，同时为了进一步提升分类器的分类正确率，通过实验探究 KNN 中 K 值对于分类器性能的影响。基于 K=5 和 K=3 得到的分类正确率的结果分别记录在表 8-3 和表 8-4 中。

表 8-3 不同特征相关性计算算法的分类正确率（KNN,K=5） 单位：%

数据集	原始算法	RF 算法	reliefF 算法	基于 RF 算法		基于 reliefF 算法	
				P-MACO	S-MACO	P-MACO	S-MACO
Colon	83.97	87.05	88.46	96.27	94.50	95.86	**96.83**
warpAR10P	56.67	68.67	54.67	79.90	**80.23**	69.33	70.10
lung	95.03	95.50	92.02	**98.91**	98.34	97.54	97.64
lymphoma	91.47	89.78	92.72	95.97	**96.08**	95.44	95.28
GLIOMA	76.77	82.41	67.14	**90.14**	88.86	88.21	88.23
Leukemia_1	88.75	91.90	89.97	**99.33**	**99.33**	98.73	98.87
DLBCL	89.46	96.25	93.57	**100.00**	99.75	98.00	98.75
Prostate_GE	80.38	89.24	92.14	95.29	94.90	94.39	**95.67**
ALLAML	76.38	91.52	95.81	99.00	**99.14**	94.77	98.44
Brain_Tumor_2	70.45	64.82	70.64	**88.82**	86.82	84.90	85.85
平均值	80.93	85.71	83.71	**93.84**	93.35	91.21	92.06

表 8-4 不同特征相关性计算算法的分类正确率（KNN,K=3） 单位：%

数据集	原始算法	RF 算法	reliefF 算法	基于 RF 算法		基于 reliefF 算法	
				P-MACO	S-MACO	P-MACO	S-MACO
Colon	80.77	88.59	90.26	**95.27**	93.71	94.97	**95.94**
warpAR10P	60.00	74.33	58.00	**83.07**	82.87	76.33	76.30

续表

数据集	原始算法	RF 算法	reliefF 算法	基于 RF 算法		基于 reliefF 算法	
				P-MACO	S-MACO	P-MACO	S-MACO
lung	96.01	95.06	94.02	98.44	**98.54**	97.48	97.93
lymphoma	91.89	94.25	91.89	**96.33**	**96.33**	95.51	95.64
GLIOMA	78.95	86.23	68.95	91.02	**91.09**	86.90	88.21
Leukemia_1	87.21	91.70	85.67	99.15	**99.60**	98.75	99.30
DLBCL	87.06	96.25	91.07	**100.00**	99.88	97.89	99.13
Prostate_GE	80.52	90.24	90.19	**95.71**	95.52	94.22	94.70
ALLAML	79.05	92.95	93.05	**99.30**	98.86	95.73	98.29
Brain_Tumor_2	74.45	72.95	74.64	89.44	**90.15**	86.41	87.70
平均值	81.59	88.26	83.77	**94.39**	94.28	92.06	92.86

对比表 8-3 和表 8-4 中的分类正确率可以发现，基于特征相关性的 P-MACO 和 S-MACO 两种模型得到的分类正确率要优于单纯的 RF 算法和 reliefF 算法。以表 8-3 中数据集 Brain_Tumor_2 的分类正确率为例，RF 算法分类正确率是 64.82%，基于 RF 算法的 P-MACO 和 S-MACO 模型得到的分类正确率是 88.82%和 86.82%，相对提升幅度分别是 37.02%和 33.94%；reliefF 算法的分类正确率是 70.64%，基于 reliefF 算法的 P-MACO 和 S-MACO 模型的分类正确率是 84.90%和 85.85%，相对提升幅度分别是 20.18%和 21.53%。根据实验结果可以得出，基于特征相关性的 P-MACO 和 S-MACO 模型的结果更优，弥补了单纯以特征相关性为主的过滤式特征选择方法的缺点，并且通过特征相关性引导算法跳出局部最优得到更好的结果。

在单纯以 RF 算法和 reliefF 算法的特征选择分类正确率中，RF 算法的分类正确率要明显高于 reliefF 算法的分类正确率。并且，RF 算法的优势也表现在基于它的 P-MACO 和 S-MACO 模型的分类正确率上，在表 8-3 的后 4 列分类正确率中，虽然基于 reliefF 算法的 S-MACO 模型在 Colon 和 Prostate_GE 数据集上取得了较为不错的结果，但是从 10 个数据集的分类正确率来看，基于 RF 算法的两种混合模型取得的分类正确率更优，并在更多的数据集上取得最优的次数也更多，这样的比较结果在表 8-4 中更加明显。因此在后续的实验比较中，将以 RF 算法计算得到的特征相关性作为 P-MACO 和 S-MACO 模型的赋值。

为进一步探究 KNN 中 K 值的设置对于分类器性能的影响，将 K 值设置为 3 和 5 进行实验分析，对比表 8-3 和表 8-4 的结果可以看出，当 K=5 时，基于 RF 算法的 P-MACO 和 S-MACO 的分类正确率平均值为 93.84%和 93.35%；当 K=3 时，基于 RF 算法的两种混合模型的分类正确率平均值为 94.39%和 94.28%。同时，从 10 个数据集的分类正确率看，所有算法在 K=3 时的分类正确率均有不同程度的提高。所以在后续的实验中，使用 K=3 的 KNN 作为分类器进行实验模拟。

8.4.3 对比算法的特征选择实验结果分析

在本实验中，将基于 RF 算法的 P-MACO 和 S-MACO 模型的分类正确率，同 HRO、ACO、FPA、PSO、ABC、SSA、GWO 算法的分类正确率进行比较，通过同类型算法间的比较，进一步探索两种混合模型的性能。

表 8-5 和表 8-6 中分别列出了 9 个算法在各个数据集上的分类正确率和特征子集的特征数目，以及非参数检验的结果，vs 表示对比。现对表中的数据做如下分析。

表 8-5 算法在高维数据集上的实验结果

数据集	算法	Max/%	Min/%	Mean/%	AvgN	Time/s
Colon	P-MACO	98.33	91.92	95.27	73.90	49.81
	S-MACO	95.26	91.92	93.71	57.00	51.51
	HRO	93.72	88.85	90.37	358.80	40.08
	ACO	91.92	90.26	91.76	59.40	39.92
	FPA	88.97	87.31	88.17	922.80	44.63
	PSO	88.97	87.31	88.15	756.20	64.28
	ABC	87.44	84.10	85.72	623.80	72.68
	SSA	87.31	84.10	85.58	964.70	48.25
	GWO	90.51	87.31	88.60	827.00	84.15
warpAR10P	P-MACO	84.67	81.33	83.07	143.60	133.88
	S-MACO	84.00	81.00	82.87	153.90	87.36
	HRO	78.00	73.00	75.23	900.70	85.89
	ACO	83.67	81.00	82.43	156.30	62.56
	FPA	75.00	72.33	73.93	1177.30	120.47
	PSO	77.00	72.67	75.70	1055.80	135.75
	ABC	75.67	69.67	72.80	889.80	202.24
	SSA	72.67	69.33	71.20	1180.80	126.72
	GWO	77.00	73.67	75.70	1137.90	187.09
lung	P-MACO	98.50	98.00	98.44	323.00	278.02
	S-MACO	98.99	98.02	98.54	367.40	276.07
	HRO	98.49	97.97	98.24	818.10	256.76
	ACO	98.00	96.06	96.79	93.40	100.60
	FPA	98.49	97.97	98.10	1569.80	383.08
	PSO	98.49	97.97	98.24	1346.40	393.66
	ABC	98.00	97.02	97.46	1217.70	665.02
	SSA	98.00	97.02	97.56	1608.70	385.90
	GWO	98.49	97.97	98.23	1415.90	503.41

续表

数据集	算法	Max/%	Min/%	Mean/%	AvgN	Time/s
lymphoma	P-MACO	96.33	96.33	96.33	145.20	132.89
	S-MACO	96.33	96.33	96.33	140.50	119.55
	HRO	96.33	95.08	96.11	577.60	96.42
	ACO	96.33	95.08	95.21	138.80	80.40
	FPA	95.22	93.97	94.76	1816.80	146.87
	PSO	95.22	93.97	94.78	1568.90	177.84
	ABC	95.08	93.97	94.08	1522.70	226.52
	SSA	95.22	93.97	94.21	1932.70	145.15
	GWO	95.22	93.97	94.76	1654.30	254.29
GLIOMA	P-MACO	92.55	90.05	91.02	32.20	103.66
	S-MACO	92.55	90.05	91.09	44.00	97.84
	HRO	90.05	84.41	87.81	617.30	78.20
	ACO	91.86	90.05	90.23	40.70	71.13
	FPA	86.23	84.41	85.86	2009.90	93.65
	PSO	90.05	84.41	86.08	1759.70	122.37
	ABC	84.41	82.59	82.77	1718.00	139.92
	SSA	84.41	82.59	83.50	2124.30	94.11
	GWO	86.23	84.41	85.32	1840.40	218.09
Leukemia_1	P-MACO	**100.00**	97.24	99.15	562.70	145.68
	S-MACO	**100.00**	**98.67**	**99.60**	222.90	127.19
	HRO	**100.00**	98.46	99.04	1771.10	109.93
	ACO	97.24	95.81	96.96	**41.30**	83.20
	FPA	**100.00**	98.67	99.33	2589.90	135.48
	PSO	**100.00**	98.67	99.20	2261.50	186.38
	ABC	98.67	94.57	97.36	2205.10	210.64
	SSA	98.67	95.81	97.79	2623.70	133.27
	GWO	**100.00**	**98.67**	99.47	2411.40	305.17
DLBCL	P-MACO	**100.00**	**100.00**	**100.00**	33.80	159.75
	S-MACO	100.00	98.75	99.88	34.30	134.91
	HRO	100.00	96.07	98.13	1272.70	135.82
	ACO	97.50	97.50	97.50	**26.70**	87.01
	FPA	97.32	96.07	97.20	2649.10	165.45
	PSO	97.32	96.07	96.70	2311.40	206.95
	ABC	96.07	93.57	94.82	2233.30	276.54
	SSA	97.32	93.49	95.30	2680.50	172.03
	GWO	97.32	94.82	96.82	2436.80	357.81

续表

数据集	算法	Max/%	Min/%	Mean/%	AvgN	Time/s
Prostate_GE	P-MACO	**96.10**	**95.14**	**95.71**	**53.10**	190.07
	S-MACO	**96.10**	**95.14**	95.52	54.30	181.44
	HRO	91.24	89.33	90.47	1055.40	179.52
	ACO	96.10	94.19	95.24	63.10	109.26
	FPA	88.38	87.43	87.71	2861.80	269.91
	PSO	87.43	87.43	87.43	2532.50	308.30
	ABC	85.52	83.52	84.69	2474.40	434.64
	SSA	87.43	83.52	85.58	2892.30	266.88
	GWO	89.33	86.43	87.51	2690.20	486.84
ALLAML	P-MACO	**100.00**	**98.57**	**99.30**	**23.60**	194.03
	S-MACO	**100.00**	**98.57**	98.86	23.90	172.54
	HRO	92.86	88.67	90.67	1269.10	151.43
	ACO	**100.00**	**98.57**	98.72	23.70	112.03
	FPA	91.43	87.24	88.55	3456.50	198.63
	PSO	90.00	87.24	88.68	3160.00	248.23
	ABC	88.67	81.81	84.68	3057.10	319.67
	SSA	86.00	83.14	84.82	3487.40	195.86
	GWO	91.43	87.33	88.98	3293.30	483.79
Brain_Tumor_2	P-MACO	92.05	87.27	89.44	1122.70	224.97
	S-MACO	**94.55**	**88.23**	**90.15**	711.90	234.40
	HRO	90.05	86.41	88.05	2455.50	185.15
	ACO	78.95	78.95	78.95	**40.10**	145.91
	FPA	88.23	86.41	87.50	5019.70	213.69
	PSO	88.23	86.23	88.01	4620.00	318.11
	ABC	86.41	80.77	83.57	4620.10	309.57
	SSA	86.41	82.59	85.43	5125.80	210.23
	GWO	88.23	86.41	87.68	4788.90	770.95

表 8-6　对于算法平均正确率的非参数检验

算法	P-MACO vs			S-MACO vs		
	R^+	R^-	p-value	R^+	R^-	p-value
P-MACO				22.5	32.5	0.723192
S-MACO	32.5	22.5	0.317793			
HRO	55	0	0.002961	55	0	0.002961
ACO	55	0	0.002961	55	0	0.002961
FPA	55	0	0.002961	54	1	0.004023
PSO	55	0	0.002961	54	1	0.004023
ABC	55	0	0.002961	55	0	0.002961
SSA	55	0	0.002961	55	0	0.002961
GWO	55	0	0.002961	53	2	0.005413

（1）对于所有数据集，9 个算法通过特征选择都对原始数据进行了不同程度的筛选，得到了较为不错的特征子集，平均分类正确率均不同程度得到了提高。整体上，9 种算法选择的特征数目与原始特征数目相比减少了 85%～95%，同时分类正确率提高幅度较大，提升幅度均在 10%以上。实验结果说明基于智能优化算法的特征选择方法能有效减少数据集中的冗余特征，并显著提高数据集的分类正确率。

（2）P-MACO 和 S-MACO 模型两种特征选择方法在 10 个数据集上获得的分类正确率、标准差和选择的平均特征数目均优于其他 7 个比较算法，说明基于 ACO 算法和 HRO 算法的两种混合模型有效提高了特征选择的性能，同时也表明相较于单一算法，混合模型在高维数据集上有很好的鲁棒性。在最高分类正确率中，对于 Colon、warpAR10P、DLBCL、Prostate_GE、ALLAML 和 Brain_Tumor_2 数据集，P-MACO 模型都获得了最好的最高平均分类正确率，分别为 95.27%、83.07%、100%、95.71%、99.30%和 89.44%；S-MACO 模型虽然没有取得比 P-MACO 模型更好的最高分类正确率，但是相较于其他比较算法，S-MACO 模型依然表现出不错的性能。在最低的正确率中，P-MACO 模型和 S-MACO 模型依旧领先其他算法，特别是在 Prostate_GE 数据集上，P-MACO 模型和 S-MACO 模型相较于结果较差的 ABC 模型分别在最低分类正确率中高出其 13.9%。在平均正确率方面，P-MACO 模型相较于 S-MACO 模型表现得更好一些，在 10 个高维数据集中的 7 个数据集上取得了明显的优势，特别是在 DLBCL 数据集上分类正确率为 100%。

（3）对于特征子集中平均特征数目，P-MACO 模型在 warpAR10P、GLIOMA、Prostate_GE 和 ALLAML 数据集上选择了更少的特征数目，分别是 143.60、32.20、53.10 和 23.60，S-MACO 模型也在 Colon 数据集中取得了较少的特征数目（为 57）。相较于 RF 算法在这 5 个数据集中计算得到的特征数目 192、60、76、39 和 67 都有减少，并且在这 5 个数据集上基于特征相关性求解的 P-MACO 模型和 S-MACO 模型取得了更高的正确率，说明将特征相关性赋值为启发因子的做法是可行且有效的。除此之外，P-MACO 模型和 S-MACO 模型在 Leukemia_1 和 Brain_Tumor_2 数据集中选择的特征数目都要高于 RF 算法计算得到的特征数目，特别是在 Brain_Tumor_2 数据集中 P-MACO 模型和 S-MACO 模型选择的特征数目分别为 1122.70 和 711.90，远高于 RF 算法计算得到的 60。尽管选择的特征数目多，但是 P-MACO 模型和 S-MACO 模型的分类正确率更高，说明只考虑特征相关性的过滤式选择方法是有局限性的，基于特征相关性的包裹式特征选择方法更具有优势。

（4）非参数检验[威尔科克森符号秩检验（Wilcoxon signed rank test）]的原假设（H0）是两种被比较的算法之间没有差异，备选假设（H1）是两种被比较的算法之间存在明显的差异。R^+是混合模型优于比较算法的等级之和，R^-是混合模型差于比较算法的等级之和。如果 p 值小于 0.05，则拒绝原假设，接受备选假设。观察表 8-6 的实验结果可知，混合模型得到的 R^+值远远高于比较算法，这表明 P-MACO 模型和 S-MACO 模型在大多数情况下是更好的解决方案。同时，在混合模型和竞争算法的成对比较中，p 值小于 0.05，说明混合模型和比较算法存在明显的区别。

图 8-8 显示了 9 个算法在 10 个特征选择数据集上的收敛曲线，其中横坐标是迭代次数，纵坐标是平均适应度值，曲线是算法独立运行 30 次的平均适应度值收敛曲线，菱形和原点曲线分别表示 P-MACO 模型和 S-MACO 模型。从 10 张收敛曲线图中可以直观地看出，P-MACO 模型和 S-MACO 模型都具有优秀的求解能力，能够在迭代结束之前收敛到全局最优解附近。同时，除了在数据集 Leukemia_1 和 Brain_ Tumor_2 上外，P-MACO 模型和 S-MACO 模型都获取了比较好的初始解，是因为特征相关性作为启发因子引导算法选择相关性较大的特征，从而使混合模型搜寻效率高，收敛速度快。通过适应度值收敛曲线图可以看出，ACO 算法在大部分数据集上收敛较早，在迭代后期容易陷入局部最优从而失去继续搜索的能力；HRO 算法表现出在前期收敛速度较慢，相较于其他算法在后期依旧保留着一定的寻优能力。由两种算法混合得出的 P-MACO 模型和 S-MACO 模型结合了两者的优势，ACO 算法在前期给模型提供搜索方向，HRO 算法在后期帮助模型跳出局部最优解，从而获得理想的结果。

图中，—◆—：P-MACO；—●—：S-MACO；—◀—：HRO；—▶—：ACO；—★—：PSO；—▲—：FPA；—■—：ABC；—×—：SSA；—◀—：GWO。

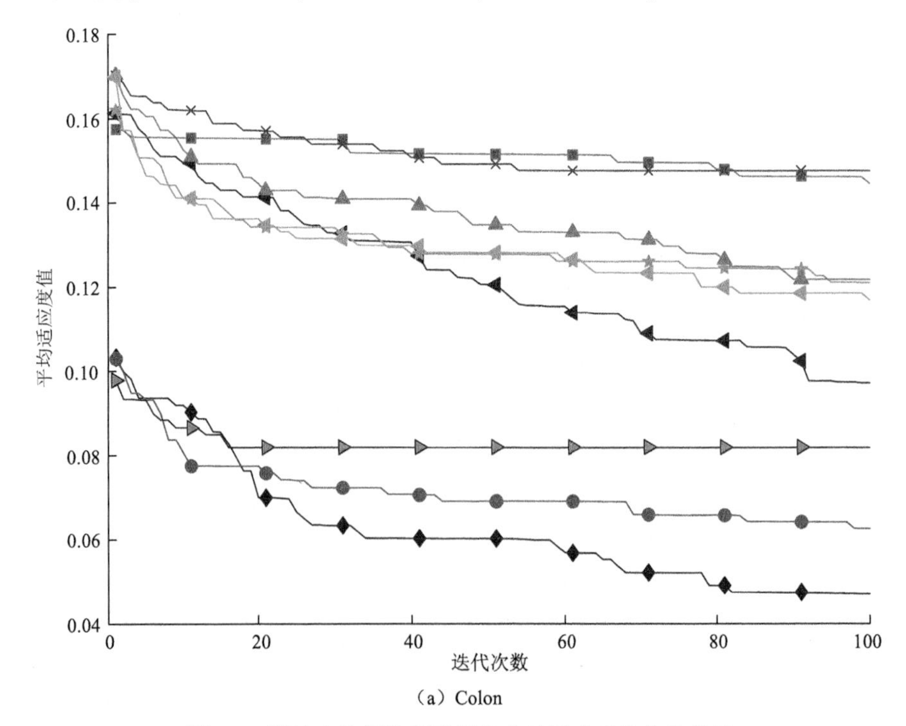

（a）Colon

图 8-8　算法在特征选择数据集上的适应度值收敛曲线

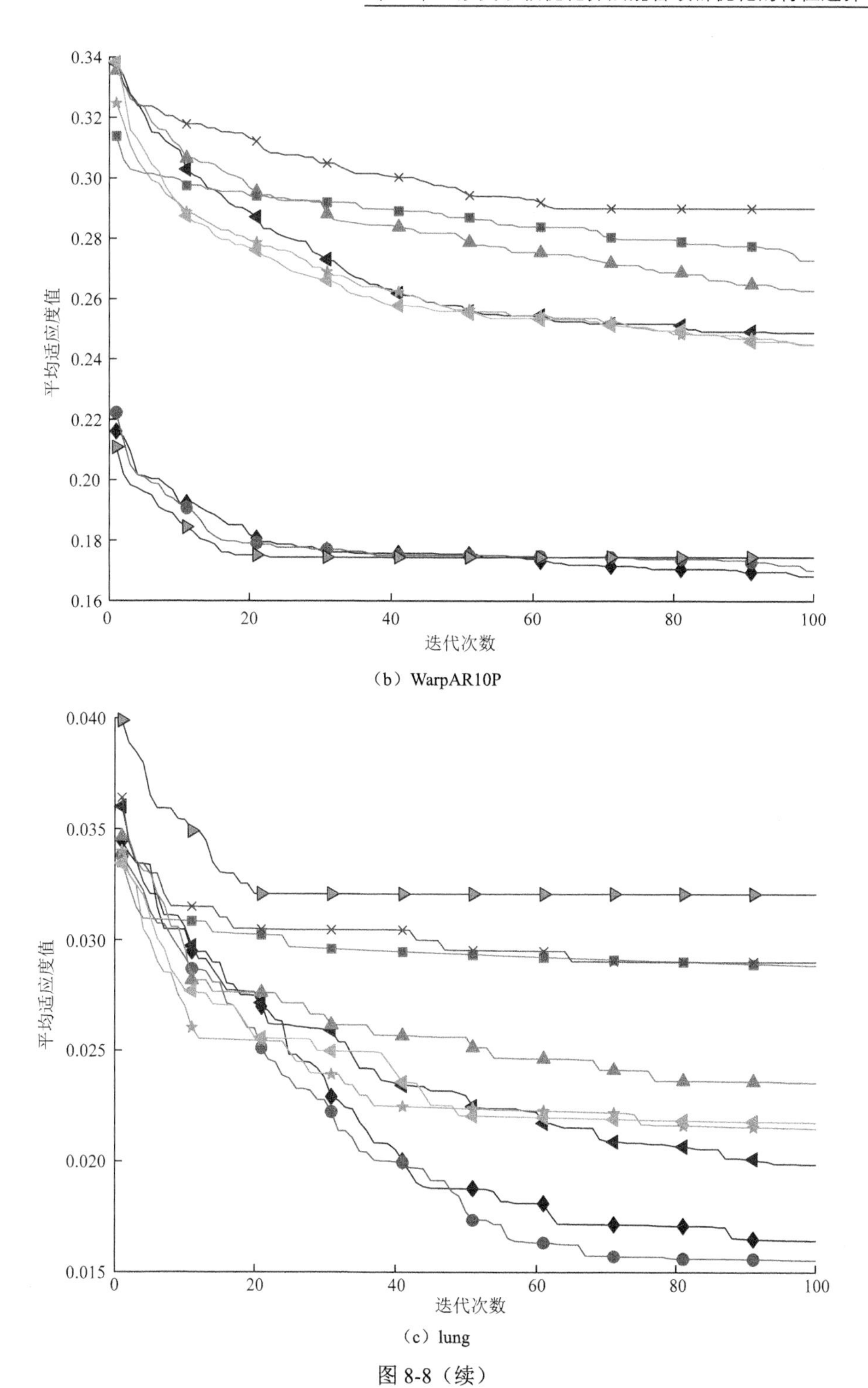

（b）WarpAR10P

（c）lung

图 8-8（续）

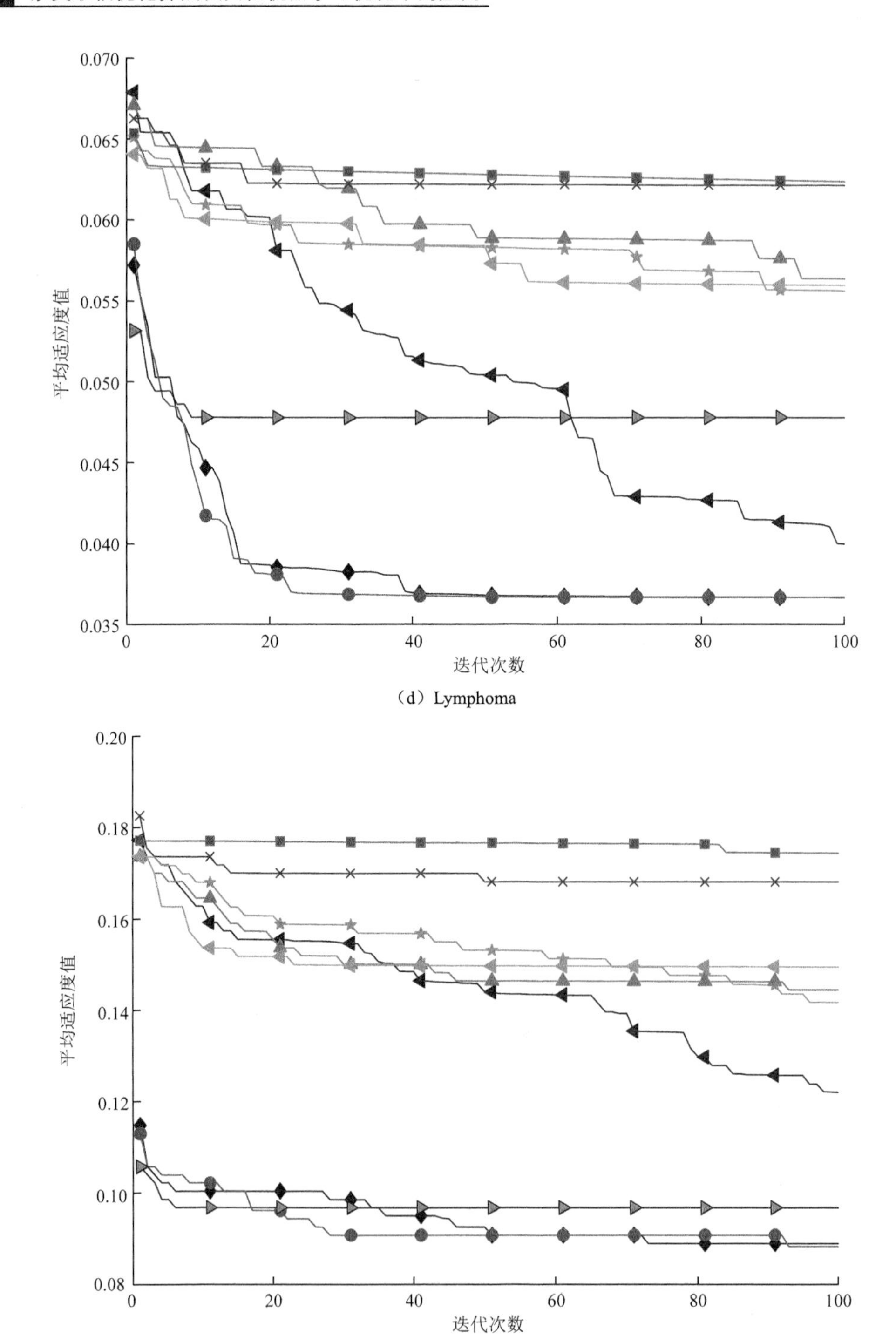

（d）Lymphoma

（e）GLIOMA

图 8-8（续）

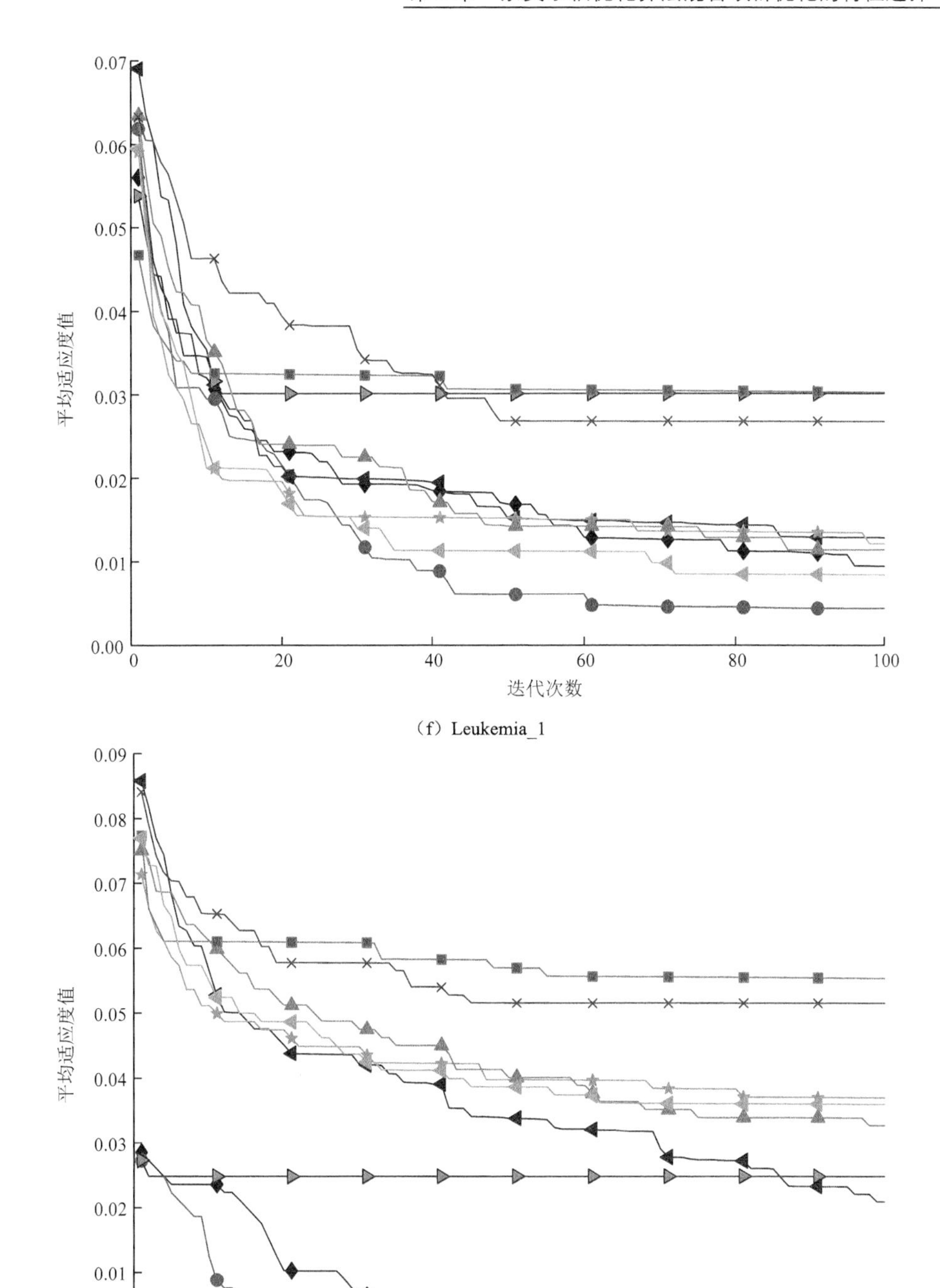
0.07
0.06
0.05
0.04
0.03
0.02
0.01
0.00
平均适应度值
0
20
40
60
80
100
迭代次数
（f）Leukemia_1
0.09
0.08
0.07
0.06
0.05
0.04
0.03
0.02
0.01
0.00
平均适应度值
0
20
40
60
80
100
迭代次数

（g）DLBCL

图 8-8（续）

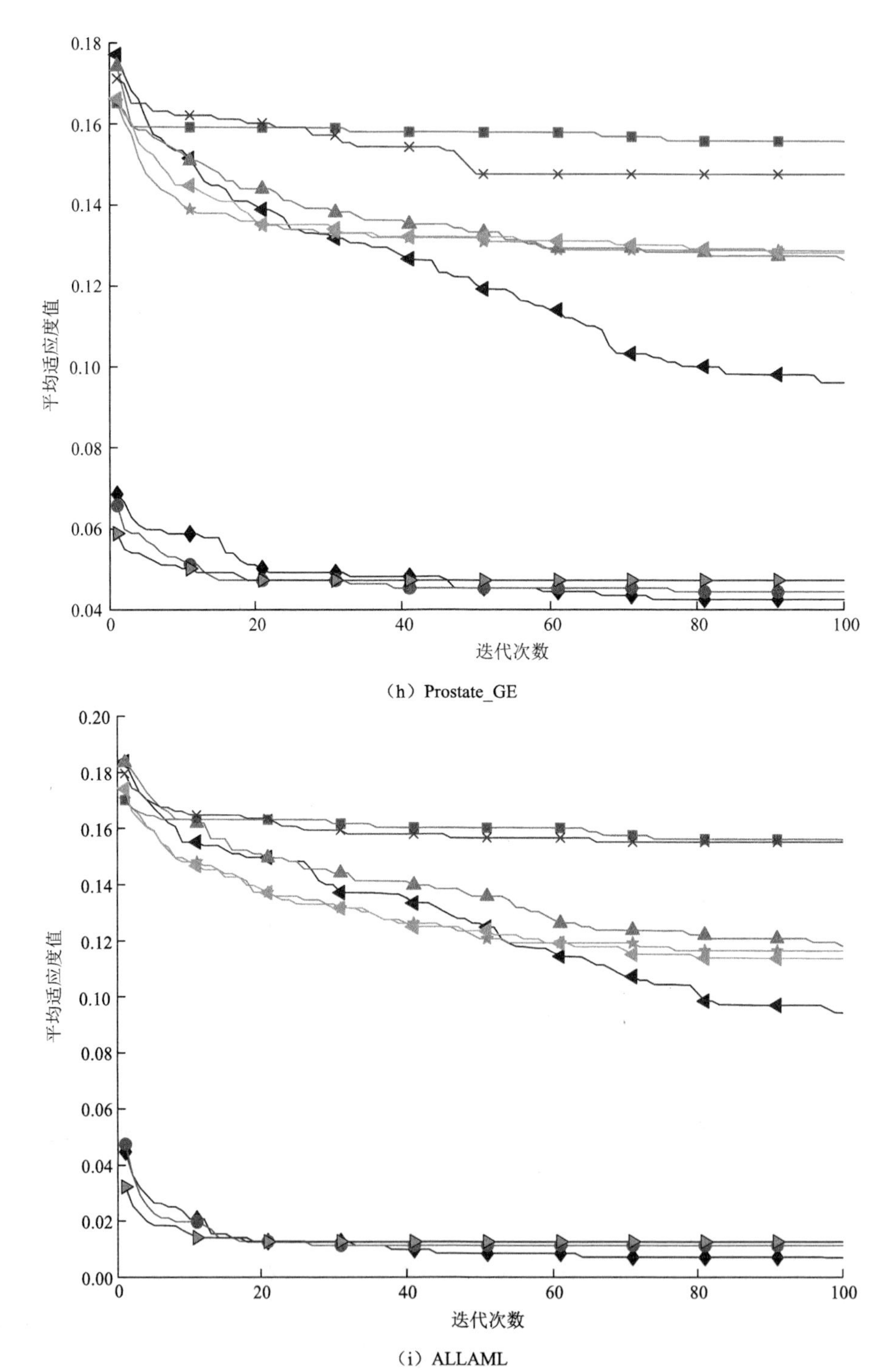

（h）Prostate_GE

（i）ALLAML

图 8-8（续）

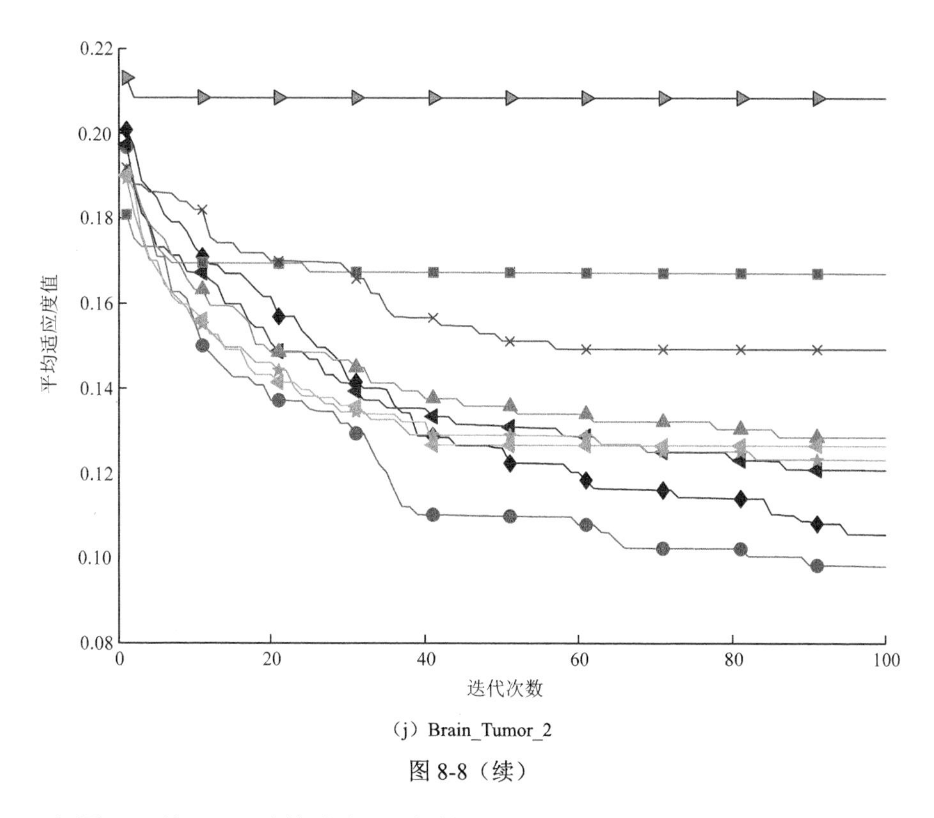

（j）Brain_Tumor_2

图 8-8（续）

如图 8-9 所示，9 种算法在 10 个数据集上的运行时间通过柱状图进行表示，图中横坐标是数据集，纵坐标是算法的运行时间。现对其做如下分析。

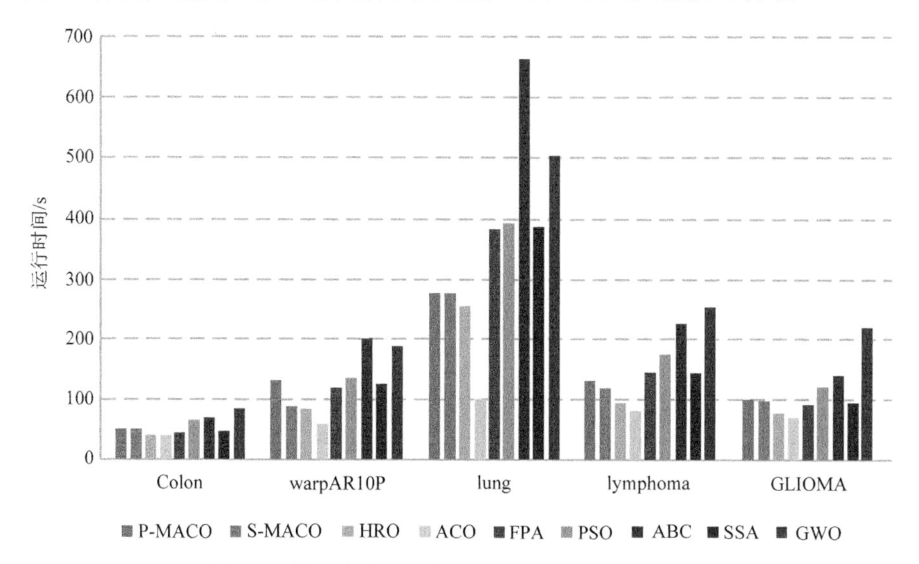

图 8-9　算法在特征选择数据集上的运行时间比较

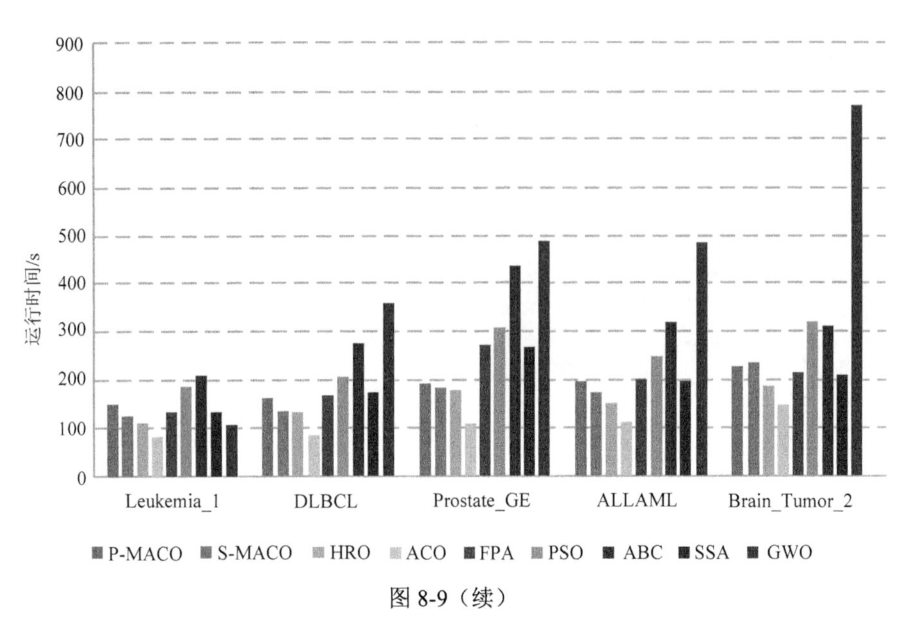

图 8-9（续）

（1）在前 5 个高维数据集上，P-MACO 模型和 S-MACO 模型相较 ACO 算法和 HRO 算法在时间上不占优势，因为 P-MACO 模型和 S-MACO 模型是两个改进算法，在单一算法步骤中添加了一定的改进策略，使得混合模型在求解中提升了解的质量，牺牲了一定的时间。但总体上看，两种混合模型时间复杂度的上升不是多项式几何倍数的上升，而是控制在可接受范围之内。

（2）在后 5 个高维数据集上，两种混合模型表现出一定的优势。可以清晰地看出，随着特征选择问题维度的上升，9 个算法的运行时间都有一定程度的上升，但是混合模型相较于其他算法运行时间上升的幅度不大，在两个混合模型中 S-MACO 模型表现得更好，运行时间的上升随着维度的上升逐渐减缓并表现出不错的稳定性，与其他比较算法差距缩小。

8.5 本 章 小 结

本章基于 MACO 算法的两种混合模型在高维数据集上进行了特征选择，引入了 RF 算法和 reliefF 算法计算特征相关性，并将特征相关性作为 MACO 算法的启发因子。在实验过程中，将基于原始数据集的分类正确率和基于高相关性特征子集的分类正确率进行了比较，确定在 MACO 算法中引入特征相关性是可行的；将基于特征相关性的 MACO 算法的两种混合模型同 7 种优化算法进行比较，在 10 个高维数据集上，混合模型取得了更高的分类正确率、更少的特征子集数目和更好的适应度值。通过实验结果表明，ACO 算法和 HRO 算法的混合机制提升了单一算法的搜索能力并获得的解的质量。同时，特征相关性的引入极大程度地减少了高维数据集上冗余特征对算法性能的影响。

参考文献

[1] 唐晓娜，张和生. 一种混合粒子群优化遗传算法的高分影像特征优化方法[J]. 遥感信息，2019，34(6)：113-118.

[2] 李炜，巢秀琴. 改进的粒子群算法优化的特征选择方法[J]. 计算机科学与探索，2019，13(6)：990-1004.

[3] 林达坤，黄世国，林燕红，等. 基于差分进化和森林优化混合的特征选择[J]. 小型微型计算机系统，2019，40（6）：1210-1214.

[4] 张震，魏鹏，李玉峰，等. 改进粒子群联合禁忌搜索的特征选择算法[J]. 通信学报，2018，39(12)：60-68.

[5] Jia H M, Xing Z K, Song W L. A new hybrid seagull optimization algorithm for feature selection[J]. IEEE Access, 2019, 7: 49614-49631.

[6] Abdel-Basset Mohamed, El-Shahat Doaa, El-Henawy Ibrahim, et al. A new fusion of grey wolf optimizer algorithm with a two-phase mutation for feature selection[J]. Expert Systems With Applications, 2020, 139: 112824.

[7] Adel Got, Abdelouahab Moussaoui, Djaafar Zouache. Hybrid filter-wrapper feature selection using whale optimization algorithm: a multi-objective approach[J]. Expert Systems With Applications, 2021, 183:115312.

[8] Shunmugapriya P, Kanmani S. A hybrid algorithm using ant and bee colony optimization for feature selection and classification (AC-ABC Hybrid) [J]. Swarm and Evolutionary Computation, 2017, 36: 27-36.

[9] Kiran M S, Özceylan E, Gündüz M, et al. A novel hybrid approach based on particle swarm optimization and ant colony algorithm to forecast energy demand of turkey[J]. Energy Conversion and Management, 2012, 53(1): 75-83.

[10] Chen K, Xue B, Zhang M J, et al. An evolutionary multitasking-based feature selection method for high-dimensional classification[J]. IEEE Transactions on Cybernetics, 2022, 52(7): 7172-7186.

第 9 章　基于杂交水稻优化算法的纹理特征描述

纹理是一种重要的视觉线索，是图像中普遍存在而又难以描述的特征。特别是遥感影像，其中的纹理信息更丰富，它们反映了地物的空间分布状况。图像的纹理是在图像计算中经过量化的图像特征，是区域所具有的最主要的特征之一。不管何种物品，若不断放大再进行观测，就必定可以显现出纹理。纹理特征描述的目的即是通过某些图像处理方法对纹理特征参数进行提取，并采用数学参数进行度量，进而得到纹理特征定量或定性描述的处理过程。J.You 在 1993 年提出的具有自适应性的 Tuned 模板是一阶分析法，所提取到的纹理能量特征具有良好的方向和尺度不变性，在图像分析和解译中得到较好的应用。然而原始算法有如下两个缺点：①采用传统的“爬山”策略进行 Tuned 模板搜索，容易陷入局部最优；②这种方法的随机性非常大，一次计算很难获得最佳的结果。针对上述问题，本章采用杂交水稻优化算法对 Tuned 模板训练工作进行优化，以期获得性能优良的纹理特征描述方法。

9.1　常用遥感图像纹理特征概述

纹理是自然景物外观的一个重要特征。纹理图像分类是人类视觉解释和计算机自动识别的重要标志之一，是机器视觉和图像分析中的一个难点和热点问题。它使用可靠的纹理分类器将样本纹理识别为几个可能的类之一，并在广泛的应用中发挥着关键作用。在现实世界中，由于方向、比例或其他视觉外观的变化，存在各种各样的纹理。纹理特征提取和分类方法有很多，其中较为知名的有灰度共生矩阵、灰度旅行统计[1]、分形理论[2]、纹理能量[3]、离散余弦变换（discrete cosine transform，DCT）和线性判别[4]、关键点稀疏表示（key points sparse representation，KPSR）[5]、连通分量模型（connected component model，CCM）[6]、半耦合低阶判别字典学习（semi-coupled low-rank discriminant dictionary learning，SLD2L）方法[7]，Gabor 纹理特征[8-9]。

综上所述，常用的纹理特征主要有以下几点。

1）直方图特征

直方图是图像样本最直观的特征之一，根据直方图可以容易地提取特定区域灰度的算术平均值及标准差等，用这些来描述纹理特征。因为通过一维直方图无法获得基于二维灰度的纹理变化趋势，所以在常用的二维灰度变化图案分析过程中，先将图像采用微分算子进行处理得到其边缘，然后对该边缘区域大小和方向的直方图进行统计，并将其与灰度直方图进行结合，作为纹理特征。

2）灰度共生矩阵特征

对于样本的灰度直方图而言，不同像素的灰度处理均是独立完成的，故难以对纹理赋予相应的特征。然而，若能对图像中两个不同像素组合时的灰度分配情况进行研究，就能轻松地给纹理赋予相应的特征。灰度共生矩阵即是一种根据灰度空间的相关性质来表示纹理的一般处理方法，该矩阵对图像上保持某种距离关系的两个不同像素，根据相应的灰度值状况进行分析，并通过统计方法，将其作为纹理特征。

3）小波特征

小波变换是一种通过时间和尺度的局部变换，有效获取频率成分特征的信号分析手段。在图像处理过程中，小波变换可以把原始图像的所有能量集中在一小部分小波系数之上。在一般情况下，粗纹理空间能量往往聚集在低频部分，细纹理空间能量则聚集在高频部分，且经过小波分解后，小波系数在三个方向的细节分量均有着极高的相关性，这一点为图像的纹理特征提取提供了有利的条件。

直方图特征和灰度共生矩阵特征需要对每个像素点逐一进行统计，当一幅图像像素点较多时，整个统计过程需要消耗大量的时间。相比而言，小波特征的提取速度相对较快，但是难以找到一种单一的小波核函数，可以很好地适应所有类型的纹理特征。一般情况下，对于不同类型的纹理，往往需要使用不同的小波核函数，有时甚至需要联合使用几种不同的小波核函数。另一方面，对于任何一个小波核函数而言，核函数参数难以通过人工直接进行选择，一个不合适的核函数参数将会大幅影响纹理特征提取的准确性。因此，自适应纹理特征提取方法还有待进一步研究。

9.2　基于莱维飞行改进的杂交水稻优化算法

莱维飞行中，大多数的运动距离很短，但有少部分运动距离很长，在飞行相同的步长或路程的情况下，莱维飞行位移距离比一般的运动要大得多，能探索更大的空间，是一种良好的随机搜索机制，能够帮助算法很好地跳出局部最优解。因此，本章使用莱维飞行机制对基本杂交水稻优化算法进行改进。

9.2.1　莱维飞行基本原理

法国数学家莱维（Lévy）于 20 世纪 30 年代提出了一种概率分布，即莱维分布（Lévy distribution），此后很多学者对其进行了大量研究，发现自然界中许多动物如蜜蜂、果蝇、信天翁的觅食轨迹都符合莱维分布模式。

莱维飞行（Lévy flight）的步长满足一个重尾的莱维稳定分布，是一种服从莱维分布的、短距离与偶尔长距离交替的随机游走方式，经过很多步后，随机游走的距离会趋于稳定。在飞行过程中，前期的大步长对种群多样性的增加起到了很大作用，同时扩大了搜索范围，从而使其不容易陷入局部最优；后期的小步长可以使群体在小范围内收敛于全局最优解。

由于莱维飞行能够增加种群的多样性和扩大搜索范围，近年来很多学者将莱维飞行引入智能优化算法，其中包括基于莱维飞行的粒子群算法[10]、改进蝗虫优化算法[11]、改进萤火虫算法[12]、改进灰狼算法[13]、改进樽海鞘群优化算法、花朵授粉算法[14]等。通过引入莱维飞行，原有的优化算法在性能上得到了很好的提升，更容易跳出局部收敛，从而得到更好的全局最优解。

莱维飞行的位置更新方式如下：

$$x_i^{g+1} = x_i^g + \alpha \oplus \text{Levy}(\lambda) \tag{9-1}$$

式中，x_i^{g+1} 表示在第 $(g+1)$ 代中第 i 个个体的位置；α 是步长因子，用来控制步长；$\oplus$ 表示点乘积；$\text{Levy}(\lambda)$ 表示随机搜索路径，并且满足参数为 λ 的莱维分布，即

$$\text{Levy}(\lambda) \sim u = t^{-\lambda},\ \ 1 < \lambda \leqslant 3 \tag{9-2}$$

式中，u 表示随机值；t 表示时间变量。

莱维飞行实质是一种随机步长，其步长符合莱维分布，由于莱维分布复杂，目前还没有实现，因此常用的是使用蒙塔纳（Mantegna）算法模拟，Mantegna 算法的数学表示介绍如下。

搜索路径的计算公式如下：

$$\text{Levy}(\lambda) = 0.01 \times \frac{u \times \phi}{|v|^{1/\beta}} \tag{9-3}$$

式中，β 是控制分布的变量，一般取值为[0,2]；u、v 服从标准正态分布，是区间[0,1]内的随机值；ϕ 表示方差，计算公式如下：

$$\phi = \left\{ \frac{\Gamma(1+\beta) \times \sin\left(\pi \times \dfrac{\beta}{2}\right)}{\Gamma\left\{\left[\dfrac{1+\beta}{2}\right] \times \beta \times 2^{\frac{\beta-1}{2}}\right\}} \right\}^{\frac{1}{\beta}} \tag{9-4}$$

式中，Γ 表示伽马函数。

在二维平面模拟莱维飞行的路径如图 9-1 所示，纵轴 x_1 和横轴 x_2 分别表示运动的对象经过平移后的时间和空间位置。由图可知，图形的路径确实符合莱维飞行的长短相间的特征，证明莱维飞行具有更广泛的搜索能力，因此能够扩大搜索范围，同时 Mantegna 算法用正态分布实现生成服从莱维分布随机步长的方法是可靠的。

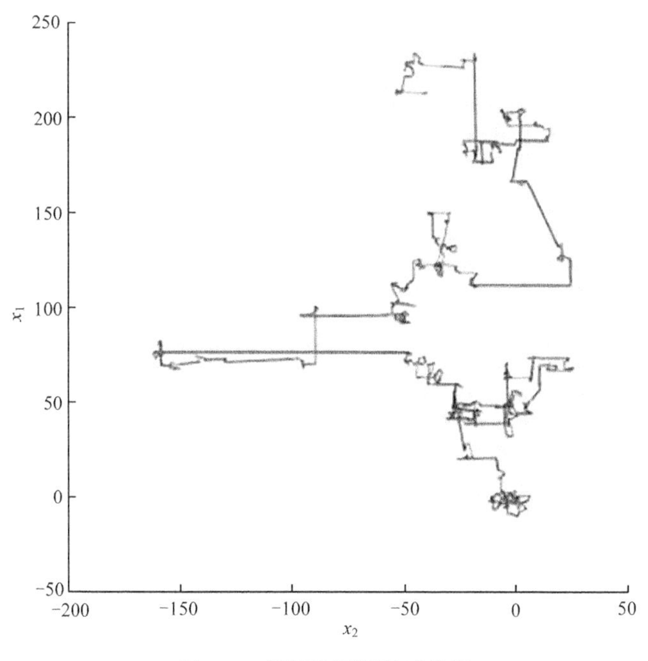

图 9-1　莱维飞行路径示意图

9.2.2　基于莱维飞行机制改进杂交水稻优化算法的具体步骤

莱维飞行是一种新兴的搜索机制，其飞行间隔服从幂律分布，具有很强的跳跃能力，将其应用于智能优化算法中能够显著提升算法跳出局部最优解的能力。将莱维飞行进化机制和杂交水稻优化算法相结合，得到莱维飞行改进杂交水稻优化（levy flight hybird rice optimization，简记 LHRO）算法，增加水稻个体基因的活跃度，促使水稻个体在进化繁衍陷入局部最优时，具有跳出局部最优位置的能力，从而找到全局最优。针对同一优化问题，融合莱维飞行的杂交水稻优化算法的优化效果明显强于原有的算法。

一种基于莱维飞行机制改进的杂交水稻优化算法的基本思想如下：在一次迭代寻优的过程中，先用杂交水稻优化算法对水稻个体进行更新，然后使用莱维飞行机制随机对水稻个体的基因进行扰动，使杂交水稻优化算法具有更好的寻优能力。

改进杂交水稻优化算法的主要步骤如下。

步骤 1：初始化水稻种群，包括水稻种群数目 N 、育种次数上限（最大迭代次数 max iteration）、自交次数上限 max time。

步骤 2：水稻育种，具体步骤如下。

（1）计算每个水稻个体的适应度值并对它们进行排序。

（2）保持系（B）选择适应度值排前三分之一的个体；恢复系（R）是次优部

分，选择适应度值排中间三分之一的个体；不育系（A）水稻个体是最差部分的个体，选择适应度值排最后三分之一的个体。

（3）保持系（B）与不育系（A）通过式（2-2）执行杂交操作产生新的水稻个体 j。

（4）采用式（9-1）、式（9-3）对水稻个体的基因进行局部扰动。

（5）对新产生的水稻个体 $f(x_j)$ 进行评估，如果 $f(x_j)<f(x_i)$，则用 j 替换 i，否则保留原个体 i。

（6）如果时间 $t<\max\text{time}$，则使恢复系 R_k 通过式（2-4）进行自交操作产生新的恢复系个体 R_p，并计算其适应度值 $f(x_p)$；如果 $f(x_p)>f(x_k)$，则用新的个体 p 代替原有个体 k；如果时间 $t\geqslant\max\text{time}$，则执行式（2-5）进行重置操作。

步骤 3：如果 $t<\max\text{iteration}$，再次执行步骤 2；如果 $t\geqslant\max\text{iteration}$，则输出全局最优水稻个体。

9.3　基于改进杂交水稻优化算法优化的 Tuned 模板

利用 Tuned 模板得到的纹理特征鲁棒性良好，具有方向和尺度不变性。本节重点阐述 Tuned 模板基本原理和如何利用改进杂交水稻优化算法训练 Tuned 模板。

9.3.1　Tuned 模板纹理特征概述

基于纹理模板的纹理特征分类技术在近年来引起了学者的广泛关注，特别是 Law's 模板，已是对不同类型纹理进行分类的常用模板之一[15]。虽然 Law's 模板可以很好地描述纹理特征，但是 Law's 模板的应用也存在局限性：Law's 模板是理想模板，模板中的元素具有固定不变的特点，然而没有一种模板能够检测所有的纹理特征，这就需要模板具有自适应性，自适应模板的元素能够针对图像的不同情况，在纹理特征提取过程中不断调整，从而得到最佳模板。在这种情况下，J.You 提出了 Tuned 模板。为了获得最佳的纹理模板，利用梯度估计和随机搜索的搜索策略。这可能导致高时间复杂性，并可能陷入局部最优化。

J.You 利用 Tuned 模板与原始影像做卷积运算，求得能反应纹理特征的纹理能量。纹理影像的能量特征计算主要分为两个步骤：首先将 Tuned 模板与原始影像做卷积运算，得到原始影像的卷积影像；然后利用得到的卷积影像计算每个像元的能量。其具体过程如下：假定模板的大小为 $(2a+1)\times(2a+1)$，a 为正整数，影像尺寸为 $N\times N$，用模板与原始影像做卷积运算，则卷积影像 $F(i,j)$ 表示如下：

$$\begin{aligned}F(i,j)&=T(i,j)*I(i,j)\\&=\sum_{k=-a}^{a}\sum_{l=-a}^{a}T(i,j)I(i+k,j+l),\quad i,j=0,1,\cdots,N-1\end{aligned}\tag{9-5}$$

式中，T 表示卷积模板；I 表示进行卷积处理的原始影像；k、l 表示原始影像在纵向和横向上卷积范围大小的变量；“*”是卷积运算符号，模板大小通常取 5×5；在卷积影像上选择较大的窗口 $w_x \times w_y$（假定 $w_x = w_y = 9$），那么在影像上像元 (i, j) 的能量 $E(i, j)$，可由下式计算得出：

$$E(i,j) = \frac{\sum_{w_x}\sum_{w_y}|F(i,j)|}{w_x \times w_y} \tag{9-6}$$

对于 $N \times N$ 的影像，可以求得很多 $E(i, j)$，取 $E(i, j)$ 的平均值代表整幅影像的能量，由式（9-6）可知，能量 $E(i, j)$ 求得的关键是卷积模板。取 $a = 2$，则式（9-5）可展开为如下形式：

$$\begin{aligned}
F(i,j) &= T(i,j) * I(i,j) \\
&= \sum_{k=-2}^{2}\sum_{l=-2}^{2} T(i,j)I(i+k, j+l) \\
&= \{[T(-2,-2)I(i-2, j-2) + T(-2,-1)I(i-2, j-1) \\
&\quad + T(-2,0)I(i-2, j) + T(-2,1)I(i-2, j+1) \\
&\quad + T(-2,2)I(i-2, j+2)] + [T(-1,-2)I(i-1, j-2) \\
&\quad + \cdots + T(-1,2)I(i-1, j+2)] + [T(0,-2)I(i, j-2) \\
&\quad + \cdots + T(0,2)I(i, j+2)] + [T(1,-2)I(i+1, j-2) \\
&\quad + \cdots + T(1,2)I(i+1, j+2)] + [T(2,-2)I(i+2, j-2) \\
&\quad + T(2,-1)I(i+2, j-1) + T(2,0)I(i+2, j) \\
&\quad + T(2,1)I(i+2, j+1) + T(2,2)I(i+2, j+2)]\}
\end{aligned} \tag{9-7}$$

计算卷积影像 $F(i, j)$ 的 25 个代数和的结果也就是 25 个矩阵乘积的结果。利用 5×5 的模板做影像卷积运算，要求得最佳模板，也就是求“最佳”的 25 个元素。这里使用的 Tuned 模板具有行向量中心对称性，且每行元素的代数和为零，因此，本章的模板实际是 10 个元素。

9.3.2　基于改进杂交水稻优化算法的 Tuned 模板训练

实质上，如何获得最优 Tuned 纹理模板是组合优化问题，可以通过优化算法和群体智能算法来处理。杂交水稻优化算法具有良好的鲁棒性，对算法稍加改动就可以适应不同的应用环境，最大的优势在于能够快速收敛到最优解，易于与其他算法相结合。本章提出应用 LHRO 算法来解决最优 Tuned 纹理模板训练问题。

1. 编码模式

应用 LHRO 算法的关键问题是解的表示，即如何在问题解决方案和杂交水稻的每个成员（个体）之间进行合适的映射。由于 Tuned 模板的行向量中心对称性，以及每行元素的代数和为零的性质，因此 Tuned 模板可以定义如下：

$$\text{mask}_i=\begin{bmatrix} x_i^1 & x_i^2 & -2(x_i^1+x_i^2) & x_i^2 & x_i^1 \\ x_i^3 & x_i^4 & -2(x_i^3+x_i^4) & x_i^4 & x_i^3 \\ x_i^5 & x_i^6 & -2(x_i^5+x_i^6) & x_i^6 & x_i^5 \\ x_i^7 & x_i^8 & -2(x_i^7+x_i^8) & x_i^8 & x_i^7 \\ x_i^9 & x_i^{10} & -2(x_i^9+x_i^{10}) & x_i^{10} & x_i^9 \end{bmatrix} \tag{9-8}$$

由于 Tuned 模板的尺寸为 5×5，每行元素代数和为零且对称，因此只需要对模板中的 10 个参数 $x_i^1,x_i^2,x_i^3,x_i^4,x_i^5,x_i^6,x_i^7,x_i^8,x_i^9,x_i^{10}$ 进行编码。在 Tuned 模板中，参数布局对于纹理影像分类比其实际值起更重要的作用。由于十进制代码可以直接用于杂交水稻优化算法，为了简单起见，参数在十进制数范围内被编码在[−50,50]范围。

2. 适应度函数的选取

Tuned 模板的优劣是由用这个模板进行纹理影像分类的精度决定的，假设现有 N 个 d 维的特征变量 $\{X_1,X_2,\cdots,X_N\}$，其中 $X_i=\{x_{i1},x_{i2},\cdots,x_{id}\}$，在模式识别中，将其投影到一条直线上，形成一维空间。如图 9-2 所示，设 $d=2$，对于两个类别 A 和 B，将它们在 Y_1 和 Y_2 两个方向上进行投影，可以明显看出，在 Y_2 方向上类间分离度最好。

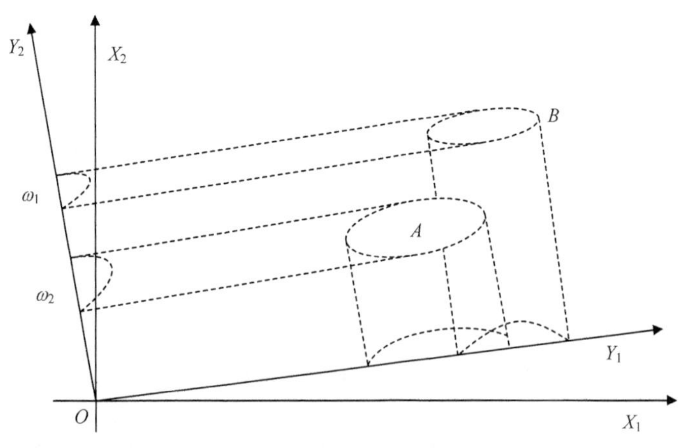

图 9-2 二维特征向量在直线上的投影

这里选用费希尔（Fisher）准则函数作为最佳模板的判别公式，表示如下：

$$J_F(Y)=\frac{(\mu_1-\mu_2)^2}{\sigma_1^{\ 2}+\sigma_2^{\ 2}} \tag{9-9}$$

式中，$\mu_i=\frac{1}{N_i}\sum_{y\in\omega_i}y$，$i=1,2$，$\sigma_i^{\ 2}=\sum_{y\in\omega_i}(y-\mu_i)^2, i=1,2$。图 9-2 中，$\omega_1$ 和 ω_2 为 X 在 Y 方向上投影后 Y 所属的类别。取不同的 Y，得到不同的 J_F 值，当 J_F 值取最大时，

所对应的 Y 为最佳投影方向，此时 ω_1 和 ω_2 类别分离程度最好。因此，式（9-9）可以作为适应度函数来评价模板质量，J_F 值越大，表明该模板能使不同类别纹理图像达到区分的能力越好。

基于 LHRO 算法的 Tuned 模板的训练过程如下。

步骤 1：初始化水稻种群，随机产生 n 个模板 $b_1,b_2,\cdots,b_n$ 作为初始群体。这些模板应满足约束——对称性和总和为零。

步骤 2：水稻育种，具体实施步骤如下。

（1）选择判据 f 作为 LHRO 的适应度，用 n 个模板 $b_1,b_2,\cdots,b_n$，计算待分类影像的适应度 $f_{b1},f_{b2}\cdots,f_{bn}$，并将它们按照从最佳到最差进行排序。

（2）保持系（B）选择适应度值排前三分之一的个体；恢复系（R）是次优部分，选择适应度值排中间三分之一的个体；不育系（A）水稻个体是最差部分，选择适应度值排最后三分之一的个体。

（3）保持系（B）与不育系（A）执行杂交操作，通过式（2-2）产生新的水稻个体 j。

（4）采用式（9-3）对水稻个体的基因进行局部扰动。

（5）对新产生的水稻个体 $f(x_j)$ 进行评估，如果 $f(x_j)<f(x_i)$，则用 j 替换 i，否则保留原个体 i。

（6）如果时间 $t<\max\text{ time}$，则使恢复系 R_k 通过式（2-4）进行自交操作产生新的恢复系个体 R_p，并计算其适应度值 $f(x_p)$；如果 $f(x_p)>f(x_k)$，则用新的个体 p 代替原有个体 k；如果时间 $t\geqslant\max\text{ time}$，则执行式（2-5）进行重置操作。

步骤 3：如果 $t<\max\text{ iteration}$，再次执行步骤 2；如果 $t\geqslant\max\text{ iteration}$，则输出全局最优对应的最佳 Tuned 模板。

图 9-3 所示为基于 LHRO 算法的 Tuned 纹理特征描述流程图。

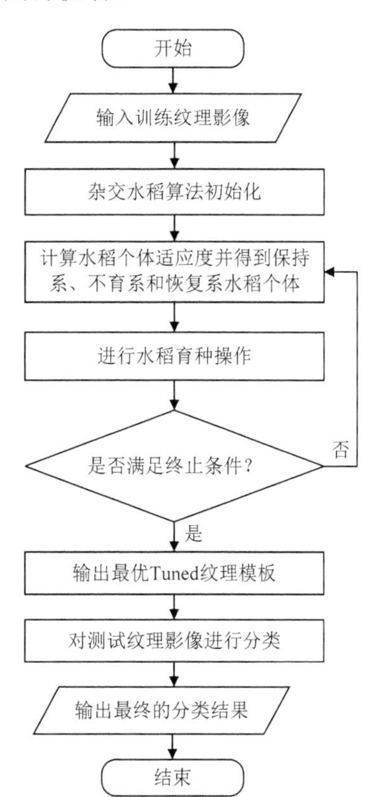

图 9-3　基于 LHRO 算法的 Tuned 纹理特征描述流程图

9.3.3　实验仿真与分析

为了检验 LHRO 算法调制的 Tuned 模板的性能和效果，并与传统优化算法进行对比，本章分别采用 GA、PSO 算法、HRO 算法和 LHRO 算法训练 Tuned 模板来进行纹理影像分类实验。实验中选取居民地、水域和田地三类影像，在三类影像中各选 10 幅用作模板训练，部分实验图像如图 9-4～图 9-6 所示。一般而言，训练纹理影像的类别数越少，其分类效果越好。因此，这里每次训练的模板只用来区分三类中的两类，由于一共有三个类别，因此需要训练三个纹理模板。用这 30 幅影像各独立进行 50 次训练得到三个最优模板，再使用训练得到的模板对三类影像各选 20 幅进行纹理分类，采用的测试图像是来自真实的遥感图像。实验环境为 Windows 10 操作系统，处理器为 Intel 4.0 GHz，8GB 内存，算法在 MATLAB 平台编写。GA、PSO 算法的参数设置如下：群体数目为 30，最大迭代次数为 50。GA 中的基本参数设置如下：选择概率 P_s=0.9，交叉概率 P_c=0.85，变异概率 P_m=0.05。PSO 算法中学习因子 C_1=C_2=2.0，最大速度 V_{max}=200。实验结果如表 9-1～表 9-3 所示，其中“GA_Tuned”“PSO_Tuned”“HRO_Tuned”“LHRO_Tuned”分别表示 GA、PSO 算法、HRO 算法和 LHRO 算法训练得到的 Tuned 模板。

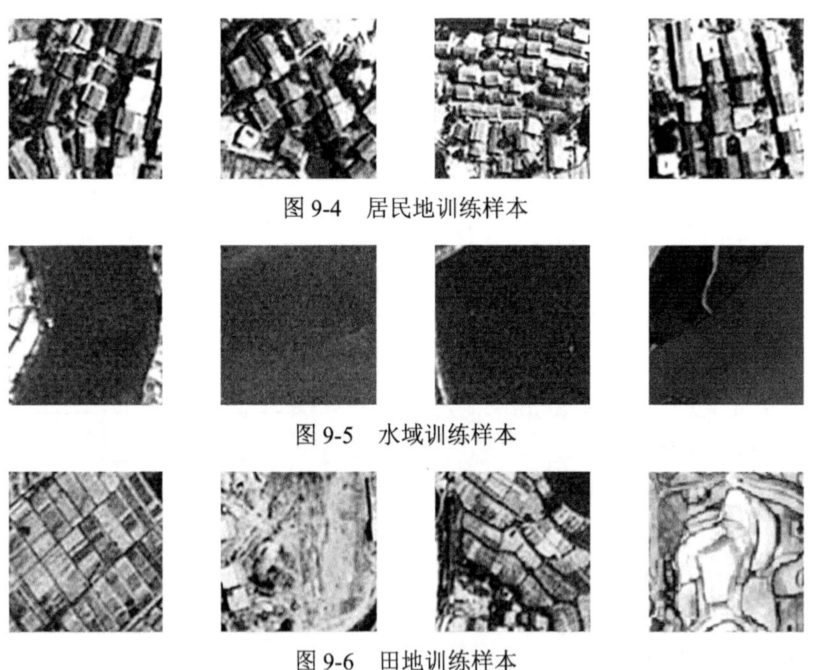

图 9-4 居民地训练样本

图 9-5 水域训练样本

图 9-6 田地训练样本

表 9-1 GA、PSO 算法、HRO 算法和 LHRO 算法训练模板 1 纹理影像正确识别率

Tuned 模板	识别率/%	
	居民地	水域
GA_Tuned	90	95
PSO_Tuned	95	95
HRO_Tuned	96	96
LHRO_Tuned	100	100

表 9-2　GA、PSO 算法、HRO 算法和 LHRO 算法训练模板 2 纹理影像正确识别率

模板	识别率/%	
	居民地	田地
GA_Tuned	80	75
PSO_Tuned	85	85
HRO_Tuned	90	85
LHRO_Tuned	92	85

表 9-3　GA、PSO 算法、HRO 算法和 LHRO 算法训练模板 3 纹理影像正确识别率

模版	识别率/%	
	田地	水域
GA_Tuned	80	90
PSO_Tuned	85	90
HRO_Tuned	90	92
LHRO_Tuned	95	95

观察表 9-1～表 9-3 可知，采用 GA、PSO 算法、HRO 算法和 LHRO 算法训练都能得到辨识度较高的 Tuned 模板，除了 GA 对田地的训练效果稍差外，其他算法对三类地物的正确识别率基本上都高于 80%。其中采用 LHRO 算法调制的 Tuned 模板的性能最突出，所得最优模板基本上有 90%以上的正确识别率，特别是针对水域和居民地两类地物最高能达到 100%的正确识别率，对于居民地和田地比较难分的情况也有 85%的正确识别率。以上结果表明，本文所提出的基于 LHRO 算法优化的 Tuned 模板训练方法具有良好的鲁棒性，其搜索精度较之基本 GA 和 PSO 算法也有较大改善。

9.4 本章小结

为了改善传统 Tuned 模板纹理训练算法的不足，本章提出了一种新的基于 LHRO 算法优化的 Tuned 模板训练方法，并对实际遥感纹理影像进行实验，本章提出的 LHRO 算法与基于 GA、PSO 算法的 Tuned 模板训练方法进行了对比实验。实验结果表明，基于 LHRO 算法优化的 Tuned 模板训练方法有效地提高了 Tuned 模板训练能力，是一种性能更为鲁棒的纹理模板训练方法，且计算十分简便，所得纹理模板的质量也令人满意，具有一定的应用价值。

参考文献

[1] Liu L, Kuang G Y. Overview of image textural feature extraction methods [J]. Journal of Image and Graphics, 2009, 14(4): 622-635.

[2] Storn R, Price K. Differential evolution:a simple and efficient heuristic for global optimization over continuous spaces[J]. Journal of Global Optimization, 1997, 11(4): 341-359.

[3] Price K V, Storn R M, Lampinen J A. Differential evolution: a practical approach to global optimization[M]. Berlin : Springer International Publishing, 2005.

[4] Jing X Y，Zhang D. A face and palmprint recognition approach based on discriminant DCT feature extraction[J]. IEEE Transactions on Systems, Man, and Cybernetics, Part B (Cybernetics), 2004, 34(6): 2405-2415.

[5] He Z Y, Yi S Y, Cheung Y M, et al. Robust object tracking via key patch sparse representation[J]. IEEE Transactions on Cybernetics, 2017, 47(2): 354-364.

[6] He Z, Li X, You X G, et al. Connected component model for multi-object tracking[J]. IEEE Transactions on Image Processing, 2016, 25(8): 3698-3711.

[7] Jing X Y, Zhu X K, Wu F, et al. Super-resolution person re-identification with semi-coupled low-rank discriminant dictionary learning[J]. 2015 IEEE Conference on Computer Vision and Pattern Recognition (CVPR), 2015: 695-704.

[8] 吴高洪，章毓晋，林行刚. 分割双纹理图像的最佳 Gabor 滤波器设计方法[J]. 电子学报，2001，29(1)：48-50.

[9] 吕洁，麦雄发，谢妙. 基于二维 Gabor 小波和孪生支持向量机的图像识别算法[J]. 南京理工大学学报，2022，46(1)：113-118.

[10] 王学武，严益鑫，顾幸生. 基于莱维飞行粒子群算法的焊接机器人路径规划[J]. 控制与决策，2017，32(2)：373-377.

[11] 杨文珍，何庆，杜逆索. 具有扰动机制和强化莱维飞行的蝗虫优化算法[J]. 小型微型计算机系统，2022，43(2)：247-253.

[12] 章菊，李学鋆. 基于莱维萤火虫算法的智能生产线调度问题研究[J]. 计算机科学，2021，48(6)：668-672.

[13] Zhou B H, Lei Y R. Bi-objective grey wolf optimization algorithm combined Levy flight mechanism for the FMC green scheduling problem[J]. Applied Soft Computing, 2021, 11:107717.

[14] 郑洁锋，占红武，黄巍，等. Levy Flight 的发展和智能优化算法中的应用综述[J]. 计算机科学，2021，48(2)：190-206.

[15] Acharya U R, Sree S V, Krishnan M M R, et al. Atherosclerotic risk stratification strategy for carotid arteries using texture-based features[J]. Ultrasound in Medicine & Biology, 2012, 38(6): 899-915.

第 10 章　基于杂交水稻优化算法优化支持向量机的图像分类

图像分类就是利用计算机对图像中的物体类型或目标进行区分，从而对图像中相应的实际物体进行识别，提取所需目标的信息，是数字图像信息分析与应用中最基础的问题之一。计算机遥感图像分类是计算机图像分类技术的主要应用领域之一，根据图像中所反映的各种特征，对不同类别的地物进行区分。该过程是实现计算机自动获取图像语义的重要途径，应用计算机对不同类型的图像进行解译，把其中不同的像元或区域划归至若干类别中的某一类别，以代替人的视觉判读，很多专家学者围绕该问题展开了深入研究，提出了如神经网络[1-2]、贝叶斯网络[3]、朴素贝叶斯[4]、支持向量机等分类器[5-6]。面向对象遥感图像分类方法能综合利用图像的光谱信息和空间信息，使图像对象的同质性聚类，从而减小同类地物的光谱变化，增大异类地物的差异，大幅增加了类别的区分性，提高了高分辨率图像信息提取的精度，是遥感图像分类主流方法之一。近年来，由于其良好的泛化能力，支持向量机已成功应用于生物医学、模式识别、图像分类等领域，但其分类性能仍受惩罚参数、核函数参数和所使用特征的影响。本章主要讨论使用杂交水稻优化算法优化基于面向对象和支持向量机的遥感图像分类方法。

10.1　支持向量机概述

随着信息技术的不断发展，人类积累的数据量骤增，如何从这些数据中提取有效信息而不被信息海洋淹没已成为亟待研究的问题。数据的聚类和分类等技术，已成为学者研究的重心之一。SVM 作为一种优秀的学习工具，一经提出，便被应用于模式识别、数据分类和函数模拟等领域，并取得了良好的效果，掀起国际上一大研究热潮。

1963 年，Cortes 和 Vapnik[7]提出了一种可以解决模式识别问题的方法，称为 SVM 方法。该方法是从训练集中选出一组子集，把对整个数据集的划分转换为对该组特征子集的线性划分。特征子集中的向量称为支持向量（support vector，SV）。之后的近 30 年中，学者们对 SVM 的研究主要集中在函数预测和改进分类函数上。1995 年，Cherkassky 和 Mulier[8]提出了统计学习理论，更好地解决了线性不可分问题，该理论正式奠定了 SVM 的理论基础。

SVM 理论最早用于处理数据分类问题。要解决对数据进行分类的问题，SVM 考虑寻找一个满足分类要求的分割平面，并使训练集中的点离该分类面尽量远。SVM 是针对小样本学习问题提出来的，有坚实的数学理论基础。理论上，因为采用了二次规划寻找最优解，所以可以得到全局最优解，又采用了核函数，更巧妙地解决了维数问题，这样就使算法的复杂度与样本维数无关，非常适用于处理非线性问题。另外，SVM 应用了结构风险最小化原则，具有很好的推广能力。

SVM 作为一种新的机器学习方法，建立在结构风险最小化原理和统计学习理论的 VC 维理论的基础之上。其分类原理如图 10-1 所示。

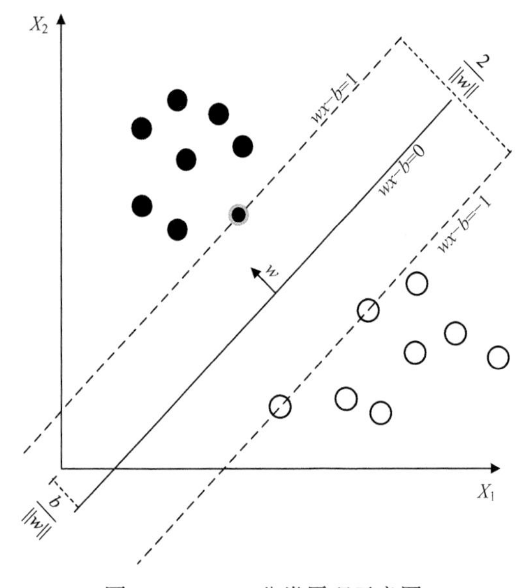

图 10-1　SVM 分类原理示意图

图 10-1 中，X_1 和 X_2 分别表示横、纵坐标，两类不同的样本分别用空心圆点和实心圆点进行表示，中间的实线代表分类线，两条虚线之间的距离就是分类间隔。其中，分类间隔和泛化能力、分类效果呈正比例的关系。同时，最优分类间隔就是能够准确无误地找到两类数据的分类界限，而且此时分类间隔最大。SVM 的基本思路就是要找到一个最优的分类超平面，并用它作为依据对训练样本进行正确的分类，并使样本之间的分类间隔最大。

对于给定的训练样本数据集 (x_i, y_i)，$i=1,2,\cdots,n$，$x\in R^d$，$y_i\in\{-1,1\}$，其中 R 表示实数空间，d 表示空间维度。分类超平面方程可以表示为

$$(w\cdot x)+b=0 \tag{10-1}$$

如果是线性可分的训练样本集，通过归一化处理，则满足式（10-2）：

$$y_i[(w\cdot x_i-b)]\geqslant 1,\ i=1,2,\cdots,n \tag{10-2}$$

式中，b 表示分类阈值；w 是多维特征空间中分类超平面的一维系数。

上面的问题可以转换为凸二次规划的对偶问题，表示如下：

$$\max \sum_{i=1}^{n} a_i - \frac{1}{2}\sum_{i=1}^{n}\sum_{j=1}^{n} a_i a_j y_i y_j (x_i \cdot x_j) \tag{10-3}$$

$$a_i \geqslant 0,\ i = 1, 2, \cdots, n \tag{10-4}$$

$$\sum_{i=1}^{n} a_i y_i = 0 \tag{10-5}$$

式中，a_i 和 a_j 是拉格朗日（Lagrange）乘子；x_i、x_j 表示训练样本集的变量；y_i、y_j 表示变量 x_i、x_j 的标签。

如果是线性不可分的训练样本集，根据核函数转换的思想，通过求解二次规划问题，式（10-3）可以转换为式（10-6）：

$$\max Q(a) = \sum_{i=1}^{n} a_i - \frac{1}{2}\sum_{i=1}^{n}\sum_{j=1}^{n} a_i a_j y_i y_j K(x_i, x_j) \tag{10-6}$$

式中，Q 表示二次规划问题（quadratic programming problem）；$K(x_i, x_j)$ 为核函数，判别函数公式为

$$y = \mathrm{sgn}\left(\sum_{i=1}^{n} a_i y_i K(x_i, x_j) + b\right) \tag{10-7}$$

支持向量机的核函数跟它所使用的算法有着很大的关联，目前比较常见的核函数如式（10-8）～式（10-10）所示。

线性核函数：

$$K(x_i, x_j) = x_i^{\mathrm{T}} \cdot x_j \tag{10-8}$$

多项式核函数：

$$K(x_i, x_j) = (x_i^{\mathrm{T}} \cdot x_j + 1)^g \tag{10-9}$$

式中，T 表示特征向量转置；$g \geqslant 1$，表示多项式的次数。当 g 越大时，其映射的维度就越高，相应的计算量也会越大；当 g 过大时，容易导致过拟合现象。

径向基函数（radial basis function，RBF）核函数：

$$K(x_i, x_j) = \exp\left(\frac{-\|x_i, x_j\|^2}{g^2}\right) \tag{10-10}$$

式中，$g > 0$，表示 RBF 核函数的带宽。当 g 越大时，其相应的外推能力就越弱。

10.2　基于改进杂交水稻优化算法的支持向量机

SVM 分类的正确率和惩罚参数 C、核函数参数 g 及核函数类型（即 (C, g)）有很大的关系，如何选择这两个参数去获取 SVM 最优分类结果是研究的重点，一些经典的智能优化算法已经得到了成功应用，如 GA、PSO 算法等。但是这些

算法各自都存在缺陷，如 GA 存在收敛速度慢、局部搜索能力弱等问题，PSO 算法存在易早熟等问题。因此本章提出一种结合 SVM 和 HRO 算法对遥感图像进行识别分类的方法，首先利用 HRO 获取最优 SVM 参数，然后利用 SVM 对遥感图像进行分类识别。

10.2.1 提出的支持向量机参数优化方法

本章提出的支持向量机参数优化方法是运用改进的杂交水稻优化算法寻找 SVM 的最优参数。在这个过程中，莱维飞行改进杂交水稻优化（LHRO）算法的种群搜索范围就是要搜寻 SVM 的最优参数组合，每个水稻个体的基因组是一个二维向量，代表一个参数寻优的解，这个解包含惩罚因子 C 及核函数参数 g。该方法的具体实施步骤如下。

步骤 1：导入已经提取完成的遥感图像特征数据集，其特征总数为 D，包括实验所需的训练数据和测试数据。对杂交水稻优化算法进行初始化，对参数进行初始化，包括水稻种群数目 N、育种次数上限（最大迭代次数 max iteration）、自交次数上限 max time。

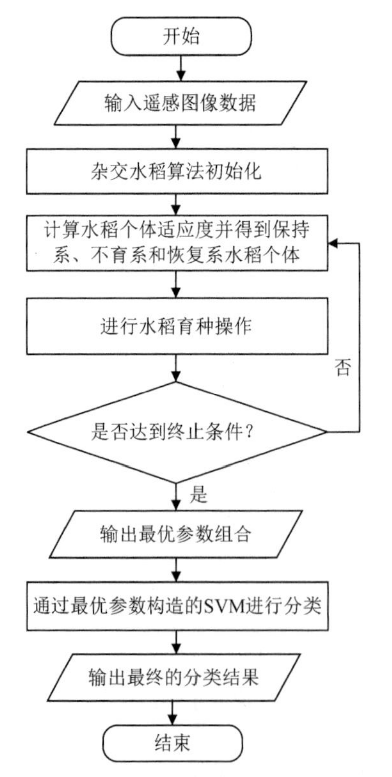

图 10-2 基于 LHRO 算法的 SVM 参数优化流程图

步骤 2：根据每个水稻个体的基因组，采用 SVM 对训练集进行分类，以最终分类结果的正确率作为评价每个水稻个体的适应度值。

步骤 3：根据 LHRO 算法进行水稻育种操作。

步骤 4：判断是否满足终止条件，若满足，则输出最优解；否则，返回步骤 2。

步骤 5：将得到的最优解代入支持向量机中，构建分类器，对测试集中的遥感数据进行分类。

步骤 6：输出最终分类结果。

基于 LHRO 算法的 SVM 参数优化流程图如图 10-2 所示。

10.2.2 实验仿真与分析

1. *实验数据与方法*

本章采用的遥感图像如图 10-3 所示，包含了三类地物：农田、河流和植被。在分类前，先使用易康软件（eCognition）进行多尺度分割，再提取对象的特征，包括形状、纹理在内的二维或三维特征。

图 10.3　遥感影像原图与分割后的效果

考虑仿真实验中使用的方法可能存在偶然和不确定因素，为了尽可能使这些因素对结果影响最小，每组实验结果均是在实验方法执行多次以后取得的。仿真所用的计算机所配备的操作系统是 Windows 10，CPU 型号是 Intel 4.0 GHz，8GB 内存，算法在 MATLAB 平台编写。为了横向对比 LHRO 算法的效能，在仿真实验中也对比了基于其他传统优化算法的效能，如 GA、PSO 算法。表 10-1 所示为相关参数设置，每种方法的种群数目设置为 30，迭代次数设置为 50，核函数均为 RBF 核函数，SVM 的参数 C 和 g 的搜索范围设置为$[2^{-5},2^{5}]$。为了验证基于 LHRO 算法优化支持向量机参数方法的有效性，采用 K 折交叉验证法来进行评价，交叉验证倍数设置为 3。在实验过程中，GA、PSO 算法和 LHRO 算法分别执行 15 次。

表 10-1　各算法的参数描述

算法名称	参数	参数描述	参数值
GA	p_c	交叉因子	0.4
	p_m	变异因子	0.01
PSO	C_1	学习因子	1.5
	C_2	学习因子	1.7
	w_{max}	惯性权重取值上界	0.9
	w_{min}	惯性权重取值下界	0.4

2. 适应度函数

为了使所提出的模型更具有说服力，将本章提出的 LHRO 算法结合 SVM 进行参数优化的过程分别与 GA 和 PSO 算法结合 SVM 过程进行比较和分析，这里采用优化后 SVM 的分类正确率为适应度函数。分类正确率是分类器能够正确分类的测试集中样本数和样本总数之比：

$$\text{Fitness rate} = \frac{\text{CN}}{\text{CN+WN}} \times 100\% \tag{10-11}$$

式中，CN 表示正确分类的样本数；WN 表示错误分类的样本数。

3. 实验结果与分析

表 10-2 所示为使用不同算法对 SVM 参数进行优化，运行 15 次后的分类结果，其中各算法所使用的核函数均为 RBF 核函数，且分别从最高分类正确率、最差分类正确率、平均分类正确率及最优参数这四个方面来比较 GA、PSO 算法、HRO 算法和 LHRO 算法。其中，Bestfitness 代表的是最高分类正确率，它表示的是运行 15 次结果中最高的分类结果；Worstfitness 代表的是最低分类正确率，它表示的是运行 15 次结果中最差的分类结果；Averagefitness 代表的是平均分类正确率，它表示的是运行 15 次结果后的平均值。

表 10-2 不同算法在遥感图像数据集上的分类结果

数据集	算法	Bestfitness/%	Worstfitness/%	Averagefitness/%	最优参数
遥感图像	GA	89.051	82.846	86.536	C= 2.9161, g= 0.1154
	PSO	87.956	81.751	85.218	C=20.3808, g=0.1591
	HRO	89.051	85.766	87.695	C= 13.2015, g= 0.0429
	LHRO	90.145	84.306	87.043	C= 1.6649, g= 0.0295

根据表 10-2 显示的内容可知，在所有数据集上运行 15 次后，在遥感图像数据集上，LHRO 算法中的最高分类正确率比 GA、PSO 算法和 HRO 算法要高出 1 个百分点以上，其最低分类正确率比 PSO 算法要高出 2 个百分点以上，低于 HRO 算法的最低分类正确率。在平均分类正确率上，HRO 算法和 LHRO 算法较好，均超过 87%，要优于 GA 和 PSO 算法，表明其稳定性较好。观察表 10-2 的实验结果可知，相比使用 GA 和 PSO 算法用于 SVM 参数优化，采用基本 HRO 算法和 LHRO 算法用于 SVM 参数优化的性能要更好些，LHRO 算法采用了 Lévy 飞行搜索，在小规模的参数优化中性能提升并不是十分明显。

由图 10-4 遥感图像数据集上不同优化算法的分类正确率进化曲线可知，LHRO 算法优化 SVM 参数分类正确率比 GA、PSO 算法、HRO 算法优化 SVM 要略高，最优的分类正确率比次优的 HRO 算法高 0.7 个百分点。从平均分类正确率的进化曲线看，GA、PSO 算法、HRO 算法的进化曲线较为平缓，在 10 次左右就基本保持平稳，说明较早陷入了局部最优解，而 LHRO 算法的进化曲线具有多处阶跃，分类正确率没有过早收敛，说明 LHRO 算法具有跳出局部最优解的能力。总体上看，LHRO 算法在保持较高分类正确率的情况下，具有跳出局部最优解的能力，要优于其他三种优化算法。

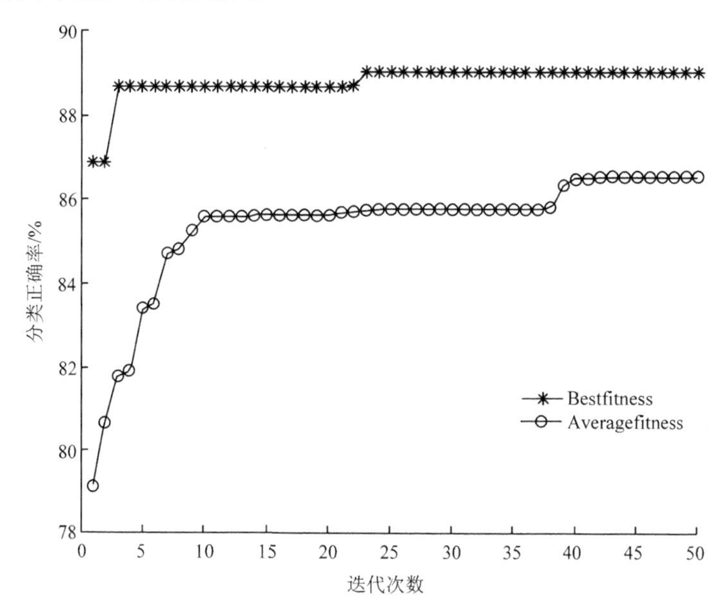

（a）GA 优化 SVM 参数分类正确率进化曲线

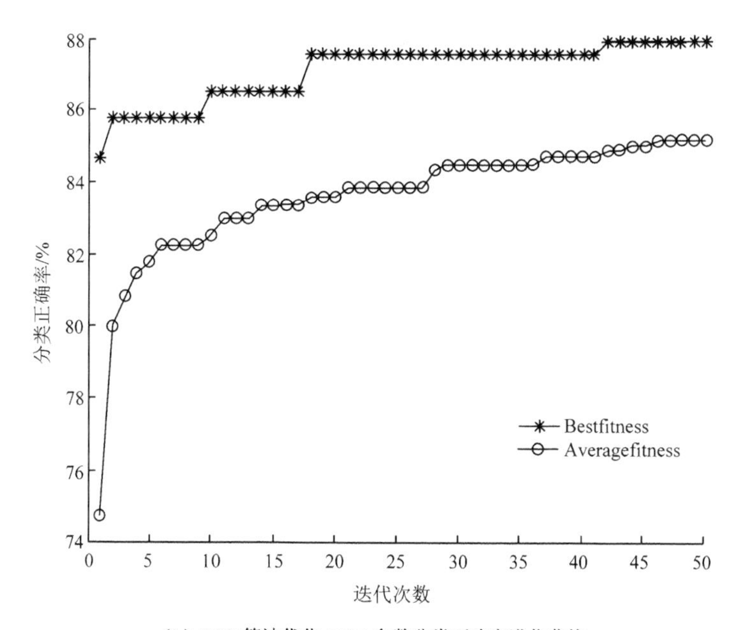

（b）PSO 算法优化 SVM 参数分类正确率进化曲线

图 10-4　遥感图像数据集上不同优化算法的分类正确率进化曲线

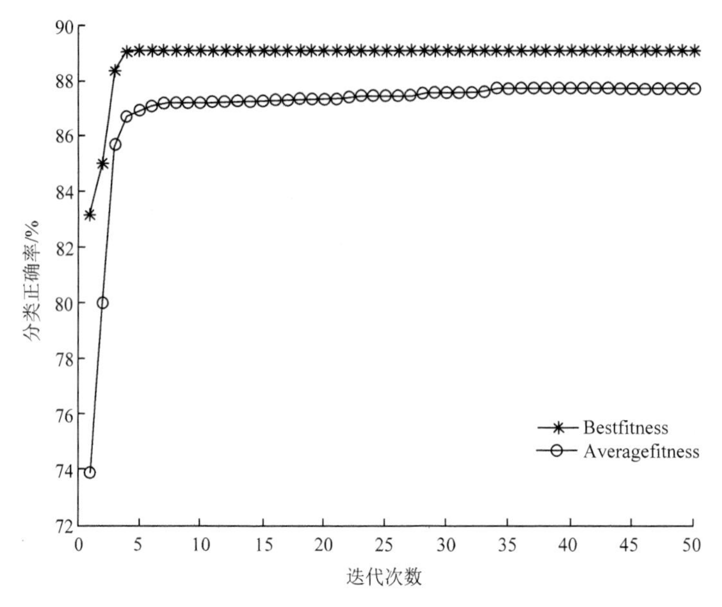

（c）HRO 算法优化 SVM 参数分类正确率进化曲线

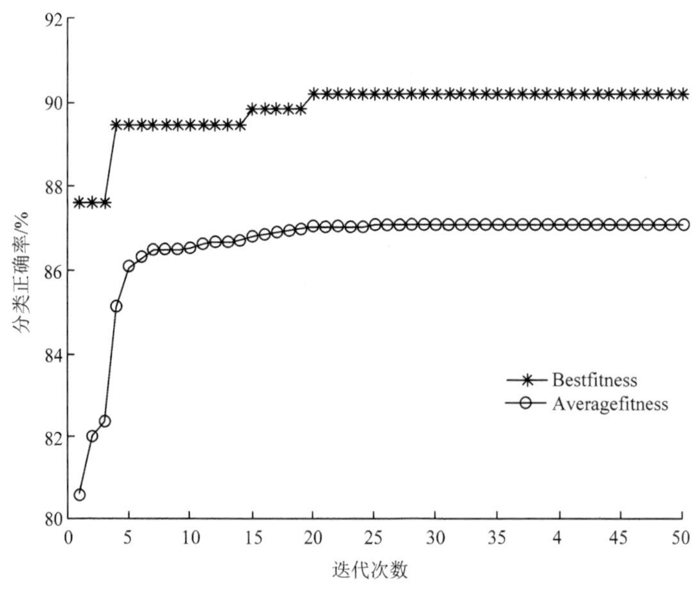

（d）LHRO 算法优化 SVM 参数分类正确率进化曲线

图 10-4（续）

10.3　基于改进杂交水稻算法的支持向量机整体优化

将支持向量机内核函数和特征选择目标共同作为优化对象，使用智能优化算法进行整体优化，能得到比分开进行参数优化和特征选择更加优秀的分类性能，文献[9]～[11]在支持向量机整体优化中取得了较好的效果。根据“没有免费的午餐”定理可知[12]，没有任何一个优化算法可以独立解决所有实际问题，单一优化算法优化能力尚有不足，因此要想将优化算法更好地应用到实际问题上，就必须对其进行二次优化和改进。本节将利用改进后的杂交水稻优化算法对支持向量机进行整体优化，并用于遥感图像分类。

10.3.1　支持向量机整体优化

已有文献在用 SVM 进行图像分类时，多使用传统方法训练得到 SVM 参数，计算效率低下，也难以获得最优的 SVM 分类器。对于合理选择 SVM 模型参数，一直以来都是 SVM 研究者们最关心的问题。然而，目前大多数研究都是将最优特征子集选择与 SVM 分类器结构与最优参数分离。应该注意的是，特征子集的选择和 SVM 参数的选择之间的关系是相互影响且不可割裂的。因此，应结合考虑特征向量集的选择和 SVM 最优参数的选择，以实现整体 SVM 最优分类性能。传统方法通常分别优化特征选择过程和参数优化过程，但是这两个过程间的先后次序很难界定，所以最简便的思路就是同时完成两步操作。

目前已有部分文献使用网格搜索法和经典的智能计算方法来解决上述问题，如 GA、PSO 算法等。但是，上述优化算法都有各自的缺陷。其中，网格搜索法所需的运算时间很长；GA 在短时间内很难收敛到一个比较满意的范围，同时在计算过程中在跳入局部最优解之后会降低对全局最优解的搜索；PSO 算法虽然计算所需时间较少，整体效率有所提高，但是同样在掉入局部最优解之后会降低对全局最优解的搜索。本章提出的 LHRO 算法对 SVM 参数特征整体优化的方式，不仅要提高分类精度，而且要尽可能选择较少数量的特征。

10.3.2　支持向量机整体优化方法

由于 RBF 函数只有一个参数且处理高维数据的能力比较好，因此本文选择 RBF 核为 SVM 核函数，需要优化的参数为惩罚因子 C 和核函数参数 g。因此，染色体中应该包含这两个参数。由于还需要同步优化特征选择，因此水稻个体的基因组中还应当包含特征选择的信息，即每个水稻个体的基因组代表 SVM 中的一个候选 C、g 及特征选择信息。其中，$C,g\in[2^{-5},2^{5}]$。

为了达到特征参数同步优化的目标，将水稻个体以二进制的形式进行编码，其结构形式如表 10-3 所示。其中，染色体中的前 n 位代表惩罚因子 C，中间的 $m-n$ 位代表核函数参数 g，最后的 $l-m$ 位代表特征子集。对于 C 和 g 部分，最后以转换为十进制所对应的实际值表示。对于特征选择信息部分，每个二进制位都对应特征集合中的一个特征，当该位置的数值为“1”时，表明相应的特征被选中，为“0”时，表明相应的特征未被选中。

表 10-3 水稻体编码结构表

惩罚因子 C	核函数参数 g	特征选择信息
$x_C^1, x_C^2, \cdots, x_C^n$	$x_g^{n+1}, x_g^{n+2}, \cdots, x_g^m$	$x_F^{m+1}, x_F^{m+2}, \cdots, x_F^l$

使用分类正确率作为种群个体的适应度值。其分类正确率越高，则表示相应的适应度值就越高，即表明分类效果越好。其算法流程图如图 10-5 所示。

具体的算法步骤如下。

步骤 1：导入已经提取完成的遥感图像特征数据集，对杂交水稻优化算法种群进行初始化，对参数进行初始化，包括水稻种群数目 N、育种次数上限（最大迭代次数）max iteration、自交次数上限 max time。

步骤 2：根据每个水稻个体的基因组，通过其中的特征选择向量确定训练所需的特征子集，通过参数组合向量确定 SVM 的参数并构建分类器。

步骤 3：采用构建好的 SVM 和选择好的特征子集对训练集分类，并根据适应度值排序得到水稻的保持系（B）、不育系（A）和恢复系（R）。

步骤 4：根据杂交水稻优化算法进行水稻育种操作，具体包括以下内容。

（1）保持系（B）与不育系（A）杂交将获得新的个体 j，并对其适应度值 $f(x_j)$ 进行评估；如果 $f(x_j) > f(x_i)$，则用 j 替换 i，否则保留原个体 i。

（2）判断是否达到自交上限，若 $t <$ max time，则使恢复系 R_p 通过自交操作产生新的恢复系水稻个体 R_q，并评估新恢复系个体的适应度值 $f(x_q)$，如果 $f(x_q) > f(x_p)$，则用 q 替换 p，否则保留原个体 p；若 $t \geqslant$ max time，则进行重置操作。

步骤 5：判断是否达到最大迭代次数（即终止条件），若 $t <$ max iteration，再次执行步骤 2；若 $t \geqslant$ max iteration，则得到最优解。把得到的最优个体进行解码，获得最优特征子集和参数，然后将其代入 SVM 中，构建分类器，对测试集中的遥感数据进行分类。

步骤 6：输出最终分类结果。

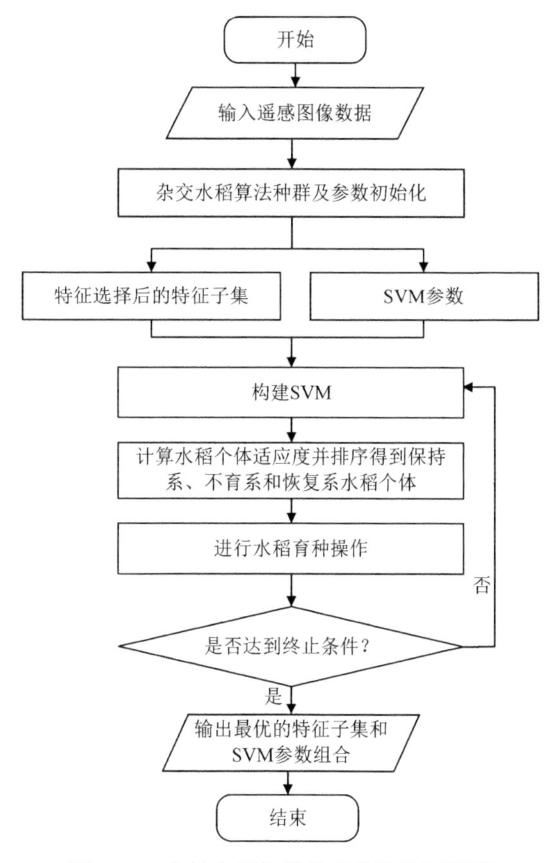

图 10-5　支持向量机整体优化算法流程图

10.3.3　实验仿真与分析

1. 实验数据与方法

为了验证本节提出的方法的有效性，采用 K 折交叉验证法来进行评价。使用 MATLAB 语言编程实现，其他参数的设置同表 10-3 所示，且各算法的初始种群数目设置为 30，均迭代 50 次后结束，各算法所使用的核函数均为 RBF 核函数，SVM 的参数 C 和 g 的搜索范围设置为$[2^{-5},2^{5}]$，交叉验证倍数设置为 3。在实验过程中，GA、PSO 算法和 LHRO 算法分别执行 15 次。

2. 实验结果与分析

需要说明的是，这里适应度函数同 10.2.2，Bestfitness、Worstfitness 和 Averagefitness 含义同 10.2.2，实验结果如表 10-4、图 10-6 所示。

表 10-4　不同算法在遥感图像数据集上的分类结果

数据集	算法	Bestfitness/%	Worstfitness/%	Averagefitness/%	最优参数
遥感图像	GA	90.1460	78.83212	84.4928	C=1.929761, g=0.0991
	PSO	91.6058	72.26277	83.0553	C=3.9163, g=0.0229
	HRO	91.2087	82.11679	84.8875	C=0.905, g=0.100
	LHRO	91.9708	80.29197	88.5744	C= 7.372, g= 0.00632

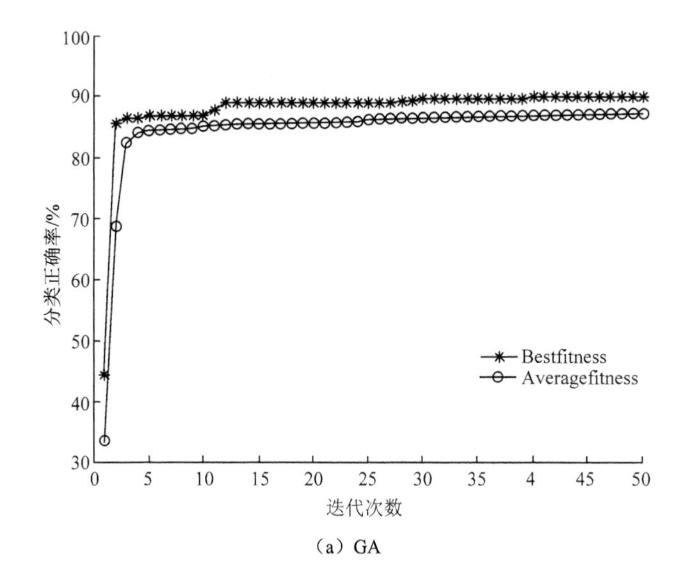

（a）GA

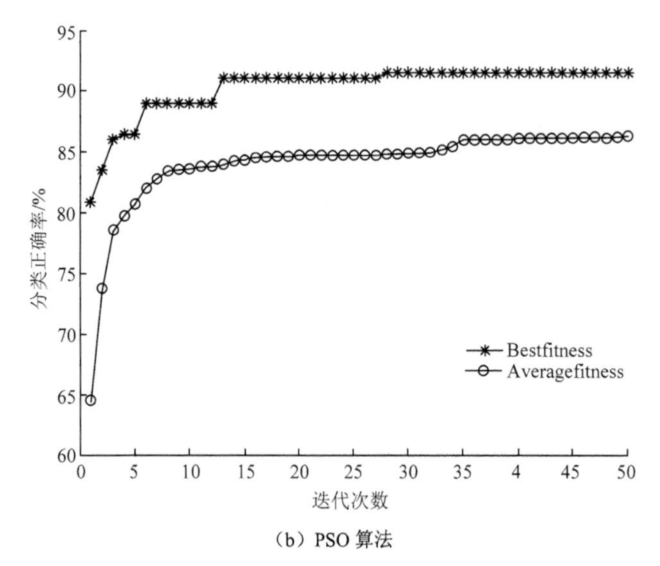

（b）PSO 算法

图 10-6　不同优化算法参数特征一体优化的分类正确率进化曲线

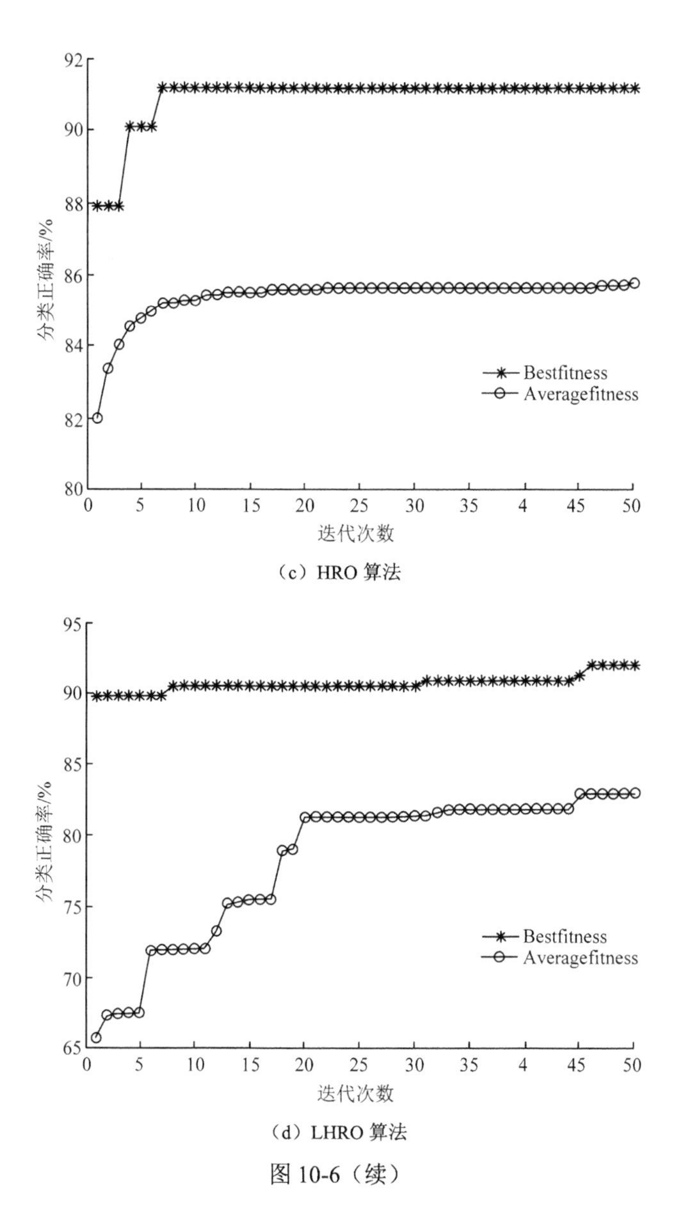

（c）HRO 算法

（d）LHRO 算法

图 10-6（续）

由表 10-4 和图 10-6 可知，在整个的优化过程中，不同优化算法的最优分类正确率均逐渐提高，在最佳分类正确率进化中，GA 经过了大致三次阶跃得到较好分类正确率；PSO 算法、HRO 算法和 LHRO 算法大致经历了四次阶跃获得较好的分类正确率。从最终的最优分类正确率看，LHRO 算法的效果最好，比排第二的 PSO 算法高出约 0.3 个百分点。除了 HRO 算法表现出在第 10 次之前就过早的收敛外，LHRO 算法是收敛最快的，表现出强大的寻优能力，说明基于 LHRO 算法的同步优化算法的性能是优于 GA、PSO 算法和 HRO 算法的。对比表 10-2 和

表 10-4 中的分类正确率可以发现，除了 LHRO 算法的结果有所提升，其他算法一体优化效果除了最高分类正确率外，其他分类正确率没有提升，主要原因在于一体优化 SVM 过程中适应度函数只利用分类正确率，对于选择的特征个数并没有考虑，导致最高分类正确率外、最低分类正确率之间差别比较明显，进一步说明了适应度函数的设计对于智能优化算法搜索性能的影响，今后工作中需要进一步完善适应度函数的设计。

10.4 本 章 小 结

本章首先简要介绍了支持向量机的基本原理及其在分类时的影响因素，然后介绍了基于 LHRO 算法优化支持向量机的过程，利用 LHRO 算法的寻优能力得到一组最优的惩罚函数 C 和核函数参数 g，并且将提出的方法与 GA、PSO 算法和 HRO 算法进行了对比实验。实验结果表明采用 LHRO 算法优化支持向量机取得的效果最好。最后，考虑特征选择和 SVM 的参数优化之间并不是割裂的关系，特征选择和参数优化都会对最终的分类结果产生影响，如果将两个问题分开求解，则存在一个先后的问题，因此需要将特征子集的选择和 SVM 最优参数的选择结合起来同步考虑，这样才能发挥 SVM 的最优分类的性能。本章通过 LHRO 算法对参数和特征进行同步优化，显示出了一定的效果，并且优于同类优化算法的优化结果。总体上看，基于 LHRO 算法的遥感图像分类方法可以取得较高的分类正确率，是一种分类效率高且性能鲁棒的图像分类方法。

参 考 文 献

[1] 季长清，高志勇，秦静，等. 基于卷积神经网络的图像分类算法综述[J]. 计算机应用，2022，42(4)：1044-1049.

[2] Li X F, Liu B, Zheng G, et al. Deep-learning-based information mining from ocean remote-sensing imagery[J]. National Science Review, 2020, 7(10): 1584-1605.

[3] 何华伟. 遥感图像的贝叶斯网络分类方法研究[D]. 北京：北京大学，2005.

[4] 詹总谦，来冰华，万杰，等. 一种利用纹理特征和朴素贝叶斯分类器检测近景影像植被的方法[J]. 武汉大学学报（信息科学版），2013，38(6)：665-668.

[5] Chandra M A，Bedi S S. Survey on SVM and their application in image classification[J]. International Journal of Information Technology, 2021, 13(5): 1867-1877.

[6] 王振武，孙佳骏，于忠义，等. 基于支持向量机的遥感图像分类研究综述[J]. 计算机科学，2016，43(9)：11-17, 31.

[7] Cortes C, Vapnik V. Support vector networks[J]. Machine Learning. 1995, 20:273-297.

[8] Cherkassky V, Mulier F. Statistical learning theory[M]. New York: John Wiley & Sons, Inc. 2006.

[9] 贾鹤鸣，李瑶，孙康健. 基于遗传乌燕鸥算法的同步优化特征选择[J]. 自动化学报，2022，48(6)：1601-1615.

[10] 贾鹤鸣，姜子超，李瑶. 基于改进秃鹰搜索算法的同步优化特征选择[J]. 控制与决策，2022，37(2)：445-454.

[11] 齐子元，房立清，张英堂. 特征选择与支持向量机参数同步优化研究[J]. 振动、测试与诊断，2010，30(2)：111-114.

[12] Wolpert D H, Macready W G. No free lunch theorems for optimization[J]. IEEE Trans on Evolutionary Computation，1997, 1(1): 67-82.

第 11 章　基于改进杂交水稻优化算法的胶囊网络优化

卷积神经网络以其特有的共享权值、局部连接、池化操作等特性使模型具备较好的表征能力和学习能力，是图像处理领域较为优秀的模型。但也正是由于池化等操作，特征图丢失了特征的方向信息及特征属性间的位置关系，使网络存在对图像的轻微平移高度敏感的缺陷[1]，同时卷积神经网络模型训练时对数据量要求高。胶囊网络（capsule network，CapsNet）弥补了卷积神经网络缺少等变性、模型泛化能力弱等问题，已经在机器学习领域引起了广泛的关注，对机器学习领域产生了一定的影响[2]。本章主要介绍胶囊网络的相关概念及其结构，并针对胶囊网络超参数配置困难的问题，提出一种基于遗传搜索改进的杂交水稻优化算法，用于胶囊网络超参数自动优化。

11.1　胶囊网络概述

胶囊网络受卷积神经网络的启发而提出，同时又弥补了卷积神经网络缺少等变性、模型泛化能力弱等问题，未来可能会对人工智能领域产生更深远的影响。在胶囊网络中，每一个胶囊由若干神经元组合而成，网络的输入和输出都被封装到向量中，并且胶囊捕获的实例化参数具有等变性[3]。在胶囊网络的输出向量中，向量的长度表示检测目标存在的概率，输出向量的方向表示被检测目标的几何状态，因而当被观察物体发生一定的物理变化或观察者的视觉条件发生变化时，胶囊值也会对应有所变化，但其模仍保持不变。胶囊网络于 2017 年首次被应用于重叠 MISIT 手写数字数据集上，其优越的性能引起学术界和工业界的广泛关注[4]。本节主要介绍胶囊网络的基本概念，以及经典胶囊网络的基本结构。

11.1.1　胶囊网络基本概念

CapsNet 是由多个胶囊组成的神经网络，网络的输入和输出均为向量。CapsNet 采用与传统神经网络不同的激活函数——Squash 函数。同时，CapsNet 的两层向量之间采用动态路由算法进行更新，下面对几个概念进行详细阐述。

1. 输入和输出都为向量

在 CapsNet 中，网络所捕获的特征使用向量描述，不再使用标量表示。向量包含着丰富的图像特征信息，如在输出向量中，向量的长度表示被检测特征的概率，向量的方向表示被检测特征的几何状态，如方向、位置、笔画粗细等信息。胶囊所提取到的实例化参数具有等变性，当被观察对象发生移动时或视觉条件发生变化时，向量中的值也会发生相应的变化，但其长度维持不变，因而 CapsNet 弥补了 CNN 对图像的轻微平移高度敏感的缺陷。

2. Squash 激活函数

Squash 函数为非线性激活函数，其作用是将向量的长度压缩在[0,1]内。其数学描述如下：

$$v_j = \frac{\|s_j\|^2}{1+\|s_j\|^2}\frac{s_j}{\|s_j\|} \tag{11-1}$$

式中，v_j 为胶囊的输出；s_j 为胶囊的总输入；$\frac{s_j}{\|s_j\|}$ 为 s_j 的单位向量；$\frac{\|s_j\|^2}{1+\|s_j\|^2}$ 主要起缩放作用。当 $s_j \to 0$ 时，$\frac{\|s_j\|^2}{1+\|s_j\|^2}$ 趋近于 0；当 $s_j \to \infty$，$\frac{\|s_j\|^2}{1+\|s_j\|^2}$ 趋近于 1。

3. 动态路由算法

在 CapsNet 中，两层向量之间采用动态路由算法进行更新。动态路由算法实质为聚类算法，以此来完成低级特征向高级特征的转变[5]。动态路由过程是一个隐式的迭代过程。动态路由算法伪代码如下所示。

输入：低层胶囊 $\hat{u}_{j|i}$，迭代次数 r，层 l

初始化参数 $b_{ij} = 0$

迭代 r 次：

对于第 l 层胶囊 i 计算： $c_i = \mathrm{softmax}(b_i)$

对于第(l+1)层胶囊 j 计算： $s_j = \sum_i c_{ij}\hat{u}_{j|i}$

对于第(l+1)层胶囊 j 计算： $v_j = \mathrm{squash}(s_j)$

对于第(l+1)层胶囊 i 和第(l+1)层胶囊 j 更新参数： $b_{ij} = b_{ij} + \hat{u}_{j|i}v_j$

返回高层胶囊输出向量 v_j

---

4. 损失函数

CapsNet 采用边缘损失函数来对网络进行优化，其定义如下：

$$L_k = T_k \max\left(0, m^+ - \|v_k\|\right)^2 + \lambda\left(1 - T_k\right)\max\left(0, \|v_k\| - m^-\right)^2 \tag{11-2}$$

式中，v_k 表示输出向量；$\|v_k\|$ 表示输出向量的模；k 表示类别；$T_k = 1$；$m^+ = 0.9$；$m^- = 0.1$；$\lambda = 0.5$。

11.1.2 胶囊网络结构

典型的 CapsNet 由输入层、卷积层、初始化胶囊层（primarycaps）、数字化胶囊层（digitcaps）及输出层构成。典型的 CapsNet 结构如图 11-1 所示。

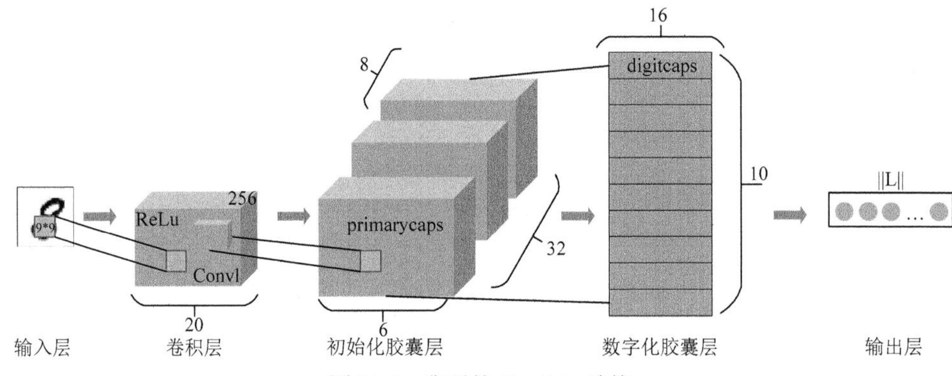

图 11-1 典型的 CapsNet 结构

由图 11-1 可知，网络的第一层为输入层，第二层为卷积层，第三层为初始化胶囊层，第四层为数字化胶囊层，第五层为输出层。卷积层的输入为 28 像素×28 像素的图像，其采用 256 个 9 像素×9 像素的卷积核对输入图像进行特征提取，其步长为 1，激活函数为 ReLu，经卷积操作以后，可得到 256 个尺寸为 20 像素×20 像素的特征图。

网络的第三层为初始化胶囊层，包含 32 个通道的 8 维卷积胶囊层，每个胶囊层由 8 个 9 像素×9 像素的卷积单元构成，即初始化胶囊层总共包含 32 像素×6 像素×6 像素个胶囊，每个胶囊由 8 个向量组成。经以步长为 2 的卷积操作以后，可得到 32 个尺寸为 6 像素×6 像素的 8 维输出特征图。第四层为数字化胶囊层，该层中的胶囊和前一层中的胶囊全连接，并且通过动态路由算法来更新它们之间的连接，其输出为 10 个 16 维的向量，即每一个数字用一个胶囊表示，并且每个胶囊由 16 个向量组成。

除此之外，CapsNet 还可构建重构网络，该网络通常由多个全连接层组成，作用是通过将计算过程中的向量还原为图像，并比较还原之后的图像和原始图像之间的误差来更新、调节网络的参数。如图 11-2 所示，使用包含三个全连接层的重构网络。

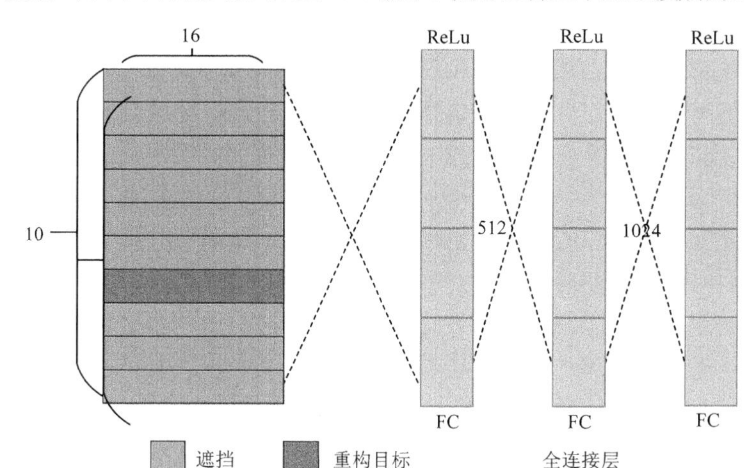

图 11-2　重构网络示意图

网络的最后一层为输出层，通常采用 Sigmoid 函数作为激活函数，将输出值压缩到[0,1]内。

11.2　基于改进杂交水稻优化算法的胶囊网络优化方法

本章提出一种基于改进的遗传搜索机制的杂交水稻优化算法的 CapsNet（genetic search hybrid rice optimization capsule networks，GHROCapsNet）超参数优化方法，并与标准杂交水稻优化算法的 CapsNet（hybrid rice optimization capsule networks，HROCapsNet）超参数优化方法进行比较，具体实施细节及实验仿真结果如下。

CapsNet 除了需要训练网络的权值、偏置项、耦合系数等参数之外，还需要在开始训练网络之前对部分参数进行预设置，这一类参数统称为超参数。CapsNet 中常见的超参数包括 CapsNet 的层数、卷积层中的相关参数、初始化胶囊层中的通道个数、胶囊的维度、路由迭代次数、是否构建重构网络、优化器的选择，以及重构网络中全连接层的个数等，这些参数都需要在网络开始训练之前进行人工设定。以文献[6]为例，CapsNet 的结构为输入层、卷积层、初始化胶囊层、数字化胶囊层、重构网络（三个全连接层）、输出层，故网络层数为 8 层，所涉及的超参数包括训练的批量大小、卷积层中相关参数（卷积核个数、卷积核大小、卷积核步长、激活函数类型）、初始化胶囊层中相关参数（卷积核个数、胶囊的维度、卷积核大小、卷积核步长、激活函数类型）、路由迭代次数、重构网络中全连接层个数，以及激活函数类型。

大量实验及研究表明，超参数直接决定模型的性能。例如，训练批量大小（batch-size）是影响网络性能的关键参数，训练批量越大，则计算速度越快，但正确率却可能随之下降。再如，卷积层中激活函数类型的选择也很重要，不同的激活函数有不同的特点，激活函数选择不当可能会导致网络收敛速度慢、计算复杂度高或造成梯度消失等问题。又如，网络中卷积核的数量决定了胶囊的个数，卷积核通过在图像上按一定的步长滑动进行特征提取，特征图数量越多，网络的性能越好，但网络的计算成本也随之增加。超参数的选取往往依靠经验，人工设定工作量巨大，通常需要研究人员对模型有着较深刻的理解，并且这些超参数组合方式多样而复杂，人工很难在有效时间内使这些超参数的组合达到一个平衡。因此，自动化优化 CapsNet 的结构是本章研究的一个要点。

11.2.1 基于遗传搜索改进的杂交水稻优化算法

遗传算法与其他优化算法最显著的区别在于，其选择算子、交叉算子及变异算子都是按照自适应概率搜索技术的方式来进行的，算法的搜索过程极具灵活性，进而有效保证了遗传算法具有强大的全局搜索能力。但也正是遗传算法在进化过程中较强的随机性，导致算法中后期在优良解附近失去进行有效勘探的能力，因而标准遗传算法存在局部搜索能力差、易陷入局部最优等缺陷。

杂交水稻优化算法种群划分操作按照个体质量优劣将个体划分至保持系、恢复系和不育系，在进化过程中，保持系和不育系通过杂交算子产生下一代不育系新个体；恢复系的自交和重置算子则是一个群集智能搜索过程，能够使适应度居中的个体以一定的速度向当前最优解靠近的同时，又具备跳出局部最优的能力[7]；保持系中个体被原样保存至下一代。上述算子虽然在一定程度上平衡了算法的全局开发和局部勘探能力，但是恢复系中自交算子及保持系中个体维持不变的算法设计导致种群个体丧失多样性，进而导致算法出现“早熟”现象。为了克服上述问题，本章将遗传算法和杂交水稻优化算法进行深度融合，设计遗传杂交水稻优化（genetic hybrid rice optimization，GHRO）算法，该算法的核心思想在于将遗传算法中基于遗传搜索机制的思想引入杂交水稻优化算法中，从而有效避免杂交水稻优化算法出现“早熟”的缺陷。GHRO 算法的基本流程图如图 11-3 所示。

在图 11-3 中，保持系中个体不再直接被保留至下一代，而是引入变异率，当满足变异条件时，保持系中个体按式（11-3）进行变异：

$$x_{\text{new}}^{d}(t+1) = x_{\min}^{d} + r \cdot \left(x_{\max}^{d} - x_{\min}^{d}\right) \tag{11-3}$$

式中，x_{new}^{d} 表示重置过程中产生的新个体第 d 维分量；r 为 $[0,1]$ 中的随机数；$x_{\max}$ 和 $x_{\min}$ 分别表示搜索空间内决策变量的第 d 维分量的上下决策边界。

GHRO 算法按一定概率对保持系中的个体进行变异，这种机制能够提升算法跳出局部最优的能力，可以有效避免算法出现“早熟”现象。

与此同时，为杂交水稻优化算法引入杂交率这一概念，杂交率是范围为[0,1]的数，随机生成一个随机数 rand，当 rand 的取值小于杂交率时，进行杂交操作；反之不进行杂交操作。杂交概念的引入使算法能以一定的概率接受不育系中的劣解，这种机制能够增加保持系中个体的多样性，进而增加算法的全局搜索能力。

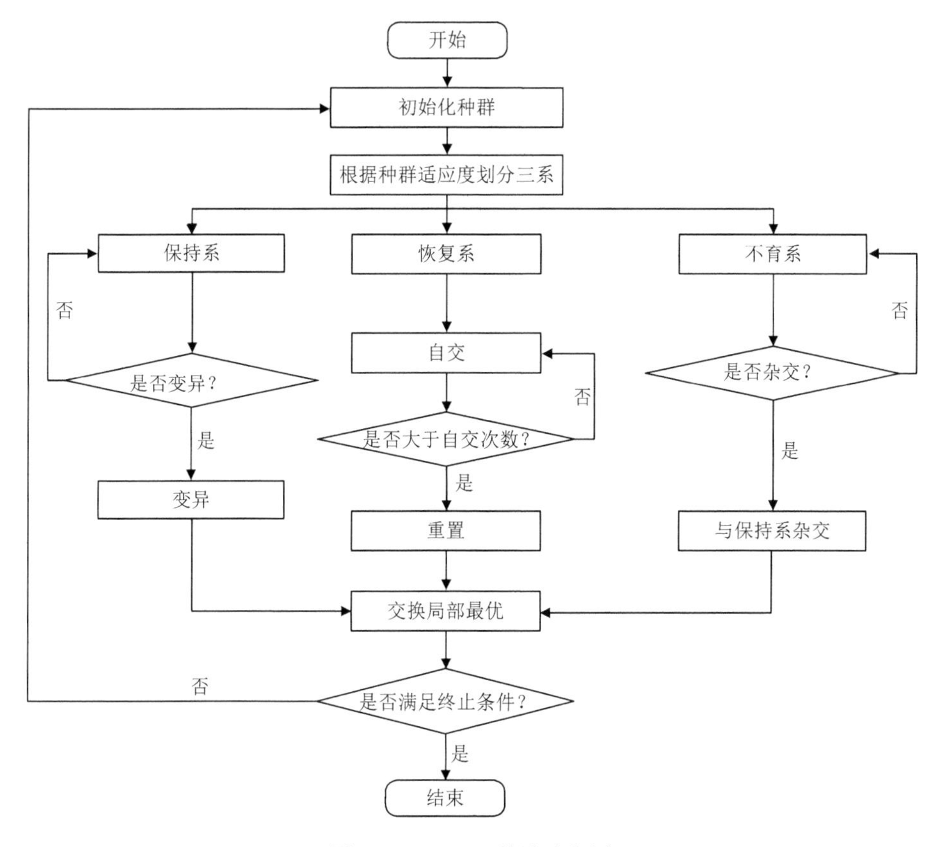

图 11-3　GHRO 算法流程图

11.2.2　基于遗传搜索杂交水稻优化算法的胶囊网络结构编码

CapsNet 结构复杂，模型的性能往往依赖模型的超参数配置，仅依靠人工选取合适的超参数往往需要付出巨大的人力、物力和时间成本。GHRO 算法具有收敛速度快、实现简单及搜索能力强等优点。基于此，本章提出利用 GHRO 算法自动搜索最优的 CapsNet 需要预设的超参数。在 GHROCapsNet 中，搜索算法的个体分量由各个超参数构成，各分量的取值类型同超参数的数值类型一致，且各分量的取值区间为各超参数的取值区间。每一个个体代表一种 CapsNet 结构，个体在解空间内自由搜索，这极大地增加了 CapsNet 结构的多样性，为找到一种优良的网络结构增加了可能性。本章所涉及的超参数如表 11-1 所示。

表 11-1 CapsNet 中待优化的超参数

个体分量	分量含义	取值范围
X1	训练的批量大小	20,40,60,80
X2	C 中卷积核个数	100,150,200,250,300
X3	C 中卷积核大小	3×3,5×5,7×7,9×9
X4	C 中激活函数	Sigmoid,Tanh,ReLu
X5	C 中卷积核步长	1,2,3
X6	初始化胶囊层中通道个数	16,32,64
X7	初始化胶囊层中胶囊的维度	4,6,8,10
X8	初始化胶囊层中卷积核大小	3×3,5×5,7×7,9×9
X9	初始化胶囊层中卷积核步长	1,2,3
X10	路由迭代次数	1,2,3,4
X11	初始化胶囊层中激活函数	Squash，Other
X12	优化器	Adam,Adagrad,RMSprop
X13	重构网络全连接层个数	1,2,3,4
X14	全连接层激活函数	Sigmoid,Tanh,ReLu

表中，Sigmoid 表示 S 型函数；Tanh 表示双曲正切函数；ReLu 表示修正线性单元函数；Squash 表示挤压函数，其功能是将大范围输入挤压到较小区间；Adam 优化器全称为自适应矩估计（adaptive moment estimation）；Adagrad 优化器全称是自适应梯度（adaptive gradient）；RMSprop 优化器全称是均方根传播（root mean square propagation）。

GHRO 算法中个体与 CapsNet 中超参数对应的编码和解码关系如图 11-4 所

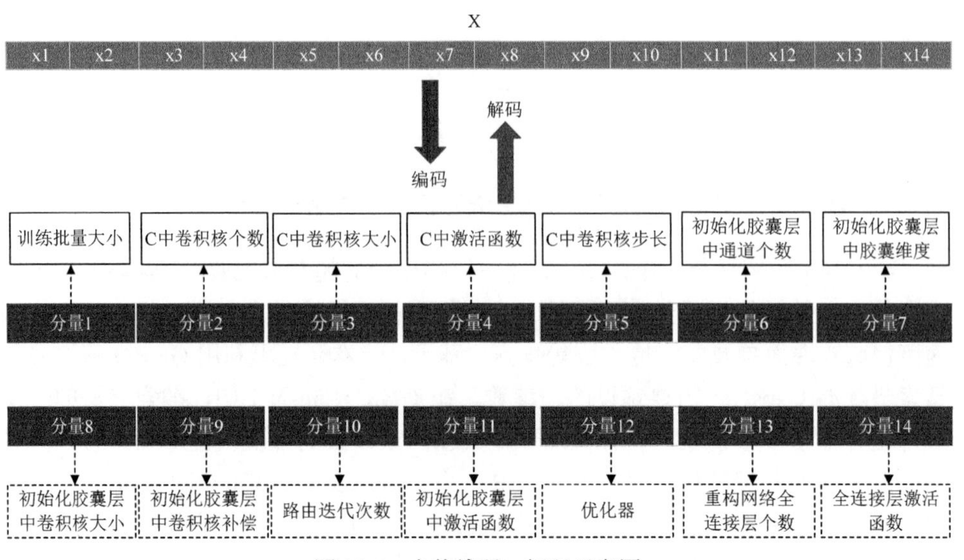

图 11-4 个体编码、解码示意图

示，首先将 CapsNet 中待优化的超参数编码成智能优化算法的各个分量，各分量根据智能优化算法特定的更新规则完成位置更新，然后将智能优化算法中种群个体解码成 CapsNet 超参数，进而确定网络结构。

11.2.3　基于遗传搜索杂交水稻优化算法的胶囊网络算法步骤

GHROCapsNet 算法流程图如图 11-5 所示，具体说明如下。

步骤 1：设置 GHROCapsNet 所需的基本参数，包括种群数目、迭代次数、最大自交次数、交叉率、变异率及算法重复执行次数等。

步骤 2：将表 11-1 中所列超参数编码为 GHROCapsNet 种群中个体的各个分量，根据各个分量所代表的超参数的取值区间为各个分量设定初始化位置。同时，随机初始化 CapsNet 权重。

步骤 3：根据 GHRO 算法中每个个体各分量的取值情况来确定网络结构，然后训练网络，根据适应度函数来确定局部最优和全局最优。

步骤 4：判断是否满足终止条件，是则停止迭代，输出全局最优，确定最佳网络结构；利用 GHRO 算法更新种群个体位置，并跳转至步骤 3。

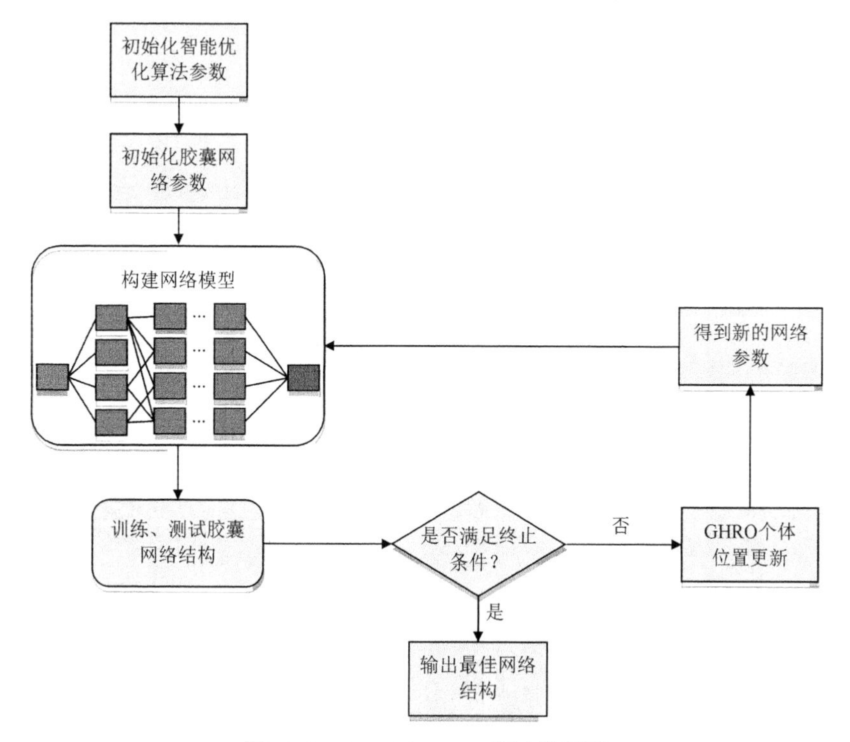

图 11-5　GHROCapsNet 算法流程图

11.3 实验仿真与分析

实验所涉及的数据集包括MNIST手写数字、CIFAR-10数据集、广州市妇女儿童医疗中心收集的胸部X射线影像数据集[8]。MNIST手写数字数据集（图11-6）中图片大小为28像素×28像素，共收集70000张灰色图像，其中训练集60000张，测试集10000张，共10个类别。CIFAR-10数据集（图11-7）一共包含10个类别的RGB彩色图片：飞机（airplane）、汽车（automobile）、鸟类（bird）、猫（cat）、鹿（deer）、狗（dog）、蛙类（frog）、马（horse）、船（ship）和卡车（truck），其中图片大小为32像素×32像素，共收集60000张彩色图像，其中50000张为训练集，10000张为测试集。广州市妇女儿童医疗中心收集的1～5岁患者的胸部X射线影像数据集（图11-8）共有5836张胸部X射线影像，其中包含1583张健康的胸部X射线影像，4273张患肺炎的胸部X射线影像，整个数据集中700张被划分为测试集，余下的5136张被划分至训练集，训练集中健康的胸部X射线影像为1283张，患肺炎的胸部X射线影像3873张，为避免因数据集规模较小而导致模型性能差的问题，实验中对训练集中健康的胸部X射线影像数据进行了数据增强，数据增强后的健康胸部X射线影像为3849张。

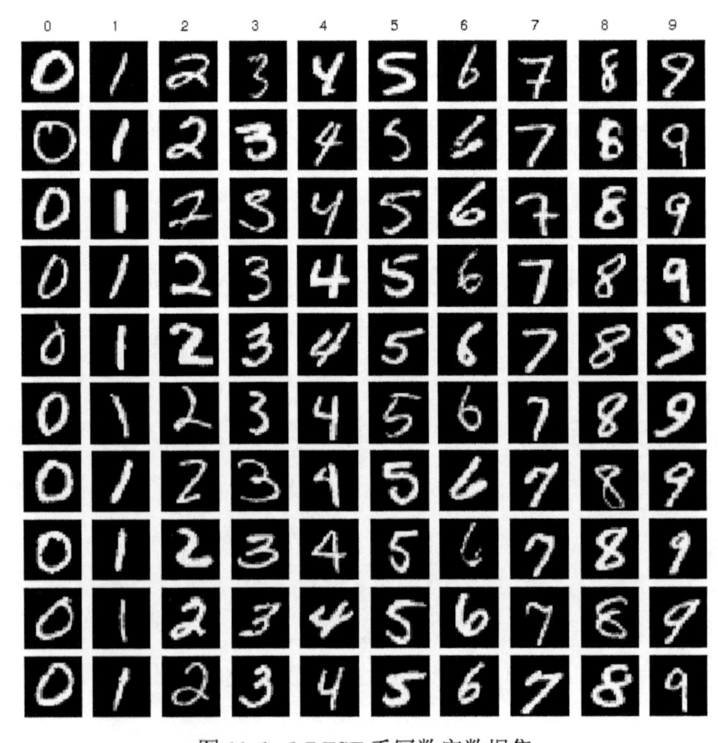

图11-6 MNIST手写数字数据集

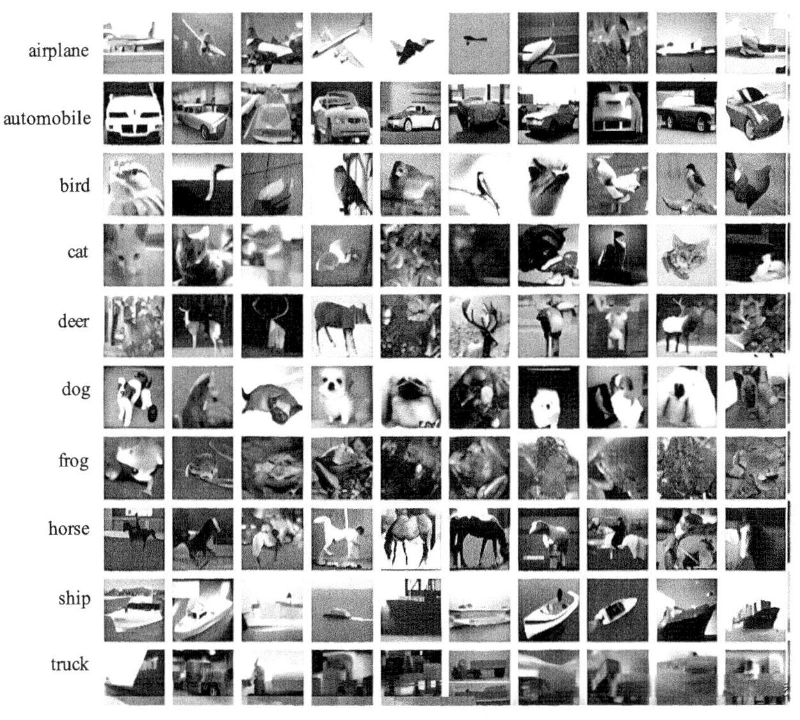

图 11-7　CIFAR-10 数据集

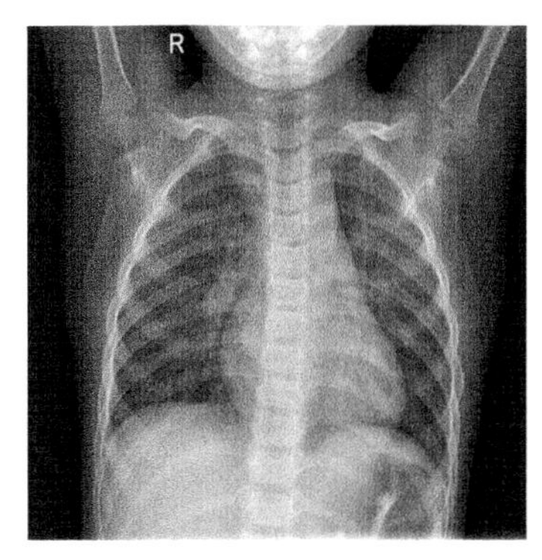

（a）健康胸部 X 射线影像

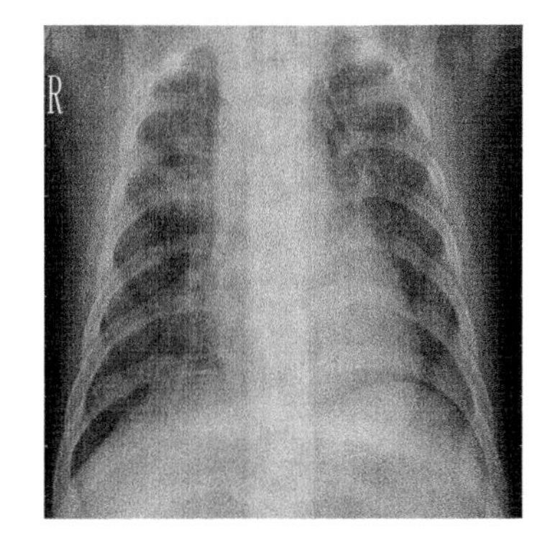

（b）患肺炎的胸部 X 射线影像

图 11-8　广州市妇女儿童医疗中心收集的胸部 X 射线影像数据集

11.3.1　实验环境

本实验运行环境为 Windows 10 操作系统，处理器为 Intel Core i7-8700 @ 3.20 GHz 六核，运行内存为 16GB，显卡配置为 NVIDIA GeForce GTX1060 6GB。开发环境为 Anaconda 3.4，深度学习框架为 tensorflow-gpu 2.3 版本，Python 版本为 3.6，另外还用了 Matplotlib、tqdm、pandas 和 numpy 等第三方库。

11.3.2 参数设置

本实验采用 8 层浅层 CapsNet 结构。所需优化的超参数即其取值区间详见表 11-1，HRO 算法最大迭代次数设置为 30，种群数目设置为 12，个体的维度设置为 14，各个算法独立运行 10 次，即共计需要训练 12 像素×30 像素×10 像素个 CapsNet 结构。GHROCapsNet 中最大自交次数设置为 20，杂交率设置为 0.8，变异率设置为 0.1。

11.3.3 实验结果与分析

经过较长时间的训练，HROCapsNet 和 GHROCapsNet 在 MNIST 手写数字数据集和 CIFAR-10 数据集进行测试，通过对试验数据的统计与分析，计算出了十组实验正确率的平均值，HROCapsNet、GHROCapsNet 在三个数据集上搜索到的 CapsNet 的最佳超参数组合如表 11-2～表 11-4 所示。

表 11-2　MNIST 手写数字数据集上的最佳网络结构

个体坐标分量	HROCapsNet 取值	GHROCapsNet 取值
X1	40	40
X2	150	200
X3	3×3	3×3
X4	ReLu	Sigmoid
X5	2	1
X6	16	16
X7	6	8
X8	3×3	5×5
X9	1	3
X10	3	2
X11	Squash	Squash
X12	Adagrad	Adam
X13	3	4
X14	ReLu	Sigmoid

表 11-3　CIFAR-10 数据集上的最佳网络结构

个体坐标分量	HROCapsNet 取值	GHROCapsNet 取值
X1	40	80
X2	150	100
X3	3×3	3×3

续表

个体坐标分量	HROCapsNet 取值	GHROCapsNet 取值
X4	Sigmoid	Sigmoid
X5	2	1
X6	16	32
X7	8	6
X8	3×3	5×5
X9	1	2
X10	3	3
X11	Squash	Squash
X12	Adam	Adam
X13	3	4
X14	ReLu	ReLu

表 11-4　广州市妇女儿童医疗中心胸部 X 射线影像数据集上的最佳网络结构

个体坐标分量	HROCapsNet 取值	GHROCapsNet 取值
X1	40	20
X2	200	250
X3	5×5	5×5
X4	Tanh	Sigmoid
X5	2	1
X6	16	32
X7	6	6
X8	3×3	3×3
X9	2	2
X10	2	3
X11	Squash	Squash
X12	Adam	Adam
X13	3	4
X14	Sigmoid	ReLu

观察表 11-2～表 11-4 可知，不同的优化方法对 CapsNet 的超参数选择不同，并且这些超参数的组合没有明显的规律可循。因此，通过 HROCapsNet 和 GHROCapsNet 来实现对 CapsNet 的超参数自动配置，网络的整个超参数优化过程通过算法搜索自动完成，不仅能够使网络的超参数配置更加合理，而且能够大幅减少研究所需要的人力、物力及时间成本。

表 11-5～表 11-7 中列出了各种优化方法在三个数据集上不同 Epoch（即训练集中的全部样本训练一次）数量下的识别正确率，其中部分实验结果来自文献中

的实验数据。

表 11-5 各种优化方法在 MNIST 手写数字数据集上的识别正确率

方法	全部样本训练次数				
	1	3	5	7	9
HROCapsNet	89.86%	90.47%	91.88%	93.07%	95.77%
GHROCapsNet	89.33%	91.74%	93.22%	95.85%	98.84%
CapsNet	NAN	NAN	NAN	NAN	97.84%

表 11-6 各种优化方法在 CIFAR-10 数据集上的识别正确率

方法	全部样本训练次数				
	1	3	5	7	9
HROCapsNet	76.43%	77.89%	80.12%	81.39%	82.03%
GHROCapsNet	85.73%	87.67%	90.29%	91.85%	93.72%
CNN	NAN	NAN	NAN	NAN	80.17%
CP-ACGAN	NAN	NAN	NAN	NAN	79.07%

表 11-7 各种优化方法在胸部 X 射线影像数据集上的识别正确率

方法	全部样本训练次数				
	1	3	5	7	9
HROCapsNet	88.32%	90.66%	92.52%	94.7%	96.3%
GHROCapsNet	91.08%	93.54%	95.47%	97.58%	99.43%
ResNet50	NAN	NAN	NAN	NAN	99.50%

观察表 11-5 可知，在 MNIST 手写数字数据集上，随着 Epoch 数量的增加，各个方法的分类正确率也随之提升。GHROCapsNet 取得较好的分类效果，平均分类正确率可以达到 98.84%，并且在 Epoch 取 1 时优于文献[9]中采用的 CNN 和文献[6]中采用的 CapsNet 两种方法，并且正确率较 HROCapsNet 网络获得结果有一定优势。上述实验结果表明了基于 GHROCapsNet 所确立的模型结构具有良好的性能，证实了 GHROCapsNet 的有效性。

再观察表 11-6 可知，在 CIFAR-10 数据集上，就整体情况而言，正确率随 Epoch 数量的增加而增加，取得最好分类效果的是 GHROCapsNet，平均分类正确率达到了 93.72%，HROCapNet 的正确率达到了 82.03%，均高于文献[10]中提出的基于 ACGAN 改进的监督图像分类算法 CP-ACGAN，说明 GHROCapsNet 所确立的模型超参数组合具有较好的性能。

最后观察表 11-7 可知，在广州市妇女儿童医疗中心胸部 X 射线影像数据集上，HROCapsNet 和 GHROCapsNet 所确立的网络结构的识别正确率略低于 ResNet50，特别是 GHROCapsNet 仅仅比 ResNet50 低了 0.07%。从横向情况看，

GHROCapsNet 所确立的网络结构的识别正确率优于 HROCapsNet，说明 GHROCapsNet 是有效的自动化超参数优化方法，取得了非常好的效果。

综上所述，GHROCapsNet 在 MNIST 手写数字数据集、CIFAR-10 数据集和广州市妇女儿童医疗中心胸部 X 射线影像数据集上均取得了较好的分类效果，验证了 GHROCapsNet 在优化 CapsNet 的超参数问题上的有效性和实用性。

11.4 本章小结

本章重点介绍了卷积神经网络及 CapsNet 的相关概念以及它们的网络结构，随后提出了 HROCapsNet 和 GHROCapsNet 两种 CapsNet 自动化超参数优化方法，为验证所提算法的性能，使用前述两种方法在 MNIST 手写数字数据集、CIFAR-10 数据集和广州市妇女儿童医疗中心胸部 X 射线影像数据集上进行网络训练，实验结果表明 GHROCapsNet 是一种有效的自动化超参数优化方法。

参考文献

[1] 林欣欣. 深度学习的胶囊网络在高光谱遥感图像分类中的研究及应用[D]. 西安：长安大学，2021.

[2] 宋燕，王勇. 多阶段注意力胶囊网络的图像分类[J]. 自动化学报，2021，47：1-14.

[3] 陆春燕. 胶囊网络的改进及其在图像生成中的应用[D]. 重庆：西南大学，2019.

[4] Mobiny A, Lu H Y, Nguyen H V, et al. Automated classification of apoptosis in phase contrast microscopy using capsule network[J]. IEEE Transactions on Medical Imaging, 2019, 39(1): 1-10.

[5] 林凯迪. 胶囊网络中动态路由算法优化[D]. 沈阳：沈阳工业大学，2021.

[6] Chen Z, Qian T Y. Transfer capsule network for aspect level sentiment classification[C]// 57th Annual Meeting of the Association for Computational Linguistics, vol. 1: 57th Annual Meeting of the Association for Computational Linguistics (ACL 2019), Florence, 2019: 547-556.

[7] Shu Z, Ye Z W, Zong X L, et al. A modified hybrid rice optimization algorithm for solving 0-1 knapsack problem[J]. Applied Intelligence, 2021, 52: 5751-5769.

[8] Hashmi M F, Katiyar S, Hashmi A W, et al. Pneumonia detection in chest X-ray images using compound scaled deep learning model[J]. Automatika, 2021, 62(3-4): 397-406.

[9] Chauhan R, Ghanshala K K, Joshi R C. Convolutional neural network (CNN) for image detection and recognition[C]// 2018 First International Conference on Secure Cyber Computing and Communication: ICSCCC 2018, Jalandhar, 2018: 278-282.

[10] 周林勇，谢晓尧，刘志杰，等. 基于 ACGAN 的图像识别算法[J]. 计算机工程，2019，45(10)：246-252.

附表　多目标基准测试函数

函数	详细表达式
ZDT1	$f_1(x)=x_1$，$f_2(x)=g(x)\left[1-\sqrt{f_1(x)/g(x)}\right]$ $g(x)=1+\dfrac{9\left(\sum_{i=2}^{n}x_i\right)}{n-1}$，$x=(x_1,x_2,\cdots,x_n)^{\mathrm{T}}\in[0,1]^n$，$n=30$
ZDT2	$f_1(x)=x_1$，$f_2(x)=g(x)\left[1-\left(\dfrac{f_1(x)}{g(x)}\right)^2\right]$ $g(x)=1+\dfrac{9\left(\sum_{i=2}^{n}x_i\right)}{n-1}$，$x=(x_1,x_2,\cdots,x_n)^{\mathrm{T}}\in[0,1]^n$，$n=30$
ZDT3	$f_1(x)=x_1$，$f_2(x)=g(x)\left[1-\dfrac{f_1(x)}{g(x)}-\dfrac{f_1(x)}{g(x)}\sin(10\pi x_1)\right]$ $g(x)=1+\dfrac{9\left(\sum_{i=2}^{n}x_i\right)}{n-1}$，$x=(x_1,x_2,\cdots,x_n)^{\mathrm{T}}\in[0,1]^n$，$n=30$
ZDT4	$f_1(x)=x_1$，$x_1\in[0,1]$ $f_2(x)=g(x)\left[1-\sqrt{f_1(x)/g(x)}\right]$，$n=10$，$x_{2\ldots6}\in[-5,5]$ $g(x)=1+10(n-1)+\sum_{i=2}^{n}[x_i^2-10\cos(4\pi x_i)]$，$x=(x_1,x_2,\cdots,x_n)^{\mathrm{T}}$
ZDT6	$f_1(x)=1-\mathrm{e}^{-4x_1}\sin^6(6\pi x_1)$，$f_2(x)=g\left(1-\left(\dfrac{f_1(x)}{g(x)}\right)^2\right)$，$n=10, x_i\in[0,1]$ $g(x)=1+9\left(\dfrac{\sum_{i=2}^{n}x_i}{n-1}\right)^{0.25}$
DTLZ1	$f_1(x)=(1+g(x))x_1x_2$，$f_2(x)=(1+g(x))x_1(1-x_2)$ $f_3(x)=(1+g(x))(1-x_1)$ $g(x)=100(n-2)+100\sum_{i=3}^{n}\{(x_i-0.5)^2-\cos[20\pi(x_i-0.5)]\}$
DTLZ2	$f_1(x)=(1+g(x))\cos(0.5\pi x_1)\cos(0.5\pi x_2)$ $f_2(x)=(1+g(x))\cos(0.5\pi x_1)\sin(0.5\pi x_2)$ $f_3(x)=(1+g(x))\sin(0.5\pi x_1)$，$g(x)=\sum_{i=3}^{n}(x_i)^2$